机器视觉技术及应用

主　编　朱爱梅　吴加富　陈长伟　张宝如
副主编　姚翠萍　谷思雅　王　祯　王文霞
参　编　孙青海　季燕妮　单　明　丁　亚
　　　　王霞成
主　审　张进明

合作企业
◎富纳智能制造产业学院

北京理工大学出版社
BEIJING INSTITUTE OF TECHNOLOGY PRESS

内 容 简 介

本书介绍了机器视觉系统的基本组成原理和图像处理基础，其中，重点介绍的是机器视觉系统涉及的新技术、新方法、新器件及机器视觉的典型应用案例。本书重在理论联系实际，每章配套的典型案例、习题和实验均选自工业实际应用。配套的二维码教学素材提供了多种实验案例，供学生上机实验使用，并为学生提供了实验操作环节，也为有兴趣深入钻研机器视觉理论的学生介绍了图像融合、视觉跟踪等新理论和新方法。

本书既可作为高职高专院校自动化、计算机、电气工程、机电一体化技术、工业机器人应用技术等专业的教材，也可供从事测量、检测、控制及机器视觉等系统研究、设计和开发的科研与工程技术人员参考。

图书在版编目（CIP）数据

机器视觉技术及应用 / 朱爱梅等主编. —北京：北京理工大学出版社，2020.8
ISBN 978-7-5682-8626-8

Ⅰ. ①机…　Ⅱ. ①朱…　Ⅲ. ①计算机视觉-高等职业教育-教材　Ⅳ. ①TP302.7

中国版本图书馆 CIP 数据核字（2020）第 109358 号

出版发行 / 北京理工大学出版社有限责任公司
社　　址 / 北京市海淀区中关村南大街 5 号
邮　　编 / 100081
电　　话 /（010）68914775（总编室）
（010）82562903（教材售后服务热线）
（010）68948351（其他图书服务热线）
网　　址 / http://www.bitpress.com.cn
经　　销 / 全国各地新华书店
印　　刷 / 唐山富达印务有限公司
开　　本 / 787 毫米×1092 毫米　1/16
印　　张 / 11.25
字　　数 / 268 千字
版　　次 / 2020 年 8 月第 1 版　2020 年 8 月第 1 次印刷
定　　价 / 49.00 元

责任编辑 / 封　雪
文案编辑 / 毛慧佳
责任校对 / 刘亚男
责任印制 / 施胜娟

图书出现印装质量问题，请拨打售后服务热线，本社负责调换

前言 Preface

随着全球“工业 4.0”时代的到来，机器视觉技术在智能制造领域中的作用越来越大，应用也越来越广，已经成为工业生产中不可或缺的一部分。目前，介绍数字图像处理及计算机视觉相关知识的书很多，而介绍机器视觉技术及其在实际工业生产中应用的书却不多。本书在讲述机器视觉原理和基本概念的基础上，重点介绍了机器视觉系统的组成以及机器视觉技术在实际生产中的应用案例，如：

（1）介绍了机器视觉技术的基本概念、发展历程、发展趋势及应用领域；

（2）介绍了机器视觉系统的构成、工作过程、常用软件、品牌产品及视觉功能；

（3）详细介绍了视觉系统获得图像的硬件部分：光源、镜头、工业相机硬件技术及选用；

（4）介绍了机器视觉开发 VisionPro 软件的基本操作和高级应用；

（5）重点介绍了机器视觉技术在生产中的条码识别、产品定位、尺寸检测、质量检验四方面的应用案例。

编者在本书的编写过程中，得到了苏州富强科技有限公司和富纳智能制造学院等单位的大力支持，将大量的真实机器应用案例引入书中，不但加强了内容的实用性，而且也加强了理论与实践的联系。

本书是编者在多年从事人工智能、自动控制、机器视觉、监测技术等教学和企业实践工作基础上编写的。本书由朱爱梅、吴加富、陈长伟、张宝如担任主编，由姚翠萍、谷思雅、王祯、王文霞担任副主编，由张进明担任主审。

由于编者水平有限，书中难免有不足之处，恳请广大读者批评指正。

编　者

目录 Contents

0 绪　论

学习内容

（1）机器视觉的定义和特点。
（2）机器视觉系统的发展历程。
（3）机器视觉的应用领域。
（4）机器视觉的发展趋势。

绪论

0.1　机器视觉的定义

人工智能的应用技术主要包括语音类技术、视觉类技术、自然语言处理类技术和基础硬件等。其中，机器视觉作为一种基础功能性技术，是机器人自主行动的前提，能够实现计算机系统对于外界环境的观察、识别以及判断等功能，对于人工智能的发展具有极其重要的作用，是人工智能范畴最重要的前沿分支之一。机器视觉技术在国内外人工智能企业应用技术中的占比超过 40%。在现代自动化生产过程中，机器视觉技术广泛应用于各种各样的检验、生产监视识别中，例如，零配件批量加工大尺寸检查、自动装配的完整性检查、电子装配线的元件自动定位、IC 上字符识别等。通常，人眼无法连续、稳定地完成这些带有高度重复性和智能性的工作，其他物理量传感器也难有用武之地，人们由此开始考虑利用光电成像系统采集被控目标的图像，而后，经计算机或专用的图像处理模块进行数字化处理，根据图像的像素分布、高度和颜色等信息来进行尺寸、形状、颜色等的判别，将计算机的快速性、可重读性与人眼视觉的高度智能化和抽象能力相结合，产生了机器视觉的概念。

美国制造工程师协会（ASME）机器视觉分会和美国机器人工业协会（RIA）自动化视觉

分会对机器视觉的定义为：机器视觉（Machine Vision）是通过光学装置和非接触式的传感器自动地接收和处理一个真实物体的图像，以获得所需信息或用于控制机器人运动的装置，即用机器代替人眼来进行测量和判断。本质上，机器视觉是图像分析技术在工厂自动化中的应用，即使用光学系统、工业数字相机和图像处理工具来模拟人的视觉能力，并作出相应的决策，最终指挥某种特定的装置来执行这些决策。

机器视觉是指用计算机来实现人的视觉功能，即用计算机来实现对客观世界的识别。视觉即使用数学功能分析数字图像，当机器视觉使用于工业领域，即称为工业视觉。机器视觉是计算机学科的一个重要分支，综合了光学、机械、电子、计算机软硬件等方面的技术，涉及计算机、图像处理、模式识别、人工智能、信号处理、光机电一体化等多个领域。图像处理和模式识别等技术的快速发展，极大地推动了机器视觉行业应用的发展。

机器视觉的优点包括以下几个：

（1）精度高。作为一个精确的测量仪器，设计优秀的视觉系统能够对一千个或更多部件进行空间测量，且此种测量不需要接触，所以对脆弱部件没有磨损。

（2）具备连续性。视觉系统可以使人们免受疲劳之苦，因为若没有人工操作者，也就没有了人为造成的操作变化，多个系统可以设定单独运行。

（3）成本效率高。随着计算机处理器价格的急剧下降，机器视觉系统成本效率也变得越来越高，一个价值为 10 000 美元的视觉系统可以轻易替代三个人工检测者，而每个人工检测者每年需要公司支付 20 000 美元的工资。另外，机器视觉系统的操作和维护费用非常低。

（4）灵活性好。机器视觉系统能够进行各种不同的测量。当应用变化后，秩序软件也作出相应的变化或者升级，以适应新的需求。

许多应用过程控制（SPC）的公司正在考虑应用机器视觉系统来传递持续的、协调的和精确的测量 SPC 命令。在 SPC 中，制造参数是被持续监控的，整个过程的控制要保证这些参数在一定的范围内，使制造者在生产过程失去控制或出现坏部件时能够调节过程参数。

机器视觉系统比光学或机器传感器有更好的可适应性，使自动机器有了多样性、灵活性和可重组性。当需要改变生产过程时，对机器视觉来说，“工具更换”仅仅是软件的变换，而不是昂贵的硬件的更换；当生产线重组后，视觉系统往往还可以重复使用。

（5）对象选择范围广。检测对象广泛，在一些不适合人工作业的危险工作环境或人工视觉难以满足要求的场合，常用机器视觉来替代人工视觉。

0.2 机器视觉的发展历程

1. 机器视觉在国外的发展历程

机器视觉的发展历程

（1）起步阶段：20 世纪 50 年代，人们开始研究二维图像的统计模式识别，光学字符识别（Optical Character Recognition，OCR），用于工件表面图片、显微图片和航空图片分析。此时在工业上，主要用光学字符识别，即条形码。另外，也用在工业图片上，对工件的品鉴进行一些简单的分析，也有可能会用在医疗方面，如一些显微图片，还有航空方面等，但并没有广泛流传起来。到 20 世纪 60 年代，麻省理工学院的 Roberts 开始进行三维视觉的研究，从数字图像提出诸如立方体、棱柱体等三维结构，并对其进行描述，开创了三维视觉的应用篇章。三维视觉即现在所谓的“3D 测量”，而前两个阶段在整个世界上的应用还只是局限于实验室或者一些特殊行业中。

（2）发展阶段：20 世纪 70 年代，出现了一些视觉运动系统（Guzman 1969，Mackworth 1973）。1977 年，David Marr 教授在麻省理工学院的人工智能（Artificial Intelligence，AI）实验室领导一个以博士生为主体的研究小组，提出了不同于“积木世界”分析方法的计算视觉理论；同时，美国麻省理工大学的人工智能实验室正式开设“机器视觉”的课程，由国际著名学者 B. K. EHorn 教授讲授，该理论在 20 世纪 80 年代成为机器视觉研究领域中一个十分重要的理论框架，大批著名学者进入麻省理工学院参与机器视觉理论、算法和系统设计的研究。

（3）蓬勃发展阶段：20 世纪 80 年代，由于人们开始了机器视觉的全球性的研究热潮，因此机器视觉获得了蓬勃的发展，很多新概念、新方法和新理论不断涌现，如基于感知特征群的物体识别理论框架、主动视觉理论框架和视觉集成理论框架等。

从地区分布来看，机器视觉发展的早期，主要集中在欧美地区国家和日本。随着全球制造中心向中国转移，中国的机器视觉市场正在继欧美地区国家和日本之后，成为国际机器视觉厂商的重要目标市场。不过，从整体来看，北美仍然是机器视觉最大的市场，占比为 35%～40%。

2. 机器视觉在国内的发展历程

相比全球，我国的机器视觉发展较慢。1999—2003 年是我国机器视觉发展的启蒙阶段，开始出现跨专业的机器视觉人才；2004 年后，我国的机器视觉迈入产业发展初期，机器视觉企业开始探索和研发自主产品并取得一些突破。近十年来，中国机器视觉产业从发展中期迈向高速发展时期。目前，已有近百家机器视觉相关企业从事安防、医疗及金融等领域。我国机器视觉的发展历程可划分为启蒙、发展和高速发展三个阶段，现在其正处于高速发展阶段。

（1）启蒙阶段：1999—2003 年是中国机器视觉的启蒙阶段。中国企业主要通过代理业务为客户服务。中国开始出现跨专业的机器视觉人才，从了解图像的采集和传输过程、理解图像的品质优劣开始，到初步利用国外视觉软硬件产品搭建简单的机器视觉初级应用系统，早期的机器视觉从业人员同国外先进企业一起，通过极为广泛而艰辛的市场宣传和推广、技术交流和培训、项目辅导等过程，不断地培训和引导中国客户对机器视觉技术和产品的理解，从而引导客户发现使用机器视觉技术的场合，拉开了中国机器视觉行业的序幕。

一些对品质有特别高的要求，但对成本不是特别敏感的工业领域，开始成为最早的机器视觉技术的受益者。如机器视觉技术进入中国的特种印刷行业，为人民币的印刷质量、自动化水平提升和统一质量标准等作出了杰出的贡献。与此同时，在中国另一个全球优势行业——烟草行业，机器视觉技术进入烟叶异物剔除、包装检测等方面的工序，替代人工的同时也大幅提升了产品的生产效率。在特种印刷和烟草这两个行业中，机器视觉技术的成功应用以及类似技术后续在其他行业的扩展，也让更多工程技术人员和企业家第一次关注到视觉技术带给自动化产业的独特价值和广泛应用前景。从此，整个行业进入发展阶段。

（2）发展阶段：2004—2007 年是机器视觉的发展阶段。这一阶段，国内机器视觉企业开始起步探索，开始了更多由自主核心技术承载的机器视觉软硬件等器件的研发，同时，在机器视觉设备和系统集成领域，新的应用也不断涌现，多个应用领域取得了关键性突破。从器件层面看，国内厂商陆续推出了全系列模拟接口和 USB2.0 接口的相机和采集卡，逐渐占据了相机入门级市场，也出现了像凌云这种专注于机器视觉平台软件产品开发的企业。

在设备和系统集成方面，随着电子制造产业全面转向“中国制造”，视觉技术在相关设备中的应用也获得了蓬勃发展。例如，PCB 检测、SMT 检测等国产设备迅速兴起，凭借产品性价比和服务的优势填补了国内相关市场需求；随着部分海外从业人员回国创业，一些高端设备（如 LCD 的前道检测设备）也开始在国内落地，在部分产业（如汽车、制药包装等）得到了大力推广。这一阶段，随着国外产线逐渐向国内转移以及对产品质量要求的提升，大批自动化领域的系统集成商开始熟悉并使用视觉技术。与此同时，国内的很多传统产业，如棉纺、农作物分级、钢铁、纸张等行业，把机器视觉技术作为提升质量和效率、取代人工的工具，也开始了广泛的应用尝试。总体上看，把机器视觉的应用呈现百花齐放的旺盛状态。

（3）高速发展阶段：2008—2018 年，中国机器视觉进入高速发展阶段。众多机器视觉核心器件研发厂商出现，从相机、采集卡、光源、镜头到图像处理软件，数十家机器视觉技术的践行者用它们的智慧和努力打造了中国制造的机器视觉产品。随着这些产品的功能在实践中不断完善，国内企业的机器视觉技术水平也获得了长足的进步。

0.3 机器视觉的发展趋势

随着产业下游消费电子、汽车、半导体、医药等行业规模持续扩大，全球工业自动化水平稳步提升，机器视觉在传统行业中的渗透率不断提升且不断开辟新的应用领域和场景，全球机器视觉市场规模呈快速增长趋势。据美国国际市场调研机构 Markets and Markets 的统计数据显示，2011—2017 年，全球机器视觉市场规模由原先的 36 亿美元提升至 80 亿美元，年复合增速约为 12%。

机器视觉发展的三个阶段

受益于配套基础设施不断完善，国内制造业持续提档升级，国家政策持续促进高端装备制造及智能化生产，中国正在成为世界机器视觉发展最活跃的地区之一。机器视觉的应用范围几乎涵盖国民经济各个领域。其中，工业领域是机器视觉应用占比最大的领域，最重要的原因是中国已经成为全球制造业的加工中心，高要求的零部件加工及其相应的先进生产线，使许多国际先进水平的机器视觉系统和应用经验也进入中国。其中，最具代表性的是消费类电子产品应用，如手机、电脑等产品组装生产过程中的尺寸检测、缺陷检测、定位引导等。在此过程中，整个机器视觉产业的产值和规模也逐年高速攀升，对全球制造业的影响飞速扩大。

据前瞻研究院统计，2011—2017 年，国内机器视觉市场规模已由 10.8 亿元增长至 80 亿元，年复合增速约为 40%，如图 0–1 所示。另外，前瞻研究院预计，到 2020 年，国内机器视觉市场规模有望达到 152 亿元，2018—2020 年，年复合增速约为 24%，如图 0–2 所示。

工业机器视觉系统的未来发展趋势。

（1）技术方面。

① 工业相机中的视觉传感器在结构设计上不断优化。

② 嵌入式视觉系统的应用增加工业现场编程效率。

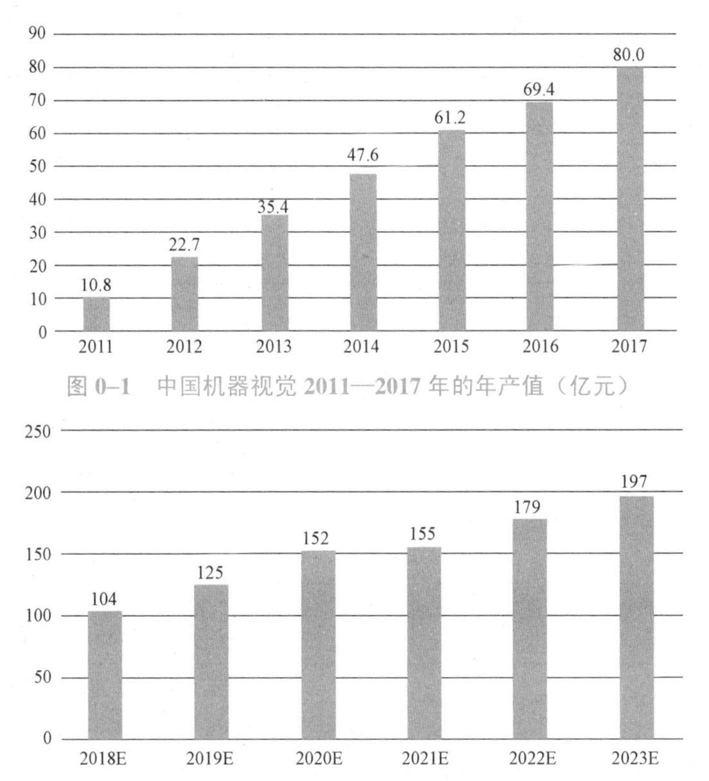

图 0–1　中国机器视觉 2011—2017 年的年产值（亿元）

图 0–2　中国机器视觉 2018—2019 年及未来几年的预估年产值（亿元）

③ 设备端深度学习模型不断获得压缩与加速。

④ 设备端上计算能力提升。

⑤ 计算机视觉与机器人技术结合增加机器人视觉自适应能力。

（2）应用方面。

① 可对 3D 打印产品瑕疵问题进行微米水平无损检测。

② 视觉信息提升智能机床加工过程中的自主感知能力。

③ 智能视觉设备的应用提升工厂员工的操作效率及安全性。

④ 让工业机器人从实际工作中学习基于视觉的运动技能及操作策略。

⑤ 在细胞学研究工作中进行细胞显微镜图像质量的自动评估。

0.4　机器视觉的应用领域

机器视觉技术的最大优点是与被观测对象无接触，因此，对观测者与被观测者都不会产生任何损伤，十分安全可靠，是其他感觉方式无法比拟的。理论上，机器视觉可以观察到人眼观察不到的范围，如红外线、微波、超声波等，并且，机器视觉可以利用传感器件形成红外线、微波、超声波等图像。另外，人眼无法长时间观察对象，但机器视觉则没有时间限制，而且具有很高的分辨精度和速度，显示出其无可比拟的优越性，人类视觉与机器视觉性能的对比见表 0–1。

表 0-1　人类视觉与机器视觉性能的对比

性能	人类视觉	机器视觉
适应性	适应性强，可在复杂及变化的环境中识别目标	适应性差，容易受复杂背景及环境变化的影响
智能	具有高级智能，可运用逻辑分析及推理能力识别变化的目标，并能总结规律	虽然可利用人工智能及神经网络技术，但智能很差，不能很好地识别变化目标
彩色识别能力	对色彩的分辨能力强，但容易受人的心理影响，不能强化	受硬件条件的约束，目前，一般的图像采集系统对色彩的分辨能力较差，但具有可量化的优点
灰度识别能力	差，一般分辨 64 个灰度级	强，目前，一般使用 256 个灰度级，采集系统可具有 10 bit\12 bit\16 bit 等灰度级
空间识别能力	分辨率较差，不能观看细小的目标	目前，有 4 K×4 K 的面阵像机和 8 K 的线阵摄像机，通过各种光学镜头，可以观测小到微米大到天体的目标
速度	0.1 s 的视觉暂留使人眼无法看清较快速运动的目标	快门时间可达到 10 ms 左右，高速摄像机帧率可达到 1 000 以上，处理器的速度越来越快
感光范围	400～750 nm 范围内的可见光	从紫外到红外的较宽光谱范围，而且还有 X 光等特殊摄像
环境要求	对环境温度、湿度的适应性差，另外有许多场合对人有损害	对环境适应性强，还可加装防护罩
观测精度	精度低、无法量化	精度高、可到微米级、易量化
其他	主观性，受心理影响，易疲劳	客观性，可连续工作

在国外，机器视觉的应用普及，主要体现在半导体及电子行业。其中，40%～50%集中在半导体行业中。中国机器视觉的应用起源于 20 世纪 80 年代的技术引进。半导体及电子行业是机器视觉应用较早的产业之一，其中，大部分集中在如 PCB 印刷电路组装、元器件制造、半导体及集成电路设备等，机器视觉在该工业的应用推广，对提高电子产品质量和生产效率起了举足轻重的作用。除此之外，机器视觉还用于工业、民用、军事和科学研究等领域，下面以工业领域和民用领域为例进行介绍。

1. 工业领域

工业领域是机器视觉应用中占比最大的领域，按照功能又可分为产品质量检测、产品分类、产品包装、机器人定位等；其应用行业包括印刷包装，汽车工业，半导体材料/元器件/连接器生产，药品、食品生产/烟草行业，纺织行业等。

（1）机器视觉技术在工业领域中的应用优势。

① 可实现可靠性更高的产品质量检测及实时监控，有效避免了人工检测过程中的主观性和个体差异。

② 检测精度可达到亚微米级别，突破了人眼的物理限制，在全生命产品周期内对产品进行外形、标签、完整度等方面的缺陷检测。

③ 数字图像处理和计算机视觉的算法不断优化，在软件系统层面上提供更广泛及高效的

检测功能，补充机器视觉硬件系统的检测能力。

④ 避免检测人员与被检测物件直接接触，防止物件被人为损坏，减缓了检测系统机械部件的消耗程度以及维护成本；防止物件免受污染。

⑤ 使用机器视觉技术的机器人或者机械臂可以根据机器视觉系统提供的位置和方向信息，对工件进行智能抓取，广泛用于食品、医疗制药和包装等行业，拓展了生产制造的柔性。

⑥ 减少人员在现场操作的时间，有效地避免了操作人员的听力损害、身体机能下降等情况，保证了其人身安全。

（2）机器视觉技术在工业领域中的应用。

机器视觉技术在工业领域中的应用较为广泛，其应用案例见表 0–2，以纺织行业为例具体阐述机器视觉在工业领域中的应用。在纺织企业中，视觉检测是工业应用中质量控制的主要组成部分，用机器视觉代替人的视觉，可以克服人工检测所造成的各种误差，大大提高检测精度和效率。由于视觉系统的高效率和非接触性，机器视觉在纺织产品检测中的应用越来越广泛，因此，其在许多方面已取得了成效。目前，主要的检测对象可分为三大类：纤维、纱线和织物。由于织物疵点检测（在线检测）需要很高的计算速度，因此，设备费用比较昂贵。目前，国内在线检测的应用比较少，主要应用是离线检测，检测项目有纺织布料识别与质量评定、织物表面绒毛鉴定、织物反射特性分析、合成纱线横截面分析、纱线结构分析等。此外，机器视觉技术还可用于织物组织设计、棉粒检测、纱线表面摩擦分析等。

表 0–2 机器视觉在工业领域中的应用案例

行业	行业场景	代表公司
半导体及电子制造	（1）晶圆制造 （2）IC 芯片封装 （3）印刷电路板组装 （4）电路板缺陷检测 （5）SMT 表面封装	康耐视、凌云光科技、维视智造、日本电气（NEC）、日本基恩士、华星光电
3C 电子	（1）零部件缺陷检测 （2）整机缺陷检测	海康威视、凌云光科技、腾讯云、精锐视觉
汽车制造	（1）汽车零部件、车身尺寸测量 （2）零部件缺陷检测 （3）车漆缺陷检测	上海通用、上海大众汽车、日本基恩士、中科院沈阳自动化研究所、ISRA VISION、ABB Ability 和 IBM Waston、郑州金惠
包装印刷	（1）产品包装 （2）产品分拣 （3）包装标识码读取	京东、ABB、蓝胖子
医药制造	（1）医药标签检测 （2）药物杂质检测	康耐视、维视图像
纺织制造	（1）纺织品表面质量检测 （2）布匹瑕疵检测	无锡创视、无锡信捷电气
食品加工	（1）食品缺陷检测 （2）食品包装检测 （3）过敏源检测	维视图像、西门子

续表

行业	行业场景	代表公司
烟草制造	（1）烟叶质量分级 （2）烟草异物剔除 （3）烟制品包装检测	康耐视、安徽捷迅光电
光伏新能源制造	（1）硅片缺陷检测及分选 （2）太阳能缺陷检测及分选	无锡创视、Mondragon Assembly

2. 民用领域

机器视觉技术可用在智能交通、安全防范、文字识别、身份验证、医疗成像等方面。在医学领域，机器视觉可辅助医生进行医学影像分析，其原理主要是利用数字图像处理技术、信息融合技术，对 X 射线透视图、核磁共振图像、CT 图像进行适当叠加并进行综合分析，以及对其他医学影像数据进行统计和分析。B 型超声检测系统（以下简称 B 超）、X–CT、放射性同位素扫描与核磁共振成像是现代医学中的四大成像技术。B 超检测系统通过有规律地发射超声波，并接收从人体发射回来的声音信号，形成灰度图像线密度值。X–CT 则是根据 X 射线对人体组织各部分具有不同的透过和吸收作用的性质，利用 CT 图像重建技术对穿过人体截面的 X 扫描线进行测量和运算，重建人体内部的立体图像。X 光机的图像处理系统可进行导管定标、血管造影及血管动态分析等。通过对 X 光图像的处理，X 光机可以分辨关节等部位的细节，甚至人体内的结石。利用机器视觉技术，可对心血管医学图像进行建模和分析，结合心脏动态特征和临床知识对医学动态图像进行定量运动分析，为医生诊断和分析心血管疾病提供了有用的工具和有效的途径。

发达国家将机器视觉技术应用于农作物种子质量检验评价中，已经取得较大进展。例如，通过机器视觉技术来评价蚕豆的品质，用两种不同的离散方法来区分合格、破损、过小及异类的蚕豆。利用从彩色图像中提取的 35 个特征参数进行分类，分类结果与判别分析统计分类结果相比，有较高的一致度。在农业机械自动化方面，机器视觉系统为蘑菇采摘机器提供分类所需的尺寸、面积信息，并引导机械手准确抵达待采摘蘑菇的中心位置，实现抓取。机器视觉在智能交通中可以完成自动导航和交通状况监测等任务。在自动导航中，机器视觉可以通过双目立体视觉等检测方法获得场景中的路况信息，然后利用这些信息进行自主交互，这种技术已用于无人汽车、无人机和无人战车等。另外，机器视觉技术还可以用于交通状况监测，如交通事故现场勘察、车场监视、车牌识别、车辆识别与“可疑”目标跟踪等。在许多大中城市的交通管理系统中，机器视觉系统担任了“电子警察”的角色，其“电子眼”功能在识别车辆违章、监测车流量、检测车速等方面都发挥着越来越重要的作用。

在科学研究领域中，可以利用机器视觉进行材料分析、生物分析、化学分析和生命科学研究，如血液细胞自动分类计数、染色体分析、癌症细胞识别等。同样，机器视觉技术可用于航天、航空、兵器（敌我目标识别、跟踪）及测绘等方面。在卫星遥感系统中，机器视觉技术被用于分析各种遥感图像，进行环境监测，还可以根据地形、地貌的图像和图形特征，对地面目标进行自动识别、理解和分类等。

习　题

习题答案

1. 机器视觉是____。

2. 机器视觉系统的优点包括________、________、________、________和________。

3. 简述机器视觉在我国发展的三个阶段。

1

机器视觉系统认知

学习内容

（1）机器视觉系统的组成。
（2）机器视觉系统的工作过程。
（3）机器视觉常用的开发软件。
（4）机器视觉技术的工业应用。

机器视觉系统的认知

1.1　机器视觉系统的组成

机器视觉应用的市场需求

机器视觉系统是指通过机器视觉产品（即图像摄取装置，分为 CMOS 和 CCD 两种）将被摄取目标转换成图像信号传输给专用的图像处理系统，根据像素分布、亮度、颜色等信息转换成数字化信号，图像处理系统对这些信号进行各种运算来抽取目标的特征，进而根据判别结果来控制现场的设备。

机器视觉系统主要由图像采集单元、图像信息处理与识别单元、结果显示单元和视觉系统控制单元组成。图像采集单元获取被测目标对象的图像信息，并传送给图像信息处理与识别单元，由于机器视觉系统强调精度和速度，因此，需要图像采集单元及时、准确地提供清晰的图像，只有这样，图像信息处理与识别单元才能在比较短的时间内得出正确的结果。图像采集单元一般由光源、镜头、数字摄像机和图像采集卡等构成。采集过程可简单描述为在光源提供照明的条件下，数字摄像机拍摄目标物体并将其转化为图像信号，然后通过图像采集卡传输给图像信息处理与识别单元。图像信息处理与识别单元对图像的灰度分布、亮度和颜色等信息进行各种运算处理，从中提取出目标对象的相关特征，完成对目标对象的测量、识别和 NG（否）判定，并将其判定结论提供给视觉系统控制单元。视觉系统控制单元根据判定结论控制现场设备，实现对目标对象的相应控制操作。机器视觉系统的组成如图 1–1 所示。

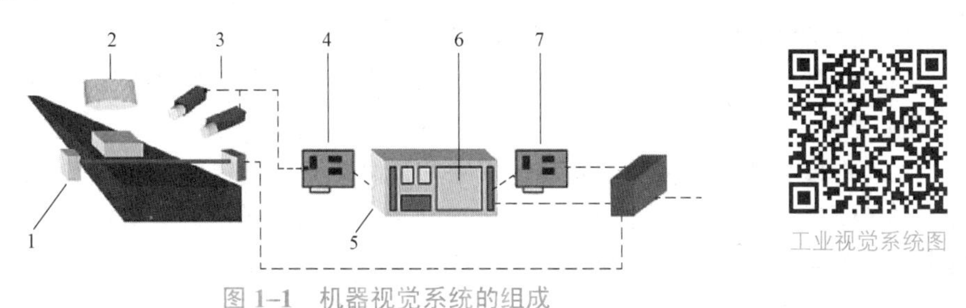

图 1–1　机器视觉系统的组成

1—传感器；2—工业相机；3—光源；4—图像采集卡；5—计算机平台；6—视觉处理软件；7—控制单元

光源：作为辅助成像器件，对成像质量的好坏往往能起到至关重要的作用。各种形状的 LED 灯、高频荧光灯、光纤卤素灯等都可作为光源。

工业相机：属于成像器件，通常视觉系统都是由一套或者多套成像系统组成，若有多路相机，则可以由图像卡切换来获取图像数据，也可以由同步控制同时获取多相机通道的数据。根据应用的需要。相机可以输出标准的单色视频（RS–170/CCIR）、复合信号（Y/C）、RGB 信号，也可以输出非标准的逐行扫描信号、线扫描信号、高分辨率信号等。

传感器：通常以光纤开关、接近开关等的形式出现，用以判断被测对象的位置和状态，告知图像传感器进行正确的采集。

图像采集卡：通常以插入卡的形式安装在计算机中，图像采集卡的主要工作是把相机输出的图像输送给计算机主机。它将来自相机的模拟或数字信号转换成一定格式的图像数据流，同时，它可以控制相机的一些参数，比如，触发信号、曝光、积分时间、快门速度等。通常不同类型的相机有不同的图像采集卡硬件结构，同时，也有不同的总线形式，如 PCI、PCI64、Compact PCI、PC104、ISA 等。

计算机平台：计算机是一个 PC 式视觉系统的核心，功能是完成图像数据的处理和绝大部分的控制逻辑。对于检测类型的应用，通常都需要较高频率的 CPU，这样可以减少处理的时间；同时，为了减少工业现场电磁、振动、灰尘、温度等的干扰，必须选择工业级计算机。

视觉处理软件：机器视觉软件用来完成输入的图像数据的处理，然后，通过一定的运算得出结果，这个输出的结果可能是 PASS/FAIL 信号、坐标位置、字符串等。常见的机器视觉软件以 C/C++图像库、ActiveX 控件、图形式编程环境等形式出现，可以是专用功能的（比如仅仅用于 LCD 检测、BGA 检测、模板对准等），也可以是通用目的的（包括定位、测量、条码/字符识别、斑点检测等）。

控制单元（包含 I/O、运动控制、电平转化单元等）：视觉软件完成图像分析（除非仅用于监控），紧接着，需要和外部单元进行通信以完成对生产过程的控制。简单的控制可以直接利用部分图像采集卡自带的 I/O，相对复杂的逻辑和运动控制则必须依靠附加可编程逻辑控制单元、运动控制卡来实现必要的动作。

1.2 机器视觉系统的主要工作流程

1. 完整的机器视觉系统的主要工作流程

（1）工件定位检测器探测到物体已经运动至接近摄像系统的视野中心，向图像采集部分发送触发脉冲。

（2）图像采集部分按照事先设定程序和延时，分别向摄像机和照明系统发出启动脉冲。

（3）摄像机停止目前的扫描，重新开始新一帧的扫描，或者摄像机在启动脉冲来到之前处于等待状态，在启动脉冲到来后，再启动新的一帧扫描。

（4）摄像机在开始新的一帧扫描之前，打开曝光机构。曝光时间可以事先设定。

（5）另一个启动脉冲打开灯光照明，灯光的开启时间应该与摄像机的曝光时间匹配。

（6）摄像机曝光后，正式开始一帧图像的扫描和输出。

（7）图像采集部分接收模拟视频信号，然后通过 A/D（一种将模拟信号转换为数字信号的转换器）将其数字化，或者直接接收摄像机数字化后的数字视频数据。

（8）图像采集部分将数字图像存放在处理器或计算机的内存中。

（9）处理器对图像进行处理、分析、识别，获得测量结果或逻辑控制值。

（10）处理结果控制流水线的动作、进行定位、纠正运动的误差等。

从上述工作流程可以看出，机器视觉系统是一种相对复杂的系统，大多被监控对象都是运动物体，由于机器视觉系统与运动物体的匹配和协调动作尤为重要，因此，对系统各部分的动作时间和处理速度提出了严格要求。在某些应用领域（如机器人、飞行物体制导等），对整个系统或者系统一部分的重量、体积和功耗都是如此。

2. 机器视觉应用过程

（1）图像捕获。传感器的作用是采集外部的信息，即捕获图像。通过光源对目标物进行照射，反射光即代表被测目标的相关信息，跟人眼看到物体的原理相同。反射光进入相机镜头，经过相机成像的过程叫作捕获图像。

（2）图像传输。传输图像数据，会涉及很多的通信，包括与采集卡、网络通信等。

（3）图像处理。图像处理可分为预处理和测量处理。预处理即对图像明暗的校正、色彩的提取过滤，以及二进制的转化，就是把采集过来的图像转换成计算机可以识别的信息。测量处理先对需要数据采集的部分进行匹配或者信息采集，再对采集的数据进行判断。比如，对尺寸的检测，即每种尺寸需要有公差上下限的判断，是由软件来完成的，即最核心的测量处理是进行测量判断处理，这个操作通常是由硬件采集卡和软件共同完成的。

（4）信息输出。信息输出给执行者，由于机器视觉系统本身属于采集者，因此，其并没有进行执行的能力，但它是执行者的眼睛和判断依据，所以其会将捕获的信息传给第三者。

案例分析：视觉系统对药用玻璃瓶的检测过程。

视觉系统对药用玻璃瓶的检测过程如图 1–2 所示。

（1）检测要求。检测系统针对药用玻璃瓶（包括白色瓶、棕色瓶以及有刻度的瓶子）的缺陷进行检测。药用玻璃瓶的检测信息如图 1–3 所示，检测瓶子的高度为 15～150 mm，要求检测速度为每分钟 0～280 个。

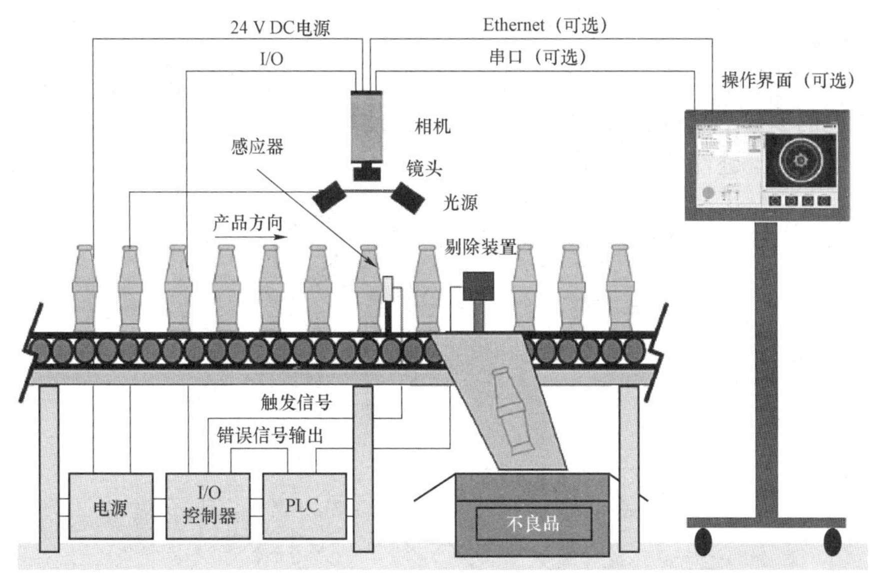

图 1–2　视觉系统对药用玻璃瓶的检测过程

图 1–3　药用玻璃瓶的检测信息

（2）检测指标。

① 尺寸：包括瓶高、瓶身外径、瓶口外径、瓶口高度等。

② 瓶身外观缺陷：包括气泡、杂质、褶皱、横竖条纹、黏连、结石、裂纹、刻痕、擦伤及明显的油脏、手印等。

③ 瓶底缺陷：从侧面可以拍摄到包括瓶底凹凸不平、底刺、偏底等。

④ 平肩部缺陷：包括斜肩、歪瓶、与瓶身类似的外观缺陷等。

⑤ 瓶口部分的检测指除了检测瓶身外观上那些缺陷类型外，还需要检测缺口、破口、圆口不齐等缺陷。

（3）监测系统需求分析。

① 为了检测整个瓶身缺陷，应使用四个相机，从四个方向进行检测，保证每个相机的有效检测区域为 90°。

② 为了适用各种颜色的瓶子检测，系统选用高亮度的背光源从玻璃瓶背后打光的方式。

③ 为了适应各种规格的瓶子检测，系统选用可变焦镜头，以实现各个规格的瓶子都能占满整个视场。

④ 单独利用一个工位对瓶口缺陷进行检测，为了更好地拍摄瓶口缺陷，专门设计一个特

殊的碗形灯光源，对瓶口进行打光。

当玻璃瓶在传输带上通过时，系统采用外触发方式，在固定位置准确抓拍玻璃瓶 4 个侧面和 1 个正面的图像，然后把图像传输到两台高性能处理器进行处理和分析计算，再将结果汇总到一台服务器上进行统一控制和显示，如图 1–4 所示。

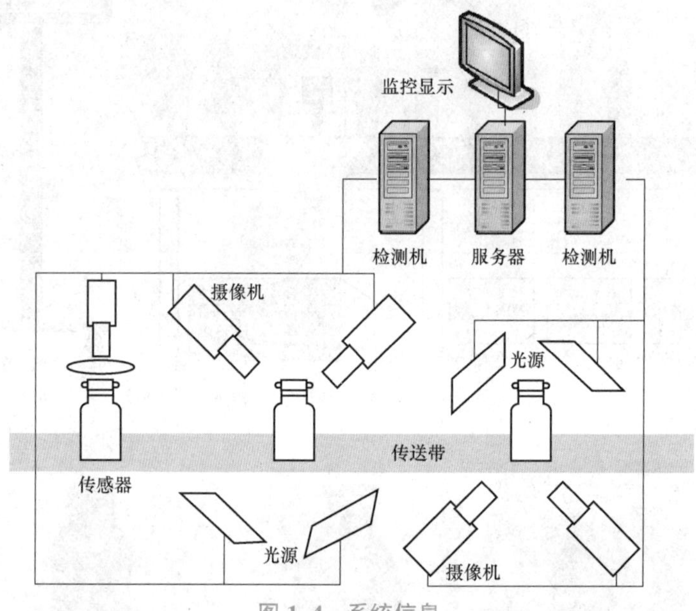

图 1–4　系统信息

（4）视觉系统的功能分析。

① 图像采集功能。

a. 根据产品规格不同动态调整图像放大比例。

b. 根据现场环境动态设置相机参数。

c. 根据产品到位信号外触发采集图像，适应现场机速快慢变化。

② 标准模板训练功能。

a. 提供友好方便的模板训练交互界面。

b. 根据产品不同的检测区域分别检测参数。

c. 根据瓶子形状特征，提供设置检测多边形区域，使瓶子各个区域得到有效检测。

③ 产品检测功能。

a. 通过标准定位模块对瓶子进行定位，解决瓶子由于传送带原因导致倾斜问题，提高检测尺寸的精度。

b. 通过预处理调整瓶子整体亮度，得到实际处理区域。

c. 对实际区域进行处理，消除干扰，得到错误区域，并对错误进行分类。

④ 错误分类功能。

a. 根据缺陷形状特征和产生部位判断缺陷类型。

b. 对于一些分类不太明显的缺陷，如小结石、黑点等，用户可以根据数据库中图像数据进行人为设置，系统利用神经网络自动学习错误特征，在后续检测中自动归类。

⑤ 系统显示功能。

a. 错误缺陷实时显示。

b. 错误类型自动统计。

c. 方便查询历史记录，与实际错误产品进行对照。

d. 模板设置过程中实现全部图形界面交互，方便操作。

e. 可以实时跟踪显示错误图像。

1.3 常用机器视觉开发软件介绍

1. VisionPro

康耐视公司（Cognex）推出的 VisionPro 组合了世界一流的机器视觉技术，具有快速而强大的应用系统开发能力。VisionPro QuickStart 利用拖放工具以加速应用原型的开发。这一成果在应用开发的整个周期内都可使用。使用基于 COM/ActiveX 的 VisionPro 机器视觉工具和 Visual Basic Visual C++ 等图形化编程环境，可以开发应用系统。VisionPro 与 MVS–8100 系列图像采集卡相配合，使制造商、系统集成商、工程师可以快速开发和配置出强大的机器视觉应用系统。

VisionPro 是一款用于具有挑战性的二维和三维视觉应用的计算机视觉软件，主要用于设置和部署视觉应用。无论是使用相机还是图像采集卡，借助 Vision Pro，用户都可以执行各种功能，包括几何对象的定位、识别、测量与对准，以及针对半导体和电子产品应用的专用功能，其具有以下特点：

（1）集成了平台中经过验证的、可靠的视觉工具。

借助 VisionPro，用户可以访问功能较强的图案匹配、斑点、卡尺、线位置、图像过滤、OCR 和 OCV 视觉工具库，读取一维条码和二维条码，从而执行各种功能，如检测、识别和测量。VisionPro 软件可与广泛的 NET 类库和用户控件完全集成。

（2）应用开发快速而灵活。

VisionPro Quick Build 快速原型设计环境将高级编程的先进性、灵活性与易于开发性相结合。无论使用哪种方式，都可以轻松地加载和执行作业，也可以选择按代码手动配置工具或由智能软件动态地固定工具，同时，还可以通过以下可重复使用的工具组和用户定义工具缩短开发时间。

① 拖放：工具间的链接可快速传输值、结果和图像。

② 脚本处理：使用 C#或 VB 语言开发可管理的应用。

③ 编程：配置采集、选择和优化视觉工具，并做出通过未通过决策。

（3）访问突破性的深度学习图像分析。

通过 AP 连接 VisionPro ViDi。VisionPro ViDi 是专为工业图像分析设计的首款深度学习软件。这种软件的突破性的技术专为复杂检测、元件定位、分类、光学字符识别而优化，远超优秀检测员的效率和准确度。

（4）集成、通用的通信和图像采集。

借助 VisionPro 软件，用户可以通过任意相机或图像采集卡使用功能较强的视觉软件。康耐视采集技术支持所有类型的图像采集方式，包括模拟、数字、彩色、单色、区域扫描、线扫描、高分辨率、多通道和多路复用。此外，康耐视采集技术支持数百种工业相机和录像格式，可满足机器视觉常用的各种读取要求。

2. NI Vision Assistant

NI 公司的视觉开发模块是专为从事开发机器视觉和科学成像应用的科学家、工程师和技术人员设计的。该模块包括 NI Vision Builder、IMAQ Vision、NI Vision Assistant 等部分。Vision Builder 是一个交互式的开发环境，开发人员无须编程，即能快速完成视觉应用系统模型的建立；IMAQ Vision 是一个包含各种图像处理函数的功能库，它将 400 多种函数集成到 LabVIEW 和 Measurement Studio、Lab Windows/CVI、Visual C++及 Visual Basic 开发环境中，为图像处理提供了完整的开发功能；NI Vision Assistant 不需要通过编程就可以直接调用 LabVIEW 快速成形的直观环境，而 NI Vision Assistant 不需要通过编程就可以直接调用 LabVIEW 快速成形的直观环境，而 IMAQ Vision 则拥有强大的视觉处理函数库。NI Vision Assistant 和 IMAQ Vision 的紧密协同工作，简化了视觉软件的开发流程。NI Vision Assistant 可自动生成 LabVIEW 程序框图，该程序框图中包含 NI Vision Assistant 建模时一系列操作的相同功能，可以将程序框图集成到自动化应用或生产测试应用中，用于运动控制、仪器控制和数据采集等，其主要功能有以下几个：

① 作为高级机器视觉、图像处理及显示工具；

② 进行高速模式匹配，用来定位大小与方向各异的多种对象，甚至在光线不佳的情况下也可实现；

③ 计算有 82 个参数（包括对象的面积、周长和位置等）的颗粒分析；

④ 条形码、二维码和 OCR 读取工具；

⑤ 纠正透镜变形和相机视角的图像校准；

⑥ 灰度、彩色和二值图像处理及分析。

3. HALCON

来自德国 MVTec 公司的图像处理软件 HALCON 源自学术界，有别于市面上一般的商用软件。事实上，HALCON 是一个图像处理库，由 1 000 多个各自独立的函数以及底层的数据管理核心组成。其中包含了各类滤波、色彩以及数学转换、形态学计算分析、校正、分类辨识、形状搜寻等基本的几何和影像计算功能。由于这些功能大多并非针对特定工作而设计，因此只要涉及图像处理，就可以利用 HALCON 强大的计算分析能力来处理，其应用范围广泛，涵盖从医学、遥感探测、监控，到工业上的各类自动化检测等众多领域。

HALCON 支持 Windows、Linux 和 MacOS X 操作系统，保证了运行有效性。整个函数库可以用 C、C++、C#、Visual Basic 和 Delphi 等多种普通编程语言访问。HALCON 为大量图像获取设备提供接口，保证了硬件的独立性。HALCON 为百余种工业相机和图像采集卡提供接口，包括 Genlcam、GigE 和 IDC1394，具有以下几个特点：

① 为了让使用者能在最短的时间里开发出视觉系统，HALCON 使用了一种交互式程序设计界面 DEvelop，可在其中以 HALCON 程序代码直接撰写、修改和执行程序，并且可以查看计算过程中的所有变量，设计完成后，可以直接输出 C、C++、VB、C#、VB.NET 等程序代码。

② HALCON 不限制取像设备，用户可以自行挑选合适的设备。原厂已提供 60 余种相机的驱动链接，即使是尚未支持的相机，除了可以通过指针（Pointer）轻易地抓取影像外，用户还可以利用 HALCON 的开放式架构，自行撰写 DLL 文件和系统链接。

③ HALCON 提供了强大的三维视觉处理功能，其所有三维技术（如多目立体视觉或片光）都可用于表面重构；同时，也支持直接通过现成的三维硬件扫描仪进行三维重构。此外，针对表面检测中的特殊应用，HALCON 对光度立体视觉方法进行了改善。不仅如此，HALCON 现在还支持许多三维目标处理方法，如点云的计算和三角测量、形状和体积等特征计算、通过切面进行点云分割等。

1.4 机器视觉的四大基础功能

机器视觉是指采用成像技术获取被测目标的图像，再经过快速图像处理与图像识别算法，从摄取图像中获取目标的尺寸、方位、光谱结构、缺陷等信息，从而可以执行产品的检验、分类与分组、装配线上的机械手运动引导、零部件的识别与定位、生产过程中质量监控与过程反馈等任务。

机器视觉的基础功能主要有模式识别、视觉定位、尺寸测量和外观检测。目前，其应用也是基于这四大类功能来展开的。

① 模式识别：主要是指对已知规律的物品进行分辨，包括简单的外形、颜色、图案、数字、条码等的识别，也有信息量更大或更抽象的识别，如人脸、指纹、虹膜识别等。

② 视觉定位：主要是指在识别出物体的基础上精确给出物体的坐标和角度信息。定位在机器视觉应用中是非常基础且核心的功能，一个软件的好坏与其定位算法的好坏密切相关。

③ 尺寸测量：主要是指把获取的图像像素信息标定成常用的度量衡单位，然后在图像中精确地计算出需要知道的几何尺寸。优势在于高精度、高通量以及复杂形态的测量。例如，有些高精度的产品，由于人眼测量困难，以前只能抽检，有了机器视觉后就可以实现全检了。

④ 外观检测：主要是指检测产品的外观缺陷，最常见的包括表面装配缺陷（如漏装、混料、错配等）、表面印刷缺陷（如多印、漏印、重印等）以及表面形状缺陷（如崩边、凸起、凹坑等）。由于产品外观缺陷一般情况下种类繁杂，因此检测在机器视觉的应用中属于相对较难的一类。

从技术实现难度上来说，识别、定位、测量、检测的难度是递增的，而基于四大基础功能延伸出的多种细分功能在实现难度上也有差异。目前，3D 视觉是当前机器视觉应用技术中最先进的功能之一。

机器视觉的成像过程如图 1–5 所示。

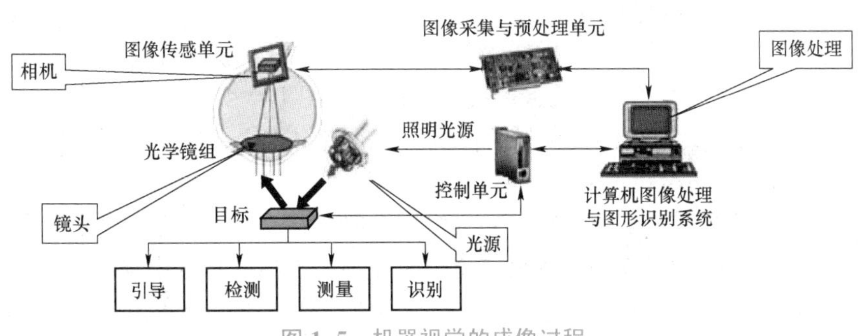

图 1–5　机器视觉的成像过程

① 引导（Guide）：实现生产自动化，提供灵活性，提供质量和产量的一个需求。通过提取到的信息来指导执行结构进行下一步的逻辑运动。

② 检验（Inspect）：针对设定目标与实际目标进行对比，然后实施 OK（是）或者 NG（否）判断功能。

③ 测量（Gauge）：在精度要求高或者速度要求快，并且需要非接触式测量时，会运用到机器视觉，并且占比相对较大。

④ 识别（Identify）：用于对产品信息的追溯，如读取代码字符、通过颜色形状或者装配进行识别，主要是对条形码、二维码的读取，再结合数据库的功能实现物料流程可控。实现可追溯性和收集重要数据，也是目前很重要的应用之一。

引导系统可分为标定工具、视觉软件、视觉硬件、运动机构四大部分。机器视觉首先进行信息采集，视觉硬件采集到信息之后，使用视觉软件对视觉硬件采集到的图像信息进行数据分析和处理，再将信息传递给运动机构，引导其完成应执行的逻辑任务。在执行的过程中，必须使用标定工具。使用标定工具的意义在于，将机器视觉读取到的信息与执行机构的物理信息相结合，找到其相关联的一部分，因为视觉采集到的信息，并不是直接的物理信息，需要对其进行处理，将其与外部物理信息相关联，因此，这个关联的产生就是靠使用标定工具来实现的。

引导的几大组成部分是依靠视觉硬件进行信息的采集，通过视觉软件来进行分析处理，最后通过运动机构来实现的一个过程，而运动机构是视觉信息的联合，最终需要通过标定工具来实现。引导系统的组成如图 1–6 所示。

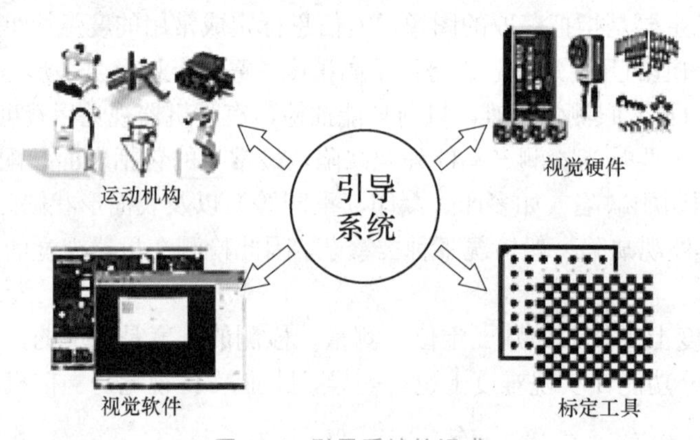

图 1–6　引导系统的组成

案例分析：机械手的视觉引导。

机械手的功能就是把来料取到之后进行位置检测，检测完成后再进行自动调整，把来料放入料盘，然后，再对已经组装好的成品进行检测，如图 1–7 所示。

① 信息检测：视觉设备检测到来料的位置信息或者有无来料信息之后，经过处理后再标定，然后，再把信息传递给机械手。

② 机械手收到信息后，证明有料，并且知道来料在什么位置，然后执行抓取动作。

③ 抓取后机械手将来料移动到相机位置拍照并确认在抓取过程中物料有没有发生偏移。

④ 当物料到达机械手的夹爪上之后，判断物料处于夹爪中的位置，并把在机械手上的位置信息进行传递，机械手根据设备提供的位置信息，准确地将物料放到指定位置。

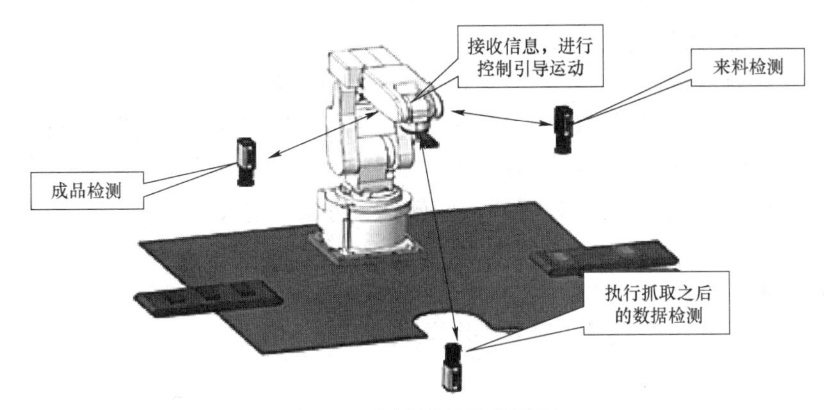

图 1–7 机械手的视觉引导

⑤ 完成上述动作后，成品检测相机会对组装后的产品进行检测，会对产品的组装位置、缝隙偏差等信息进行判断。

⑥ 检测相机的数据跟机械手还会有一次交汇，将相机数据传递给机械手，并判定组装是否成功。

1.5 机器视觉品牌认知

目前，机器视觉的品牌种类繁多，如图 1–8 所示。

图 1–8 机器视觉的品牌

① COGNEX。COGNEX（康耐视）是世界主流品牌之一，主要是美国一家软件公司开发的，最早以读码器起家，后延伸到各种视觉中，包括 3D 扫描。该品牌的产品性价比较高。

② BASLER。德国 BASLER 也是目前比较常用的机器视觉软件之一，COGNEX 本身并不生产硬件产品，其硬件主要是由 BASLER 代工的，因此，两个品牌只是外观有一些区别，其硬件并没有太大区别。

③ KEYENCE。KEYENCE（基恩士）在高精度检测、智能相机等方面非常杰出，因为其本身就是制造传感器的，除了机器视觉之外，其在激光传感器方面也非常出色，特别是在

3C、汽车行业等方面的应用非常广泛。

以上这三大国际品牌，代表了目前中高端三个层级的国际品牌。

④ 国内的品牌包括东莞的 OPT、大华、凌云等。国内企业在学习和参照国际品牌的情况下，逐渐发展出自己的品牌。OPT 近几年才推出了自己的相机，光源和镜头是其很强的主打产品。后来，除硬件之外，也开发了对应的软件。海康威视最早是制造安防民用摄像头的，后来也开始向机器视觉领域发展。

近年来，随着工业视觉技术在国内的应用越来越广泛，国产品牌会慢慢替代国际品牌，但就现阶段来讲，二者还需要相互学习，共同发展。

习　题

习题答案

1. 机器视觉是________________________________。
2. 机器视觉系统由________、________、________和________组成。
3. 机器视觉的四大类功能分别是________、________、________、________。
4. 写出你知道的机器视觉开发软件名称。
5. 列举 1～2 个机器视觉的应用案例，并分析其工作原理。

2

光源系统的认知与选择

学习内容

（1）光源基础知识。
（2）LED 光源的特点及分类。
（3）光源的配光方式。
（4）常见光源的应用。

光源系统的认知与选择

2.1 光源概述

2.1.1 光源的目的

数码相机拍照的时候需要补光，如十字路口的摄像头，拍照时会闪一下，而机器视觉领域拍摄图像也同样需要补光，补光就需要光源。机器视觉系统的核心是图像采集和图像处理，而光源则是影响图像水平的重要因素，适当的光源照明使图像中的目标信息与背景信息得到更好的分离，可大大降低图像识别的难度，提高系统的精度和可靠性。

对于机器视觉检测系统，稳定均匀的光源极其重要。光源存在的目的是将被测物与背景尽量明显区分开来，获得高品质、高对比度的图像。摄取图像时，最重要的是鲜明地获得被测物与背景的灰度差。好的打光方式可以让相机更准确地捕捉到物体特征，提高物体与背景的对比度，所以光源及光学系统设计是决定视觉系统成败的首要因素。

2.1.2 光源的重要作用

一套完整的视觉检测系统主要包含图像采集和图像分析两部分，所有信息均来自图像中，图像本身的质量对整个视觉系统极为关键，而光源则是影响机器视觉系统图像水平的重要因素。若光源设计不当，则会导致在图像处理算法设计和成像系统设计中事倍功半。目前，尚没有一个通用的机器视觉照明系统可以应对不同的检测要求，因此，针对每个特定案例，都需要设计合适的照明装置，以达到最佳效果。

图片质量的判断

在机器视觉系统中，光源的作用主要体现在：

（1）凸显出缺陷和背景的差异，增强图像对比度，如图 2–1（a）所示；

（2）形成最有利于图像处理的成像效果，如图 2–1（b）所示；

（3）照明目标，提高目标亮度，克服环境光的干扰，保持图像稳定性，如图 2–1（c）所示。

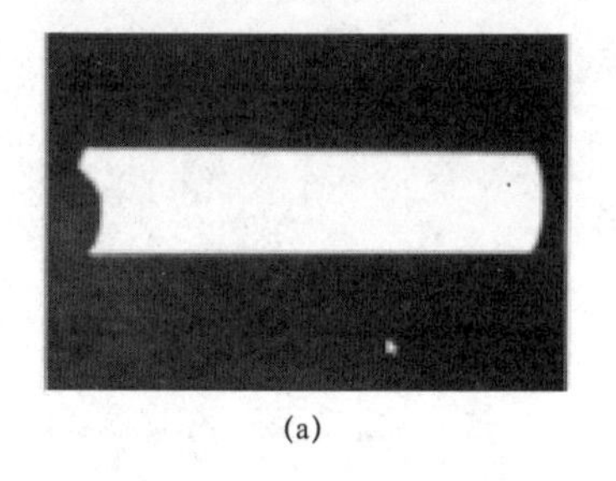
(a)

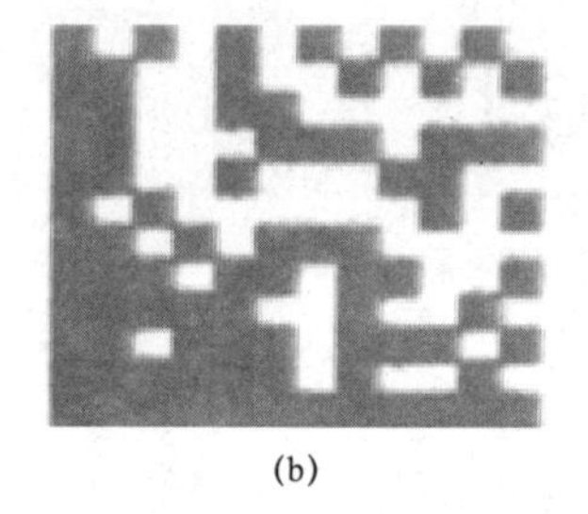
(b)

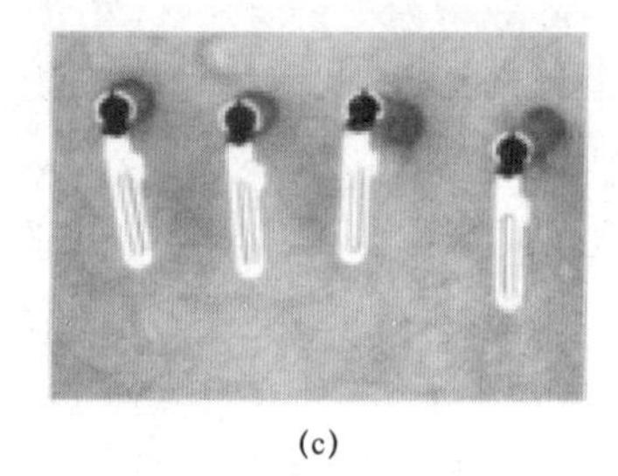
(c)

图 2–1　光源的作用

（a）凸显出缺陷和背景的差异，增强图像对比度；（b）形成最有利于图像处理的成像效果；（c）克服环境光的干扰，保持图像稳定性

2.1.3　影响光源的因素

在机器视觉系统中，获得一张高质量、可处理的图像是至关重要的。视觉系统设计的成功与否主要取决于图像质量及特征是否凸显。合适光源的选型是图像质量保证的关键因素，其主要考虑的基本要素有以下几个：

1. 对比度

对比度对机器视觉来说非常重要。对比度对机器视觉来说非常重要。在机器视觉应用中，照明最重要的任务就是使需要被观察的物体特征与需要被忽略的物体特征之间产生最大的对比度，从而容易进行特征的区分。本叙述的图像中需要提取的特征和背景的灰度值差值，是指针对黑白相机拍摄的图像。

如图 2–2（a）所示，图片字符和背景对比度低，很难看清字符；如图 2–2（b）所示，图片字符和背景的对比度高，字符显而易见。

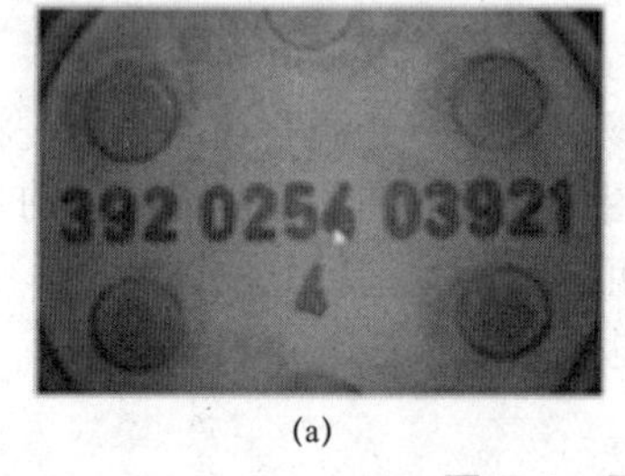

(a)

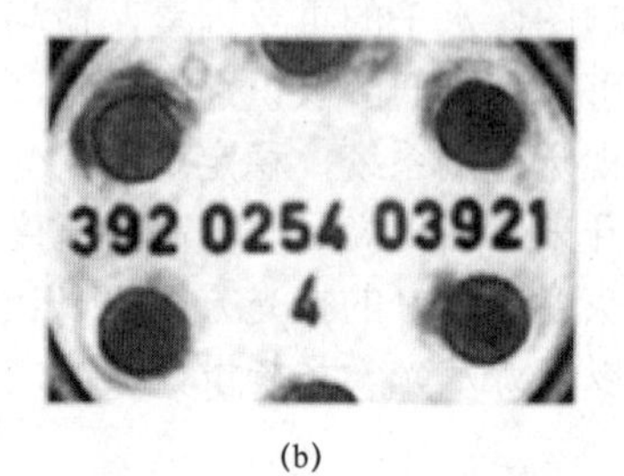

(b)

图 2–2　图片的对比度

（a）对比度低；（b）对比度高

2. 均匀性

均匀性好的光源使机器视觉系统工作稳定，可以保证工件检测部分的图像灰度级别基本一致，有利于软件分析，降低误判的风险。均匀性好的图片，其整幅图像背景的灰度值不能有过大的差异，灰度值差异主要受打光方式的影响。针对反光很强的工作环境，打光一般有两种方式，即全部反光与全部不反光。

如图 2–3（a）所示，镭射图片表面反光很强，若全部反光，则会覆盖烟盒面的字符；若打光不均匀，则会影响处理效果，而且采相的灰度值也有差异，提取特征时会造成干扰。如图 2–3（b）所示，图片整个背景灰度值相近，处理起来相对要简单许多。

均匀性和对比度是评判一幅图像质量好坏的基本准则，而光源选择的正确与否，则是影响图片质量好坏的关键。

(a)

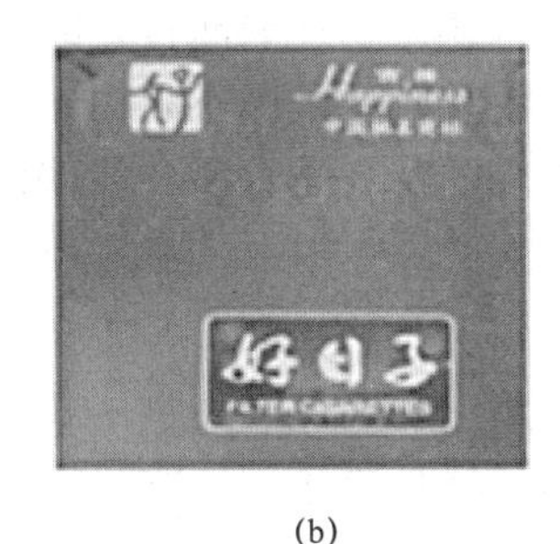

(b)

图 2–3　光源的均匀性

（a）打光不均匀；（b）打光均匀

3. 色彩还原性

色彩还原性是指彩色胶片经过拍摄和洗印加工，彩色摄影画面的色彩大体上和原景物的色彩一致。若一幅图片的色彩越接近原物，则图片色彩还原得越准确。图片的色彩还原性要求亮度适中、不过度曝光，如图 2–4 所示。

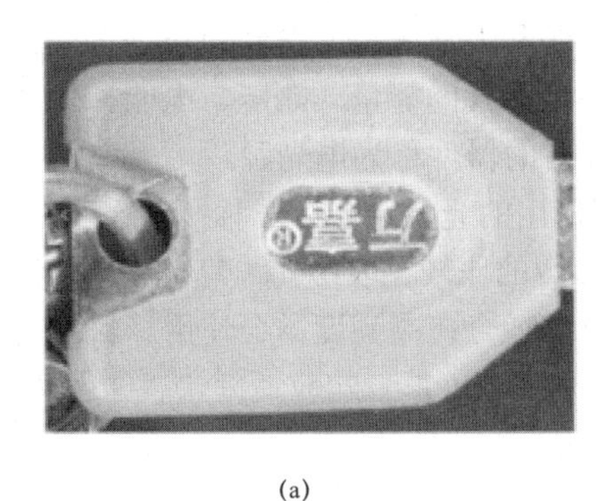

(a)

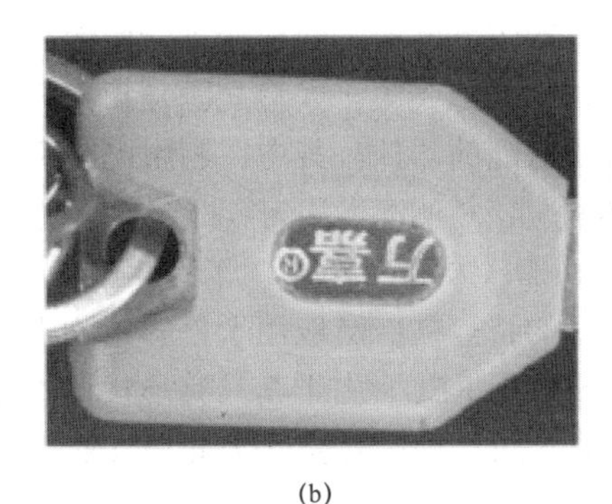

(b)

扫码查看彩图

图 2–4　图片的色彩还原性

（a）色彩失真；（b）接近真实色彩

4. 亮度

亮度是光源选择时需要重要考虑的因素，应尽量选择亮度高的光源。当光源不够亮时，会出现以下情况：一是相机的信噪比不够，由于光源的亮度不够，因此图像的对比度不够，在图像上出现噪声的可能性也随即增大；二是光源的亮度不够，必然要加大光圈，从而减小了景深；三是当光源亮度不够时，自然光等随机光对系统的影响会变大。

5. 鲁棒性

鲁棒性是指光源对物体部件的位置敏感度，鲁棒性好的光源对物体位置敏感度低。当光源放置在摄像头视野的不同区域、不同角度位置时，得到的图像不会随之变化。很多情况下，鲁棒性好的光源在实际工作中与在实验室中具备相同的效果。

6. 光源可预测性

当光源入射到物体表面时，光源的方向是可以被预测的，光源可能被物体表面吸收或者被反射。比如，光可能被完全吸收（如黑金属材料，造成物体表面难以照亮）或者被部分吸收（则会造成颜色的变化及亮度的不同）。不被吸收的光则会被反射，入射光的角度等于反射光的角度。

7. 物体表面特性

机器视觉照明复杂化是物体表面特征的变化造成的。如果所有物体表面特征是相同的，那么在实际应用时就没有必要采用不同的光源技术了。正是由于物体表面特征不同，因此需要观察视野中的物体表面特征是金属、玻璃还是塑料等材质，并分析光源入射到物体表面的方向。

8. 光源的位置

光源是按照入射角的方向反射到物体表面上，因此，光源的位置对获取高对比度的图像很重要。由于光源的目标是要达到使物体特征与其周围背景对光源的反射不同，因此，预测出光源如何反射到物体的表面，就可以决定光源的位置。

2.2　光源的种类及参数

2.2.1　光源的种类

光源是能够产生光辐射的辐射源，一般分为自然光源和人造光源。自然光源是自然界中存在的辐射源，如太阳光等。人造光源是指人为地将各种形式的能量（热能、电能、化学能等）转化成光辐射能的器件。其中，利用电能产生光辐射的器件称为电光源。

理想的光源应该是明亮、均匀、稳定的，视觉系统使用的光源主要有三种：光纤卤素灯、高频荧光灯和 LED（发光二极管）灯。不同视觉光源参数的比较见表 2–1。荧光灯因为其色彩本身还原性好的特点被广泛应用于色彩检测中；卤素灯适合在高亮度场合使用。目前，机器视觉光源主要采用 LED，由于其具有形状自由度高、使用寿命长、响应速度快、单色性好、颜色多样、综合性价比高等特点，因此在行业内应用广泛。

表 2–1　不同视觉光源参数的比较

光源种类	颜色	寿命/h	亮度	稳定性	受温度影响
光纤卤素灯	白色、偏黄	约 2 000	高	一般	大
高频荧光灯	白色、偏绿	1 500～3 000	较暗	差	一般
LED 灯	红、黄、绿、白、蓝	30 000～100 000	较亮	好	小

1. 光纤卤素灯

光纤卤素灯也叫光纤光源，由于光线是通过光纤传输的，因此适合小范围高亮度照明使用。它真正发光的是卤素灯泡，功率很大（>100 W）。高亮度卤素灯泡通过光学反射和一个专门的透镜系统，进一步聚焦提高光源亮度。卤素灯也称冷光源，因为经过光纤传输之后，其发光端是不发热的，适合对环境温度比较敏感的场合（如二次元量测仪的照明），但它的缺点是灯泡的寿命仅有 2 000 h 左右。

2. 高频荧光灯

高频荧光灯的发光原理和日光灯相似，只是灯管属于工业级产品，并且采用高频电源，即光源闪烁的频率远高于相机采集图像的频率，可以消除图像的闪烁。高频荧光灯适合大面积照明，亮度高，且成本较低，但隔一段时间就需要更换灯管。

3. LED 灯

LED 灯作为一种新型半导体发光材料，在寿命和稳定性上具有非常明显的优势，且已在机器视觉光源领域占据主导地位，已成为机器视觉系统的首选光源。

三种光源的综合性能比较如图 2–5 所示。

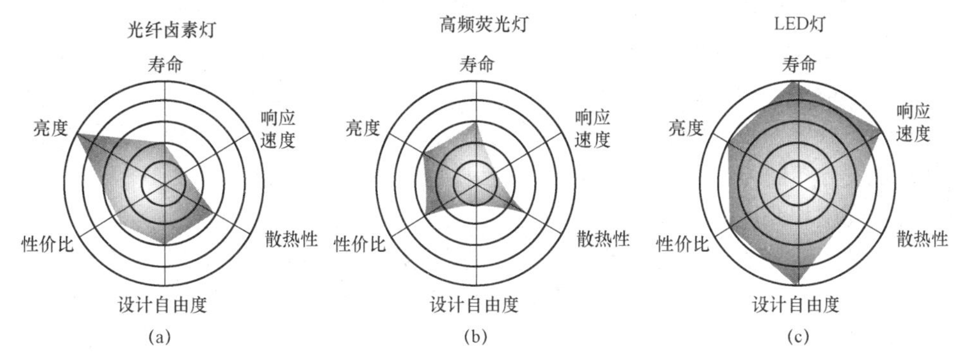

图 2–5 三种光源的综合性能比较

（a）光纤卤素灯；（b）高频荧光灯；（c）LED 灯

LED 灯主要具备以下几大优点：

（1）颜色丰富。只要改变电流就可以使其变换相应的颜色。LED 软灯条能够方便地通过化学修饰的方法调整材料的能带结构和带隙，实现红、黄、绿、蓝等多色发光。如小电流时为红色的 LED，随着电流的增加，可以依次变为橙色、黄色，最后为绿色。

（2）对环境污染小。LED 软灯条是固体照明器件，不含汞，封装材料是环氧树脂，即使损坏丢弃，也不会给环境造成污染。

（3）响应时间极低。白炽灯的响应时间为毫秒级，LED 灯的响应时间为纳秒级。

（4）稳定性极好。一只 LED 软灯条寿命约为 30 000 h，而光衰度仅有 50%。

（5）适用性强。由于单个 LED 的体积极小，因此每个单元 LED 小片是 3～5 mm 的正方形，同时，LED 软灯条可以随意弯曲扭折，因此它适用于各种易变的环境。

（6）能耗低。能量消耗较同光效的白炽灯减少 80%，而且照明效果好，一只 11 W 的 LED 灯的亮度相当于 90 W 到 100 W 白炽灯的亮度。

（7）电压低，使用安全。LED 软灯条使用低压电源，供电电压为 6～24 V，根据产品不同而异，比使用高压电源更安全，特别适用于公共场所。

2.2.2 光源的主要参数

1. 光的度量

（1）辐射能和光能。

以辐射形式发射、传播或接收的能量称为辐射能，单位为 J（焦耳）；光通量在可见光范围内对时间的积分称为光能，光能单位为 lm·s（流明秒）。

（2）辐射通量和光通量。

以辐射形式发射、传播或接收的功率，或是在单位时间内，以辐射形式发射、传播或接收的辐射能称为辐射通量，其单位为 W（瓦）。人眼所能感觉到的辐射功率（单位时间内某一波段的辐射能量和该波段的相对视见率的乘积），单位为 lm。辐射通量对时间的积分称为辐射能，而光通量对时间的积分称为光能。

（3）辐射出射度和光出射度。

对有限大小面积的面光源，表面某点处的面元向半球面空间内发射的辐射通量与该面圆面积之比，定义为辐射出射度，计量单位是 W/m^2。对于可见光面光源表面某一点处的面元向半球面空间发射的光通量与面元面积之比称为光出射度，其计量单位为 lx（勒克斯）。

（4）辐射强度和发光强度。

对点光源在给定方向的立体角元内发射的辐射通量与该方向立体角元之比定义为点光源在该方向的辐射强度，辐射强度的计量单位为 W/sr（瓦每球面度）。一般点光源是各向异性的，其发光强度分布随方向而异，发光强度的单位为 cd（坎德拉）。

（5）辐射亮度和亮度。

光源表面某一点处的面元，在给定方向上的辐射强度，除以该面元在垂直于给定方向平面上的正投影面积，称为辐射亮度，计量单位为 W/（sr·m^2）（瓦每球面度平方米）。

（6）辐射效率与发光效率。

光源所发射的总辐射通量与外界提供给光源的功能之比，称为光源的辐射效率。

（7）辐照度与照度。

辐照度是照射到物体表面某一点处面元的辐射通量除以该面元的面积的商，计量单位是 W/m^2（瓦每平方米）；辐照度是从物体表面接收辐射通量的角度来定义的，本身不辐射的反射体接收辐射后，吸收一部分，反射一部分。

2. 光的颜色

太阳光是各种色彩的混合光，色彩的本质是电磁波。根据波长的不同，电磁波可分为通信波、红外光、可见光、紫外光、X 射线、γ 射线和宇宙射线等。其中，真空波长为 380～780 nm 的光波是人眼所能看见的，称为可见光。可见光透过三棱镜可以呈现出红、橙、黄、绿、青、蓝、紫七种颜色组成的光谱。红色光波最长，为 640～780nm；紫色光波最短，为 380～430 nm。波长越长，衍射线越强，波长越短，穿透性越强。

3. 光的温度

当某一光源发出光的光谱分布与不反光、不透光完全吸收光的黑体，在某一温度时辐射出的光谱分布相同时，就把绝对黑体的温度称为这一光源的色温。通常情况下，色温高的光源颜色偏蓝，色温低的光源颜色偏红。高色温光源照射下，如亮度低则给人以一种阴冷的气氛；低色温光源照射下，亮度过高会使人感到闷热，因此，光色偏蓝的称为冷色（＞5 000 K），光色偏红的称为暖色（<3 300 K），介于冷色和暖色之间的称为中间色（3 300～5 000 K）。

同空间使用两种光色差很大的光源时，其对比会出现层次效果，若光色对比大时，则可在获得亮度层次的同时也获得光色层次；若采用低色温光源照射，则能使红色更鲜艳；若采用中色温光源照射，则能使蓝色更具有清凉感；若采用高色温光源照射，则能使物体具有冷的感觉。

4. 光的显色性

显色性表现为光源对物体本身颜色呈现的程度，由显色指数来表示。显色性高的光源对颜色表现好，即所见颜色更接近真实颜色。显色性低的光源对颜色的表现差，即所见颜色偏差大。

显色指数 CRI 是灯光技术领域的常用参数，指物体用该光源照明和用标准光源（一般以太阳光为标准光源）照明时，其颜色符合程度的量度，即颜色逼真的程度。显色指数用 Ra 表示，若 Ra 值越大，则光源的显色性越好，如图 2–6 所示。

(a)

(b)

扫码查看彩图

图 2–6　光的显色对比

（a）显色指数高；（b）显色指数低

光的显色方式有忠实显色和效果显色。忠实显色能准确表示物体本来的颜色，当显色指数接近 100 时，显色性最好。效果显色是强化某一部分的特色，可以通过加色法强化显色效果，达到鲜明强调特定色彩的目的。

光源的显色性与色温无直接关系，常见光源的色温和显色指数见表 2–2。

表 2–2　几种常见光源的色温和显色指数

光源名称	色温/K	显色指数（0～100）
白炽灯/500 W	2 800	95～100
镝灯/1 000 W	4 300	85～95
荧光灯/日光色 40 W	6 500	70～80
节能灯/飞利浦	2 700～6 500	78～92
荧光高压汞灯/400 W	5 500	30～40
普通高压钠灯/400 W	2 000	20～25
小功率陶瓷金卤灯	3 000～4 200	80～90
白光 LED	3 300～12 000	75～83

5. 三基色

三基色是指通过其他色彩的混合无法得到的“基本色”。由于人眼有感知红、绿、蓝三种不同颜色的锥体细胞，因此，色彩空间通常可以用三种基本色来表达，称为“三原色”或“三基色”。

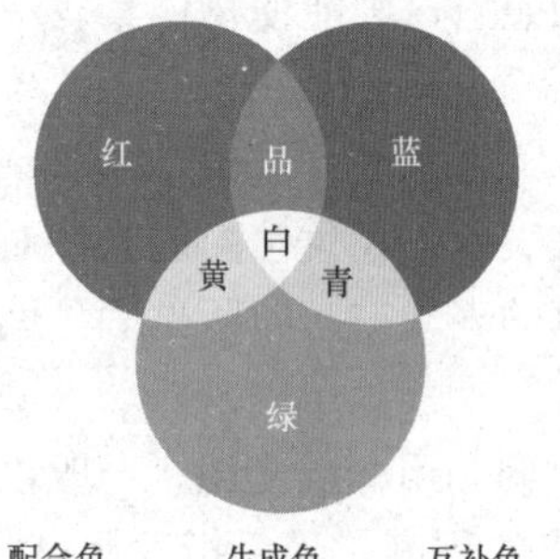

扫码查看彩图

配合色	生成色	互补色
红+绿	黄	蓝
红+蓝	紫	绿
绿+蓝	青	红

图 2–7　三基色

光的三基色为 R（红）、G（绿）、B（蓝）（颜料的红、黄、蓝称为三原色）。不同波长的光线呈现不同的色彩，波长决定色彩的特征，波长越长则光的穿透性（衍射性）越强；波长越短散色性越强。三基色通过互相搭配，可以得到不同的色彩。

（1）红外光。

红外光又叫红外线，是波长介于微波与可见光之间的电磁波，因此，使用红外线夜视仪，即使是在漆黑的夜晚，人们也能像白天一样看得清物体，这是红外光的作用。

红外光的特点：红外光的穿透性很强，人眼不可见。

红外光的应用：当物体表面的一些划痕、瑕疵比较多时，用红外光来照射，可以更好地提取轮廓的特征。

（2）紫外光。

紫外光是太阳光中波长为 10～370 nm 的光线，可以分为 UVA（波长 320～370 nm，长波）、UVB（波长为 280～320 nm，中波）、UVC（波长为 100～280 nm，短波）、EUU（10～100 nm，超高频）四种。

紫外光的特点：物体在紫外光的照射下会发出荧光。对于检测物体上的油墨水、标签、胶水等特征物体，利用紫外光光源直接照射到物体上，物体将发出荧光照射，可显示出可见光无法显示出的缺陷。

紫外光的应用：在印钞行业、票印行业，常借助紫外光对人民币上的某个特征、特征表面有胶水的地方进行检测；对荧光字符、条码、二维码进行识别检测；对产品外壳微小划伤、碰伤等缺陷进行检测。

6. 光的相近色与互补色

（1）光的相近色和互补色的定义。

如图 2–8 所示，色环中颜色比较近的称为相近色或相邻色，如绿色和蓝绿色则称为相近色，使用相近色光线照射物体时，物体呈现的颜色将会变亮；色环中关于中心对称的颜色称为互补色，如绿色和红色就称为互补色，这两种颜色处在对称的位置，其波长差距比较大，使用互补色光线照射物体时，物体呈现的颜色将会变暗。

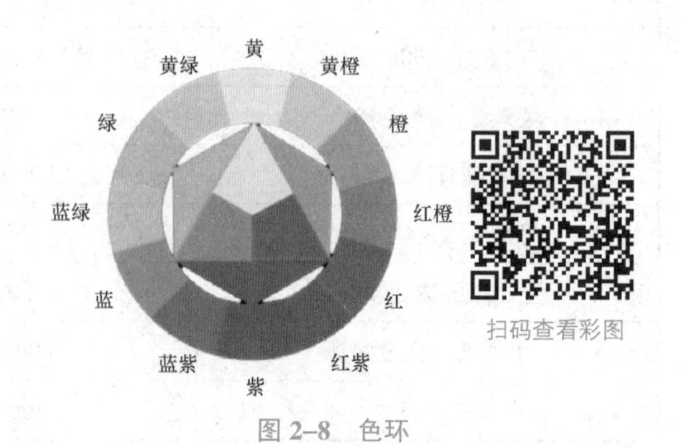

图 2–8　色环

根据色彩圆盘，用相反的颜色照射，

可以达到最高级别的对比度。如用冷色光照射暖色光的物体，颜色会变暗；用冷色光照射冷色光的物体，颜色则会变亮。

在检测有色物体时，利用光的相近色或互补色是选择明场或暗场时主要考虑的依据。明场是最常用的照明方案，即采用正面直射光照射形成，而暗视场主要由低角度或背光照明形成，对于不同项目检测需求，选择不同类型的照明方式，一般来说暗场会使背景呈现黑暗，而被检物体则呈现明亮。

（2）光的相近色与互补色的应用。

比如，在多种色彩的光照射到蓝色的物体上，从物体的显色性来看，其他色彩的光都会被吸收，只有蓝色的光与它本体色彩最相近，所以蓝色的光最容易被反射出来，蓝色区域得到的光会更多，则显现的色彩会更亮；又比如，同样的光照射到红色物体上，同理，红色的光照射在红色物体上的色彩也会显得更亮。

特征为白色或黑色的物体，白色物体的反光性最好，黑色物体对光的吸收性更好。特征体显示黑色，就是指所有的光线被物体本身吸收没有反光现象，进入镜头里会显示黑色。这是不同色彩的光源被物体吸收和反射的展示，得出的结论再次验证了采用与物体色彩相近色的光源会让物体本体变得更亮。

7. 颜色过滤与加强的应用

（1）可以根据字符本身的颜色来决定打光的颜色。

如图 2–9（a）所示，瓶盖上的“谢谢惠顾”字符，是检测时不需要用到的，它会对检测的结果造成干扰，此时就需要将物体的背景打成和字符颜色一样的光；如红色的字体，则要选择红色的对比色来实现暗场。如图 2–9（b）所示，选择红色的本体色来实现明场，采用红色的光源对文字进行过滤，即把背景和文字调整成同样的颜色，从而过滤掉不需要的物体特征。

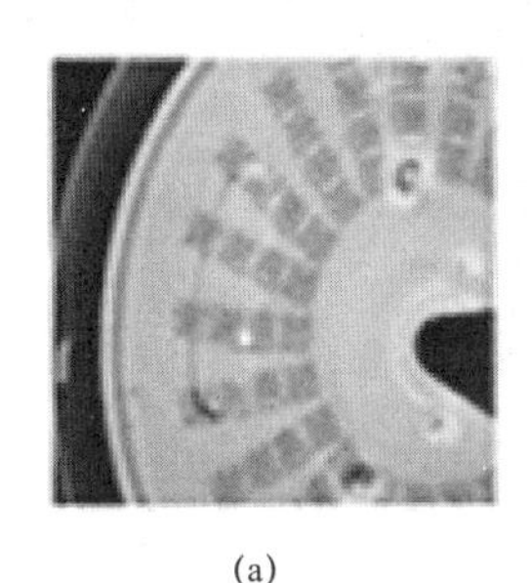

(a)

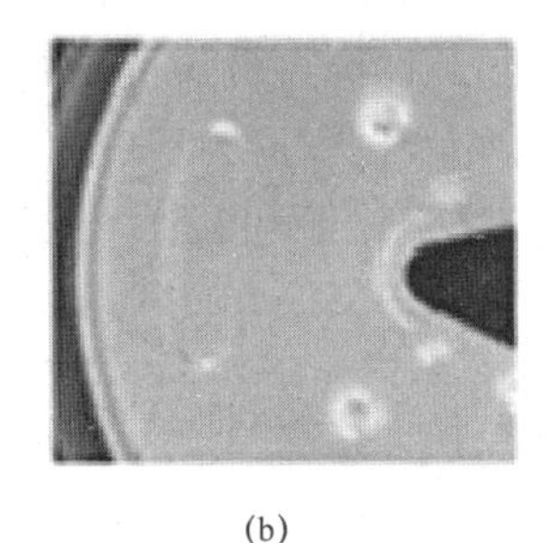

(b)

图 2–9　颜色的过滤

（a）带有红色字符的被检测物体；（b）采用红色光源过滤红色文字

（2）利用不同色彩的光源实现特征的对比度。

如图 2–10 所示的 Logo，可以通过不同的光源把其背景打成不同色彩。如果 Logo 本体是绿色，那么，采用红色光源对它进行照射，可以提高物体特征的对比度。

(a)

(b)

(c)

扫码查看彩图

图 2–10　不同色彩的光源实现特征的对比度

（a）红光源照射；（b）绿光源照射；（c）蓝光源照射

（3）使用相近色或对比色消除背景色对特征的影响。

对如图 2–11 所示的瓶盖进行检测，若现场本身的工作环境中有蓝光的存在，但蓝光对实际特征的检测有一定影响，如果要减弱蓝光的影响，则可以根据需求打成明视场或暗视场，使用蓝光的相近色或者对比色来消除背景色对检测结果的影响。

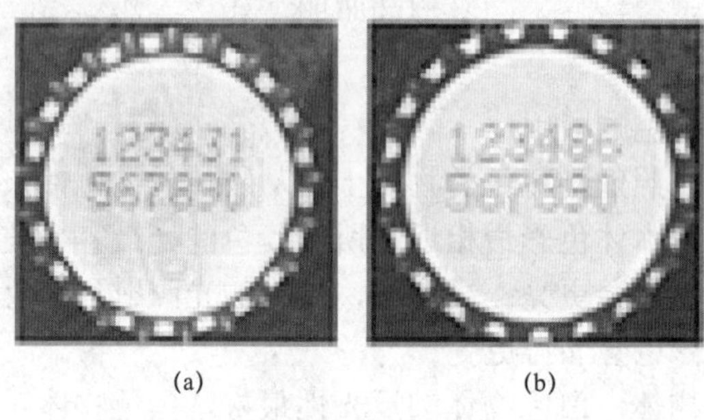

扫码查看彩图

(a)　　(b)

图 2–11　检测瓶盖

（a）自带蓝光的被检测图像；（b）消除背景色的被检测图像

2.3　LED 光源的分类

LED 光源在机器视觉系统中最为常用，且已在机器视觉光源领域中占据主导地位，成为机器视觉系统的首选光源。

由企业生产一线的实际案例得知，对于不同的检测对象，必须采用不同的照明方式突出被测对象的特征，有时可能需要采取几种方式的组合，而最佳的照明方法和光源选择往往需要大量的实验才能得到。设计人员除了应具有很强的理论知识外，还需要有很强的创造性。这个看似简单的问题实际上是非常复杂的。根据被测物体本身的特征，目前行业里使用的 LED 光源可分为 LED 主流光源和 LED 非标光源两种。

2.3.1　LED 主流光源

1. 环形光源

环形光源如图 2–12 所示。

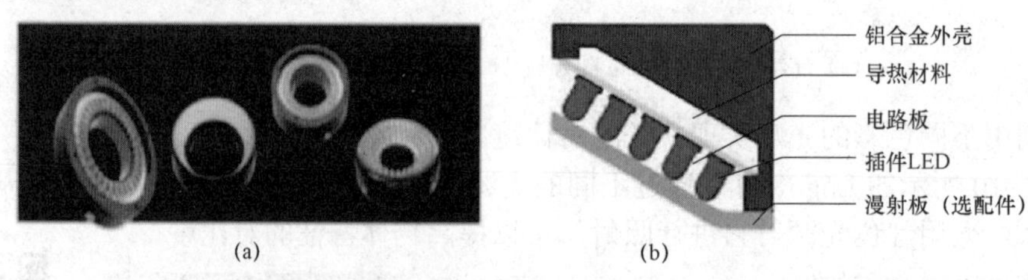

图 2–12　环形光源

（a）环形光源实物；（b）环形光源剖面结构

（1）产品特点：环形光源可以从不同角度进行照射，能突出物体的三维信息并有效解决对角照射阴影的问题；其周围表面采用滚花设计，可以扩大散热面积并保障光源的使用寿命；根据客户的不同需求，可选配不同的漫射板。

（2）应用领域：PCB 基板检测，塑胶容器检测；电子元件检测、集成电路字符检查；显微镜照明；通用外观检测；液晶校正。

（3）典型案例：金属表面检测（图 2–13）。环形光源的打光方式为垂直打光，金属物体的表面轮廓会充分反光至成像系统中，对于立体轮廓的检测应用会比较广。

(a)

(b)

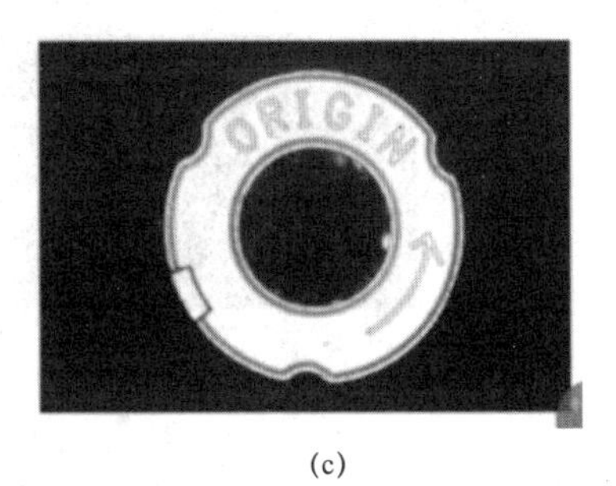

(c)

图 2–13 金属表面检测

（a）环形光源实物图；（b）环形光源的打光方式；（c）环形光源的打光效果

2. 条形光源

条形光源如图 2–14 所示。

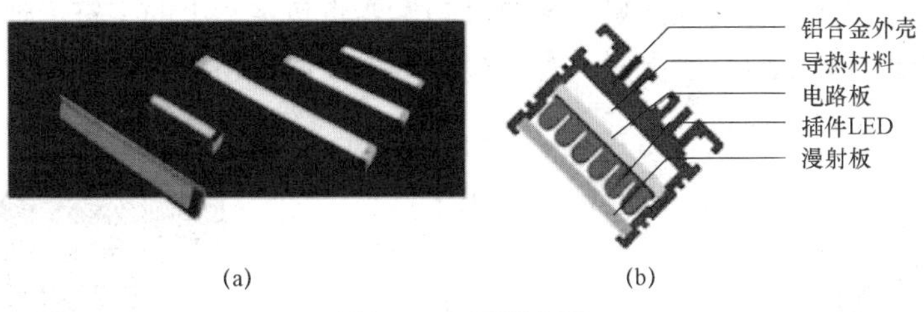

(a) (b)

图 2–14 条形光源

（a）条形光源实物图；（b）条形光源剖面结构

（1）产品特点：条形光源是大面积打光的首选光源，性价比高；色彩可根据需求搭配，自由组合，尺寸灵活定制；光源照射角度与安装灵活可调。

（2）应用领域：金属、玻璃等表面检查；表面裂缝检测；LCD 面板检测；线阵相机照明；图像扫描。

（3）典型案例：FPC 线路检测（图 2–15）。针对不规则的线路板插件回路的检测，若采

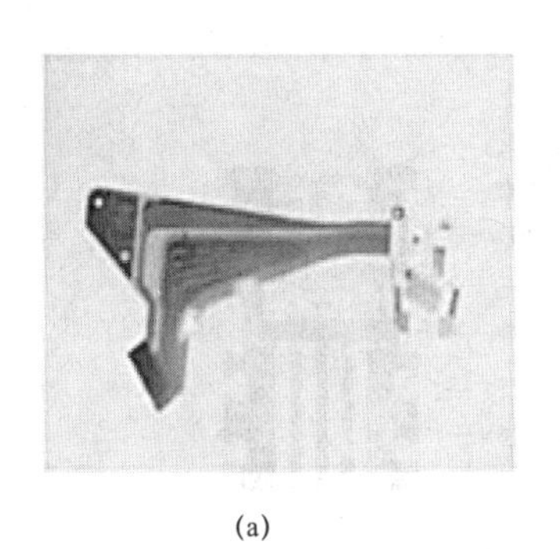

(a)

(b)

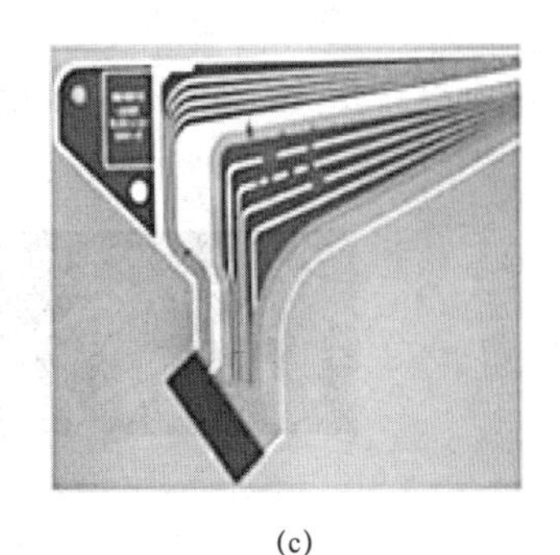

(c)

图 2–15 FPC 线路检测

（a）条形光源实物图；（b）条形光源的打光方式；（c）条形光源的打光效果

用环光照射，则要求环光的半径、角度比较大，而选择条形光源照射，发光角度则可以任意调节，且照射面积较大。对于外观尺寸不规则，或长条状的特征物体比较适用。

3. 高均匀条形光源

高均匀条形光源如图 2–16 所示。

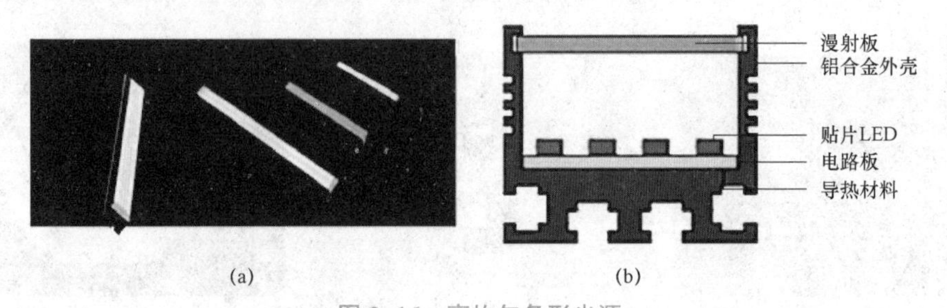

图 2–16　高均匀条形光源

（a）高均匀条形光源实物图；（b）高均匀条形光源剖面结构

（1）产品特点：高均匀条形光源，可制作最长长度为 2 000 mm 的光源。

（2）应用领域：电子元件识别与检测；服装纺织、食品包装检测；印刷品质量检测；灯箱照明；家用电器外壳检测；替代荧光灯。

（3）典型案例：包装盒字符检测（图 2–17）。要将包装盒上的字符清晰地显现出来，采用高均匀条形光源，发光均匀性更好，对于检测密集、体积小的物体特征效果更好，能够使背景和特征轮廓有较大的差异。

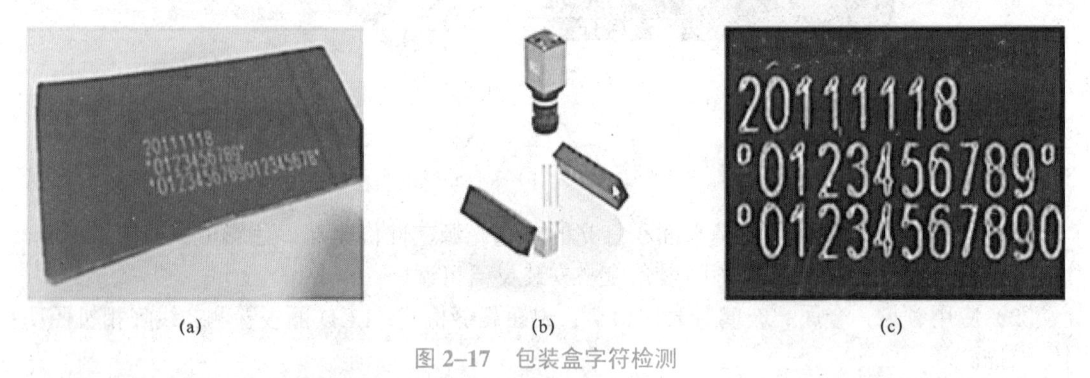

图 2–17　包装盒字符检测

（a）高均匀条形光源实物图；（b）高均匀条形光源的打光方式；（c）高均匀条形光源的打光效果

4. 高亮度条形光源

高亮度条形光源如图 2–18 所示。

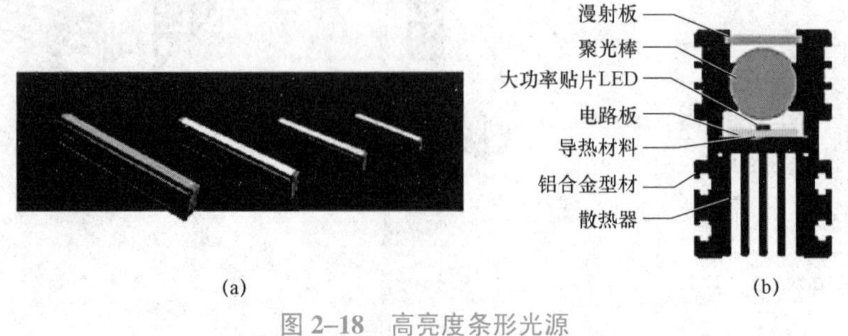

图 2–18　高亮度条形光源

（a）高亮度条形光源实物图；（b）高亮度条形光源剖面结构

（1）产品特点：高亮度达到标准条形光源 3 倍以上，可制作长度为 60～2 000 mm 的光源，实现远工作距离照明；高密度贴片 LED 高亮度，高散射漫射板；良好的散热设计可以确保产品稳定性和寿命；安装简单、角度可随意调节；尺寸设计灵活多变；色彩多样可选，可定制多色混合、多类型排布非标产品。

（2）应用领域：电子元件识别与检测；服装纺织，印刷品质量检测；家用电器外壳检测，圆柱体表面缺陷检测，食品包装检测，灯箱照明，替代荧光灯。

（3）典型案例：汽车灯外壳字符检测（图 2–19）。字符本身的颜色和背景区分度不明显，只有采用高亮度条形光源，才可以把轮廓清晰地表现出来。

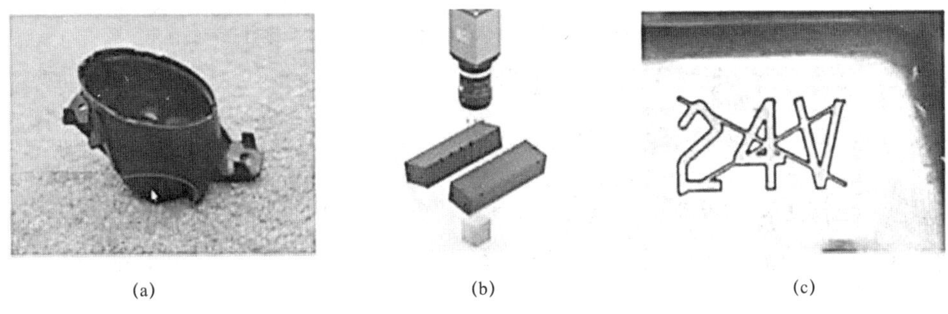

(a)　(b)　(c)

图 2–19　汽车灯外壳字符检测

（a）高亮度条形光源实物图；（b）高亮度条形光源的打光方式；（c）高亮度条形光源的打光效果

5. 条形组合光源

条形组合光源如图 2–20 所示。

图 2–20　条形组合光源

（1）产品特点：四边配置条形光，光源角度可自由调节，每条边照明独立可控；可根据被测物要求调整所需照明角度，适用性强。

（2）应用领域：PCB 基板检测；电子元件检测；焊锡检测；Mark 点定位；显微镜照明；包装条形码照明。

（3）典型案例：PCB 焊锡检测（图 2–21）。PCB 焊点的特点是分布面积比较广，且大小不同，要使特征完全呈现出来，要求受光面要大、角度可随意调节，此时，用条形组合光源，可以大面积受光，从而采集到理想的效果。

6. 底部背光源

底部背光源如图 2–22 所示。

（1）产品特点：用高密度 LED 阵列面提供高强度背光照明，能突出物体的外形轮廓特征，尤其适合作为显微镜的载物台；红白两用背光源、红蓝多用背光源，能调配出不同的颜色，满足不同被测物多色要求。大面积均匀发光，主要用于透视轮廓成像和大幅面均匀照明。

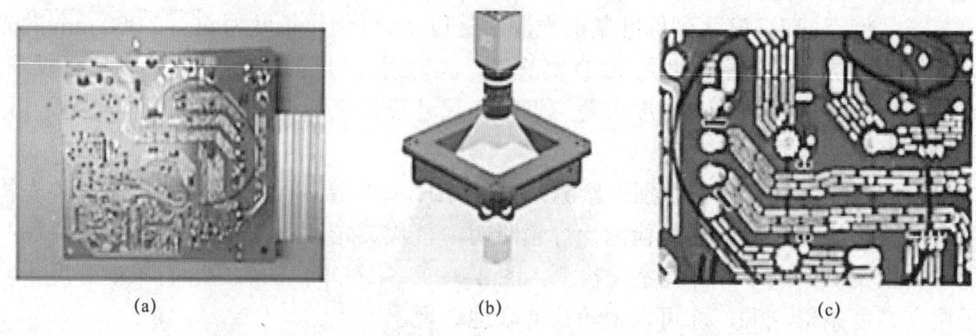

(a) (b) (c)

图 2-21 PCB 焊锡检测

（a）条形组合光源实物图；（b）条形组合光源的打光方式；（c）条形组合光源的打光效果

(a) (b)

图 2-22 底部背光源

（a）底部背光源实物图；（b）底部背光源剖面结构

（2）应用领域：机械零件尺寸的测量；电子元件、IC 的引脚、端子连接器检测；胶片污点检测；透明物体划痕检测等。

（3）典型案例：金属件轮廓检测（图 2-23）。金属件物体颜色和背景差异不大，且每个部位反光效果不同，选择条光或环光很难将轮廓与背景区分开，应选择底部背光源照射，从底面发光经过物体。物体的轮廓会挡住部分光源，使整个物体成黑色，于是呈现出整个轮廓。此打光方式是把背景打亮、轮廓打暗的一种应用方式。

(a) (b) (c)

图 2-23 金属件轮廓检测

（a）底部背光源实物图；（b）底部背光源的打光方式；（c）底部背光源的打光效果

7. 同轴光源

同轴光源如图 2-24 所示。

（1）产品特点：成像清晰，亮度均匀，LED 高密度排列使亮度大幅提高；独特的散热结构可以延长寿命并提高产品稳定性；特殊高级镀膜分光镜可减少光损失。能够突显物体表面不平整并克服表面反光造成的干扰。主要用于检测物体平整光滑表面的碰伤、划伤、裂纹和异物等。

(a)

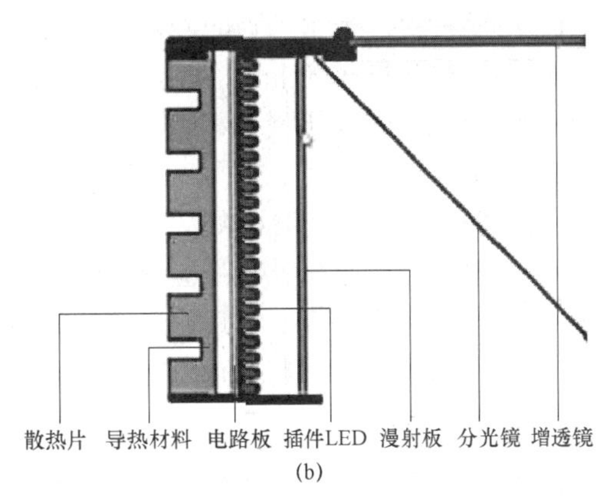

(b)

图 2–24　同轴光源

（a）同轴光源实物图；（b）同轴光源剖面结构

（2）应用领域：高反光面的划伤检测，此系列光源最适宜用于反射度极高的物体，如金属、玻璃、胶片、晶片等表面的划伤检测；芯片和硅晶片的破损检测，Mark（光学定位点）点定位；包装条形码识别；激光打标字符和二维码识别。

（3）典型实例：金属片轮廓检测（图 2–25）。如果要检测物体轮廓上的划痕，采用同轴光源可以使表面不均匀的物体呈现出较好的反光效果。

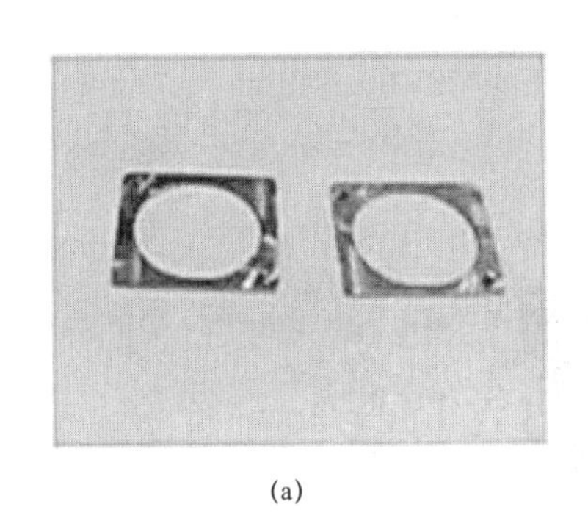
(a)

(b)

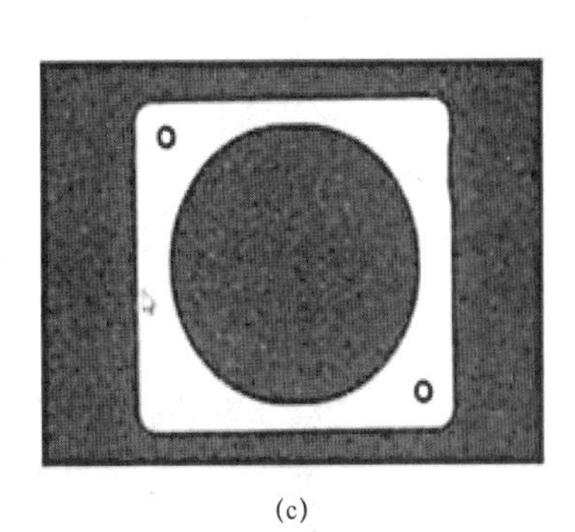
(c)

图 2–25　金属片轮廓检测

（a）同轴光源实物图；（b）同轴光源的打光方式；（c）同轴光源的打光效果

8. 球积分光源

球积分光源如图 2–26 所示。

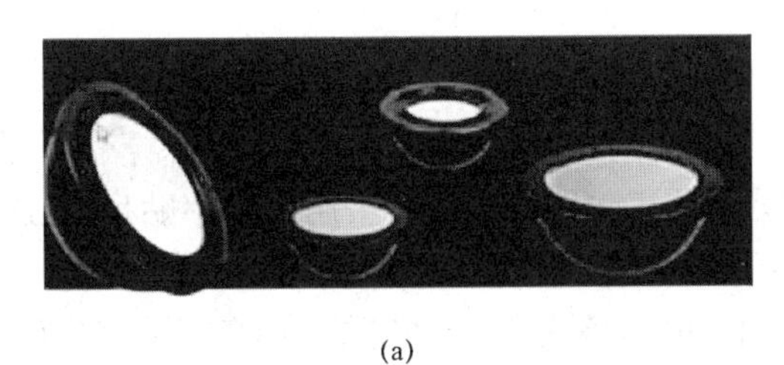
(a)

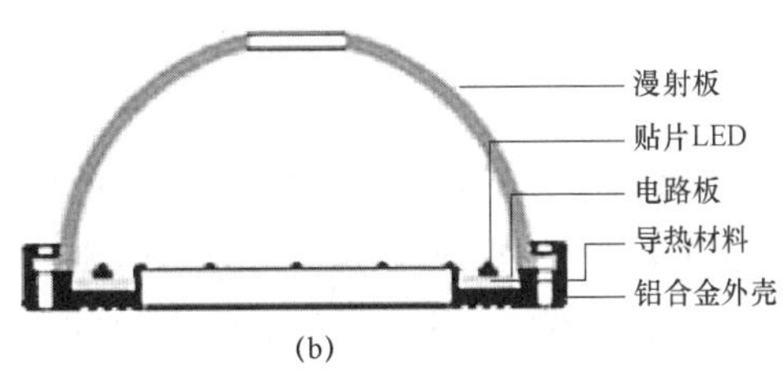

(b)

图 2–26　球积分光源

（a）球积分光源实物图；（b）球积分光源剖面结构

（1）产品特点：采用特制的漫射板，使光源发出的光线均匀分布在整个图像上，有效消除因表面不平整而形成的干扰；具有球积分效果的半球面内壁，均匀反射从底部 360° 发射出的光线，使整个图像的照度十分均匀；红、白、蓝、绿、黄等多种色彩可选；可调制出任何色彩。

（2）应用领域：适用于曲面，如表面凹凸不平的工件检测；适用于金属、玻璃表面反光较强的物体表面检测；包装检测；适用于外形相同色彩不同的工件。

（3）典型案例：计算器字符检测（图 2–27）。检测面积相对较大，数据较多，要求光源均匀辐射在各个点上，若采用其他形式的光源，则没有办法实现均匀打光，只能靠近光源或被直射的地方光强会大一点；而采用球积分光源，光源经过漫反射板照射，使物体受光面积较大，每个细节都能显现出来。

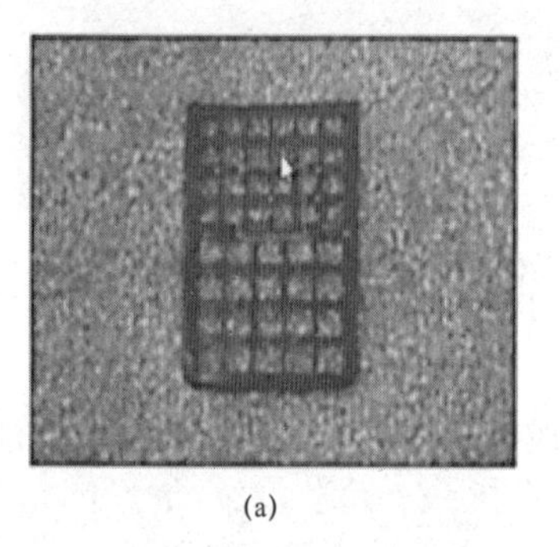

(a)

(b)

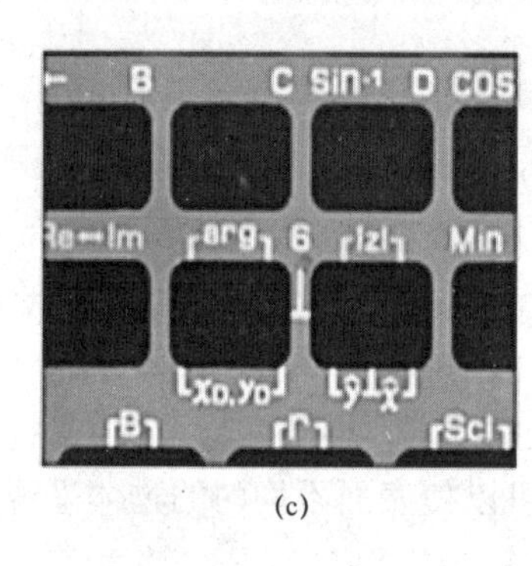

(c)

图 2–27　计算器字符检测

（a）球积分光源实物图；（b）球积分光源的打光方式；（c）球积分光源的打光效果

9. 高亮线形光源

高亮线形光源如图 2–28 所示。

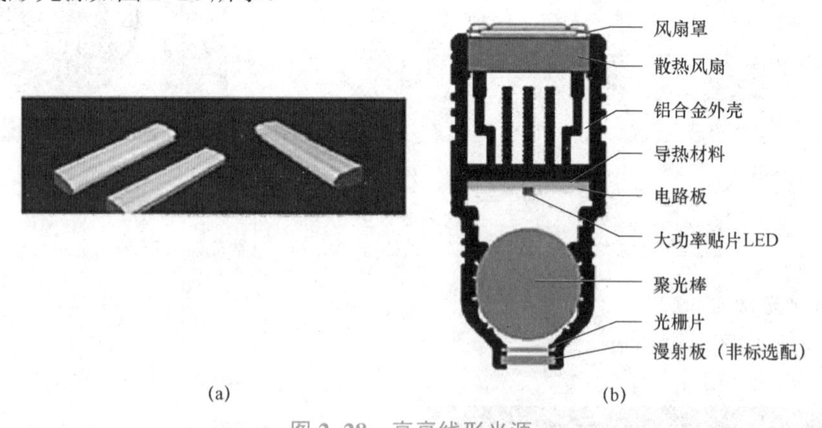

(a)　(b)

图 2–28　高亮线形光源

（a）高亮线形光源实物图；（b）高亮线形光源剖面结构

（1）产品特点：远工作距离线阵首选，根据不同工作距离定制；采用大功率贴片 LED 和独特的聚光结构，专用于高速线阵项目；高亮线形光源亮度最高可达 75 万 lx，非标光源（非标光源则主要针对光源照射的角度、尺寸、亮度、波长和色温等进行单独定制）最高可达 100 万 lx。

（2）应用领域：手机玻璃瓶表面缺陷检测；铝箔表面划伤检测；钢板表面缺陷检测。

（3）典型案例：轴承表面检测（图 2–29）。对轴承表面上单点微小划痕进行检测，搭配线阵相机在移动过程中只扫描相机刚好匹配的特征点，可以把物体表面很小的特征点呈现出来。

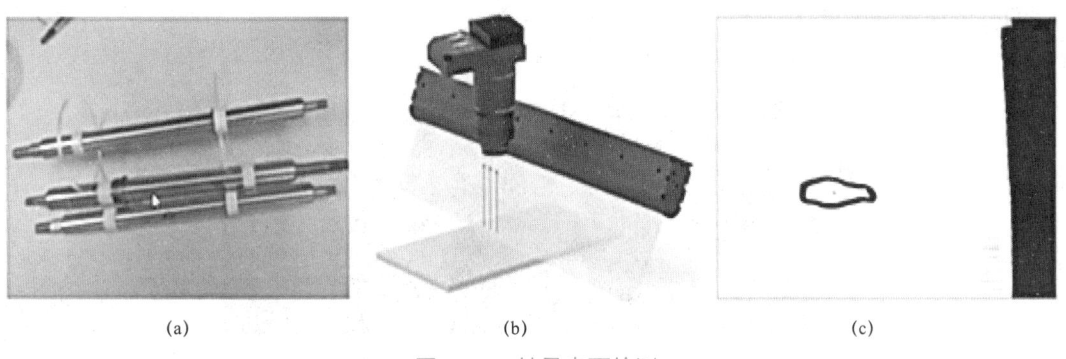

(a) (b) (c)

图 2–29 轴承表面检测

(a) 高亮线形光源实物图；(b) 高亮线形光源的打光方式；(c) 高亮线形光源的打光效果

10. 线形同轴光源

线形同轴光源如图 2–30 所示。

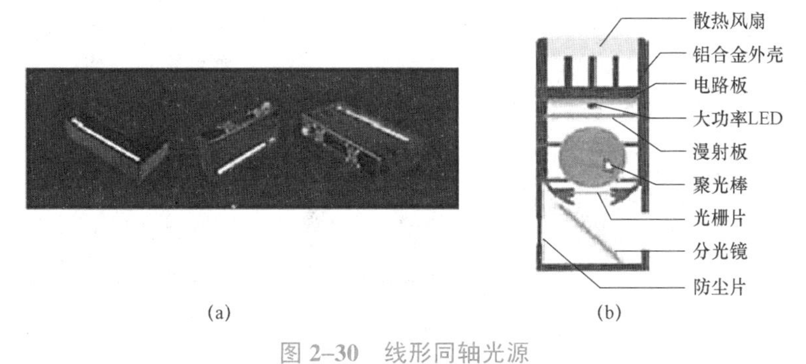

(a) (b)

图 2–30 线形同轴光源

(a) 线形同轴光源实物图；(b) 线形同轴光源剖面结构

(1) 产品特点：独特分光镜结构，减少光损失；大功率 LED，满足高亮度检测的需要；适用于各种流水线连续检测场合，对反光表面不同形状和不同印刷工艺检测效果更好。

(2) 应用领域：线阵相机照明专用；薄膜、玻璃表面破损、内部杂质检测；高速印刷质量检测。

(3) 典型案例：裸板 PCB 线路检测（图 2–31）。由于 PCB 板面积比较大，因此通过线阵相机搭配线形同轴光能够将特征更好地呈现出来。

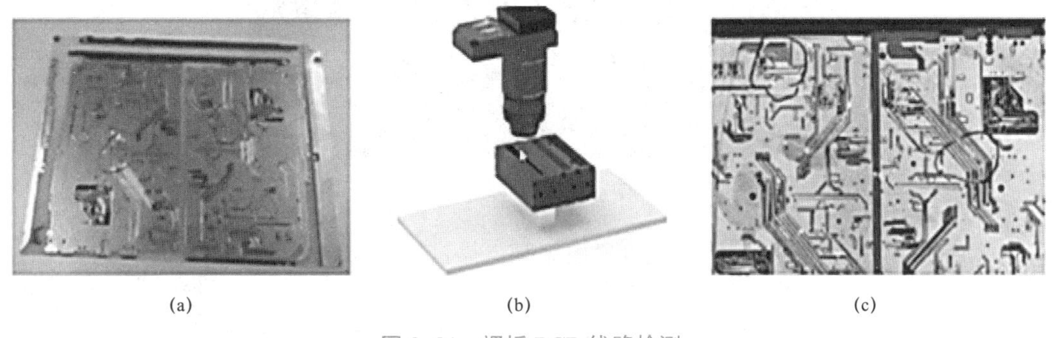

(a) (b) (c)

图 2–31 裸板 PCB 线路检测

(a) 线形同轴光源实物图；(b) 线形同轴光源的打光方式；(c) 线形同轴光源的打光效果

11. 平行同轴光源

平行同轴光源如图 2–32 所示。

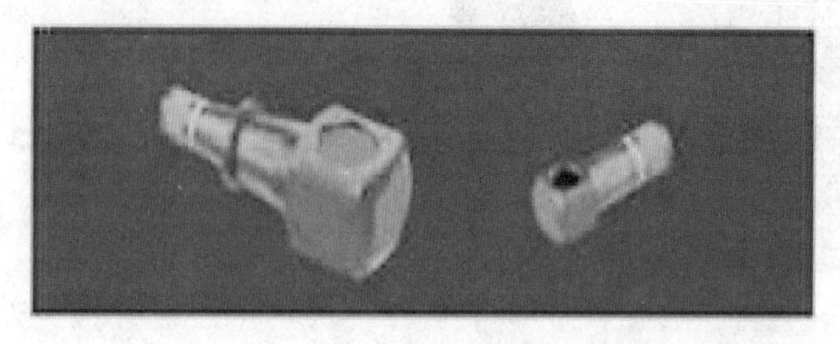

图 2–32　平行同轴光源

（1）产品特点：远心光路设计，出射光平行度高；消除边界效应，提高物体边缘的对比度，以获得更高的测量精度；采用高级镀膜反光镜，能最大限度减少光损失，内部采用特殊处理，使光源发光效果更加理想；搭配远心镜头使用，有效增加镜头景深。

（2）应用领域：金属、玻璃表面缺陷检测，手机屏表面划伤检测，金属件轮廓尺寸检测。

（3）典型案例：玻璃平面脏污检测（图 2–33）。油污、瑕疵检测难度较大，远心镜头搭配平行镜平行同轴光源，能更好地展现平面缺陷的特征。

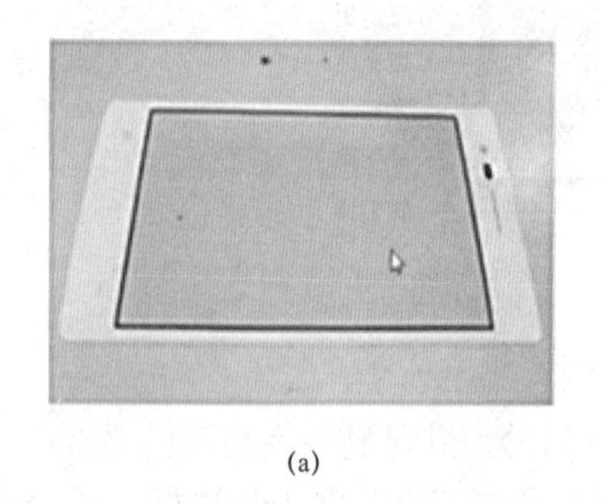

(a)

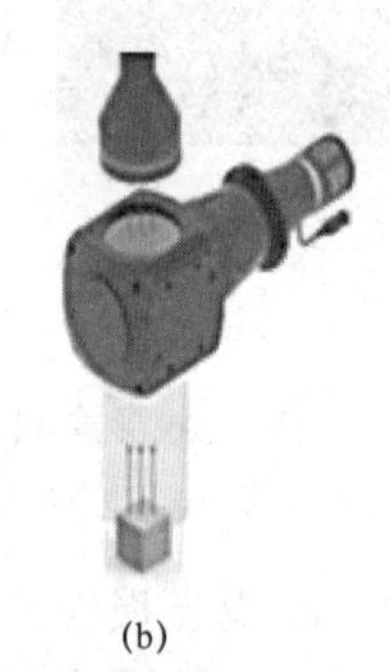

(b)

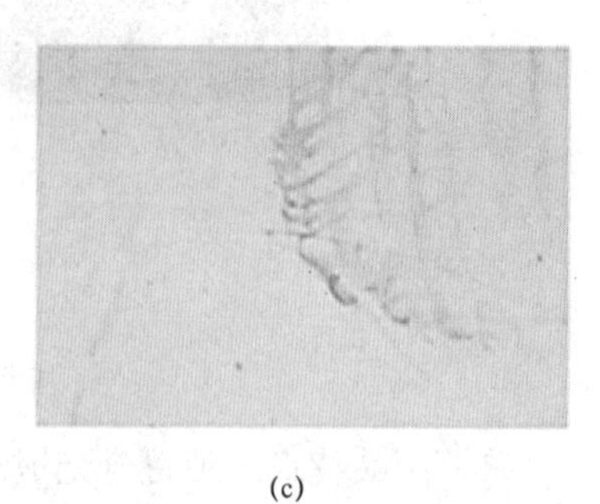

(c)

图 2–33　玻璃平面脏污检测

（a）平行同轴光源实物图；（b）平行同轴光源的打光方式；（c）平行同轴光源的打光效果

12. 红外光源

红外光源如图 2–34 所示。

图 2–34　红外光源

（1）产品特点：形状和照明方式可自由定制，提供近红外 850 nm 和 940 nm 波段照明。形状和普通光源一样，只是发光材质不同。

（2）应用领域：医学（血管网识别、眼球定位）；包装（可以穿透塑料包装）；服装纺织；制药；电子、半导体；LCD、OLED。

（3）典型案例：屏幕 AA 区定位检测如图 2–35 所示。

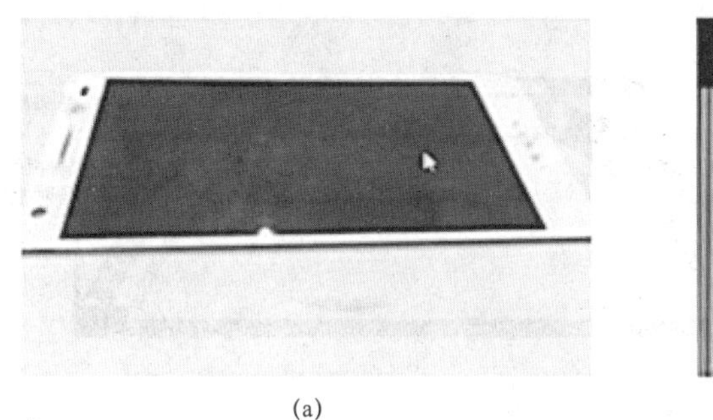

(a)

(b)

图 2–35　屏幕 AA 区定位检测

（a）红外光源实物图；（b）红外光源打光效果

13. 紫外光源

紫外光源如图 2–36 所示。

图 2–36　紫外光源

（1）产品特点：采用全球顶尖的紫外 LED，实现更高的稳定性，提供近紫外光 385 nm、365 nm 波段照明；不同形状和照明方式，可定制。

（2）应用领域：印钞行业、票印行业；荧光特质检测；荧光字符、条形码、二维码识别；玻璃微小缺陷检测；光化学效应（只能用于抽检）；产品外壳微小划伤、碰伤等缺陷检测。

扫码查看彩图

（3）典型案例：PCB 胶水有无检测（图 2–37）。透明无影胶水对光源有吸收，无法用普通的光源照射。此时，可以用紫外光源照射来更好地实现对特征的检测。

(a)

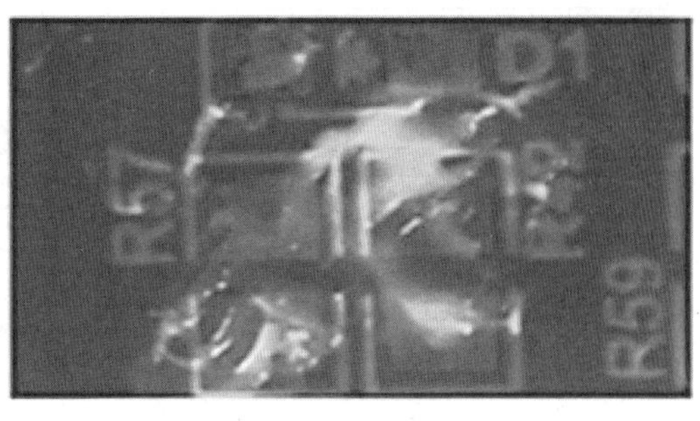

(b)

图 2–37　PCB 胶水有无检测

（a）紫外光源实物图；（b）紫外光源的打光效果

14. AOI 专用光源

AOI 专用光源如图 2-38 所示。

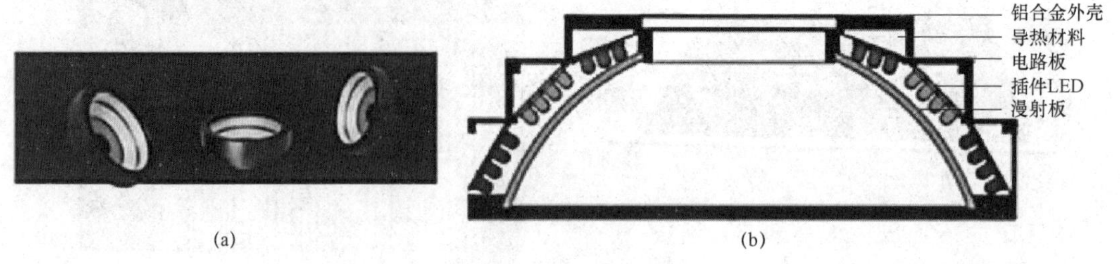

图 2-38　AOI 专用光源

（a）AOI 专用光源实物图；（b）AOI 专用光源剖面结构

（1）产品特点：采用 RGB 三种颜色 LED 与多角度设计；特制漫射板，可提升光源均匀性；多色多角度照射能准确反映物体表面坡度信息；整体结构和普通光源一致，只有 LED 的发光体组成方式不同。

（2）应用领域：AOI 专用光源用于电路板焊锡检测，旋转体形状缺陷检测，多层次物体检测。

扫码查看彩图

（3）典型案例：焊锡检测（图 2-39）。电路板面积大、图形立体，普通光源照射效果反光面比较大，用 AOI 专用光源照射能更好地显现边缘特征，可以将物体上层和底层效果都显示清楚。

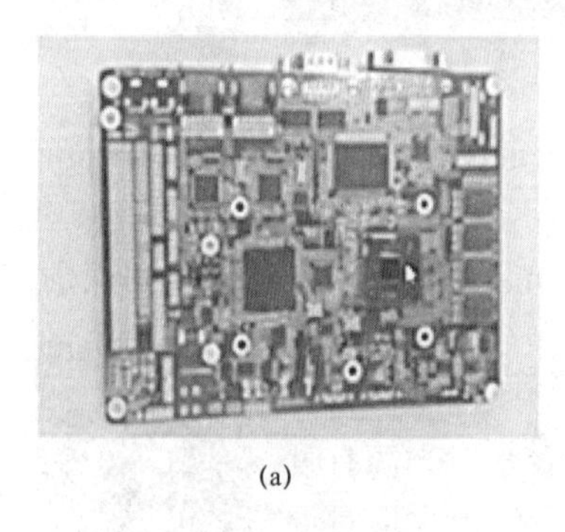

(a)

(b)

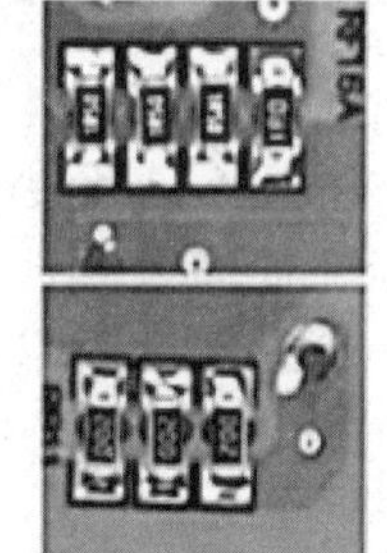

(c)

(d)

图 2-39　焊锡检测

（a）AOI 专用光源实物图；（b）AOI 专用光源的打光方式；（c）普通光源的打光效果；（d）AOI 专用光源的打光效果

15. 拱形光源

拱形光源如图 2-40 所示。

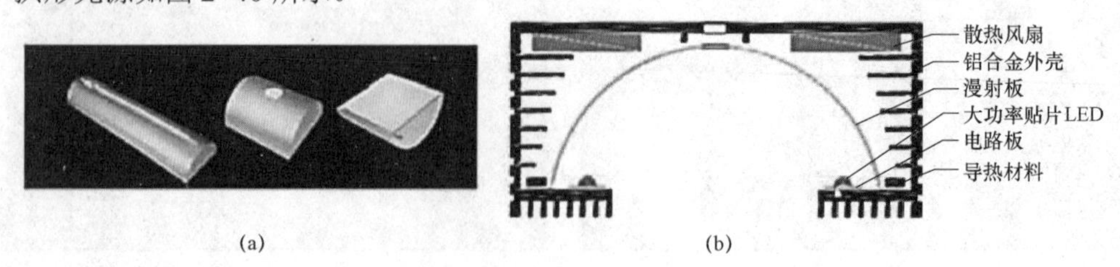

图 2-40　拱形光源

（a）拱形光源实物图；（b）拱形光源剖面结构

（1）产品特点：同时具有球积分光源和条形光源的特点；照明可选择开孔或开槽；面阵

和线阵项目均可适用。

（2）应用领域：烟包表面检测；电子产品外壳点污点杂质检测；线阵裸板 AOI；大幅面表面缺陷检测。

（3）典型案例：电源适配器字符检测（图 2–41）。产品特征为立体，字体与背景特征差异不大，发光均匀，可以使物体受光均匀。

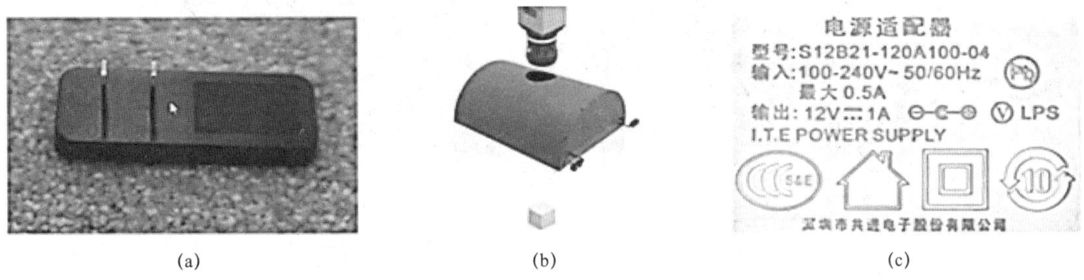

(a) (b) (c)

图 2–41　电源适配器字符检测

（a）拱形光源实物图；（b）拱形光源的打光方式；（c）拱形光源的打光效果

16. 非标气冷光源

非标气冷光源如图 2–42 所示。

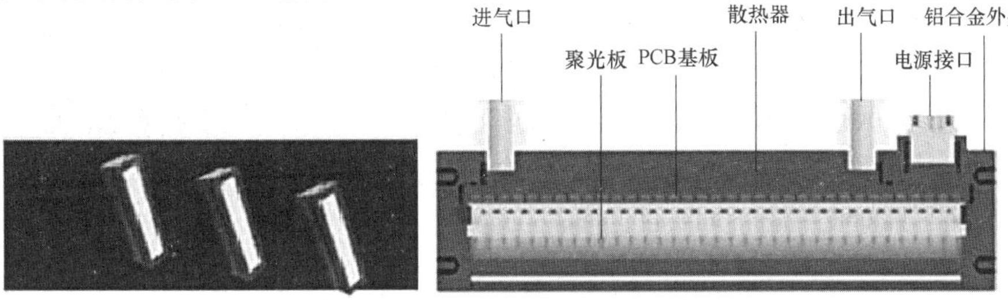

(a) (b)

图 2–42　非标气冷光源

（a）非标气冷光源实物图；（b）非标气冷光源剖面结构

（1）产品特点：光源结构精巧、体积小，节省安装空间；特制聚光透镜设计，可达到很好的光斑效果；非常适用于无尘环境和气流气压有特殊要求的使用环境；光源采用气冷方式散热，散热效率高且不会引起气流变化。

（2）应用领域：手机玻屏表面缺陷检测；铝箔表面划伤检测；铜板表面缺陷检测。

（3）典型案例：元器件引脚定位、条形码识别、铝盖表面污检。需采用高光量来检测，需要对设备进行降温处理，如图 2–43 所示。

(a) (b) (c)

图 2–43　非标气冷光源应用实例

（a）元器件引脚定位；（b）条形码识别；（c）铝盖表面脏污检测

17. 对位专用光源

对位专用光源如图 2–44 所示。

图 2–44　对位专用光源

（1）产品特点：对位精度高、速度快、市场大；便于集成检测，高亮度，可选配辅助环形光源。

（2）应用领域：上下两工件对准专用，如全自动电路板印刷机对位等。

2.3.2　LED 非标光源

在检测物体时，可以采用几种标准光源的组合（如条形光和环形光或同轴光组合），这取决于实际的打光效果，但当标准光源产品的类型不能满足物体特征检测要求时，则需要对非标准光源进行选型与设计，以满足物体特征的检测需求。非标光源主要针对光源照射的角度、尺寸、亮度、波长、色温等进行单独定制。

1. 多角度环形光源

多角度环形光源如图 2–45 所示。

图 2–45　多角度环形光源

现有的用于检测用的环形光源，由于其光源的照射角度单一，或者其光源的颜色等分布设计不太合理，因此往往造成光源的光线角度单一、光线颜色单一，或者亮度不够，导致其不能很好地突显出被检测物体的三维信息，不利于检测 PCB 板漏件、错件、偏斜、漏焊、虚焊、多锡、无锡、桥接、极性错误等缺陷，导致检测效果不佳。多角度环形光源，已克服上述这些缺陷。

产品特点：光源分为不同层次、不同直径和不同角度，每层独立控制亮度，可覆盖从低到高所有角度。多角度环形光源可以运用于反射角分布较广的物体。

2. 球积分光源

球积分光源如图 2–46 所示。

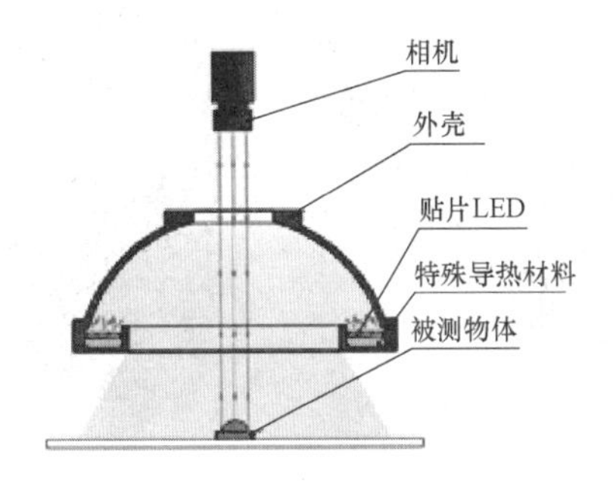

图 2–46 球积分光源

产品特点：球面式分布，方向分布均匀，具有积分效果的半球面内壁，均匀反射从底部 360° 发射出的光线，使整个图像的照度十分均匀。

案例：曲面、表面凹凸、弧形表面缺陷检测。

由于喷锡 PCB 板的表面凹凸不平，因此进行普通环形光照射时对比度不高，如图 2–47 所示。

采用球积分无影光照射时对比度较好，整个视场光照均匀，如图 2–48 所示。

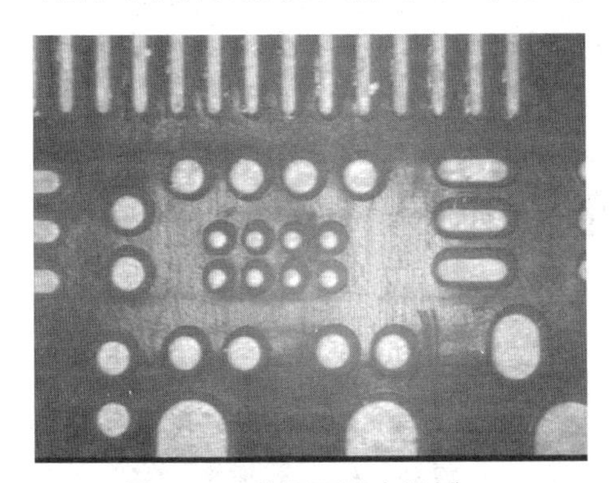

图 2–47 普通环形光照射

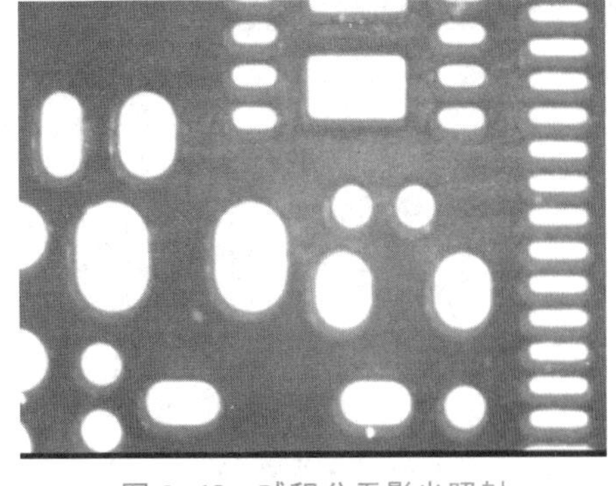

图 2–48 球积分无影光照射

3. 大功率背光源

大功率背光源如图 2–49 所示。

产品特点：采用超大功率 LED，高密度分布排列，采用特制透镜，亮度超过普通光源三倍以上，专用于频闪使用。

应用领域：适用于产品轮廓定位、尺寸测量、物体缺陷检测等一些高速在线检测。

4. 三色半环形光源

三色半环形光源如图 2–50 所示。

产品特点：光源采用半环形设计和多颜色插件 LED 分布排列，使用时每个通道可单独控制，光源大小可根据实际情况定制。

应用领域：适用于电子元器件轮廓定位、金属件尺寸测量、表面缺陷检测等。

图 2–49　大功率背光源

图 2–50　三色半环形光源

扫码查看彩图

图 2–51　多区域环形光源

5. 多区域环形光源

多区域环形光源如图 2–51 所示。

产品特点：高密度插件 LED 阵列，高亮度。突出物体三维信息，对于光源相当于分成四个区域，用于 3D 检测，每一组可以单独照亮，每一组的亮度可以独立控制。

应用领域：电容、电阻外观缺陷、字符等相关检测。

6. AOI 专用光源

AOI 专用光源如图 2–52 所示。

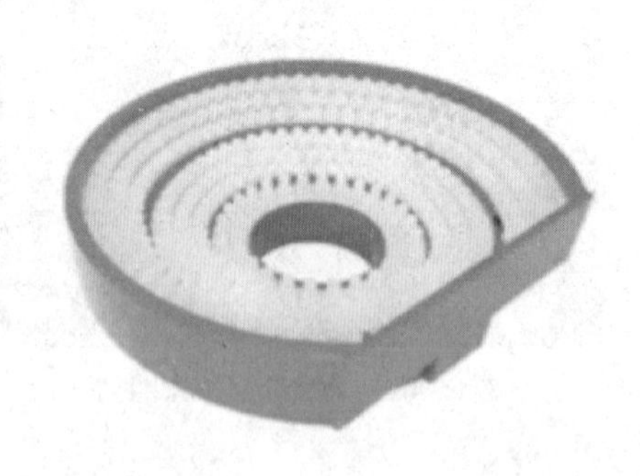

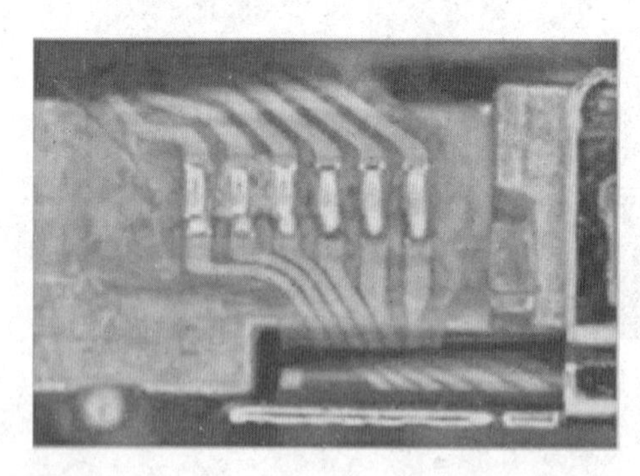

图 2–52　AOI 专用光源

产品特点：高密度插件 LED 阵列，高亮度；不同颜色组合，外加特制漫反射，减少强反光；多色多角度照明，能准确反映物体表面坡度信息。

应用领域：电路板焊锡缺陷、焊点虚焊、桥接缺陷等相关检测。

7. 同轴光与环形光组合光源

同轴光与环形光组合光源如图 2–53 所示。

产品特点：同轴光源与环形光源组合。

应用领域：高速在线检测，能实现两种照明方式同时工作，从而在成像效果上能更好体现被测工件特征。

8. 半环形光源

半环形光源如图 2–54 所示。

图 2–53 同轴光与环形光组合光源

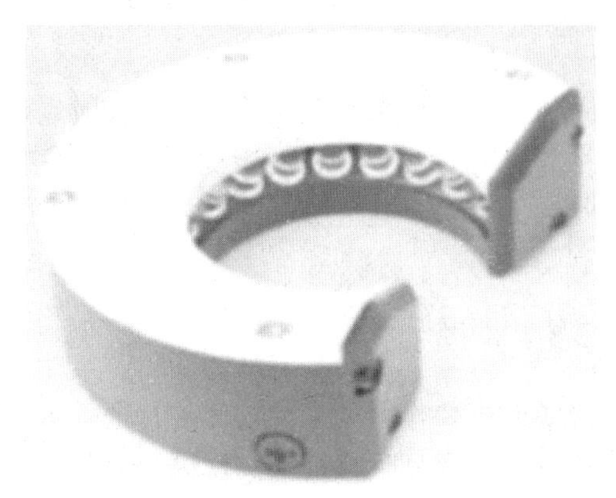

图 2–54 半环形光源

产品特点：光源采用半环状设计和多颜色插件 LED 分布排列，使用时，每个通道可单独控制，光源大小可根据实际情况来定制。

应用领域：主要适用于电子元器件轮廓定位、金属件尺寸测量、表面缺陷检测等。

9. 环形组合光源

环形组合光源如图 2–55 所示。

产品特点：两个环光组合设计，减小光源安装空间，可同时兼容两个相机拍摄，从而提高工作效率。

应用领域：适用于外观缺陷检测和轮廓定位等相关检测。

10. 侧部开孔光源

侧部开孔光源如图 2–56 所示。

图 2–55 环形组合光源

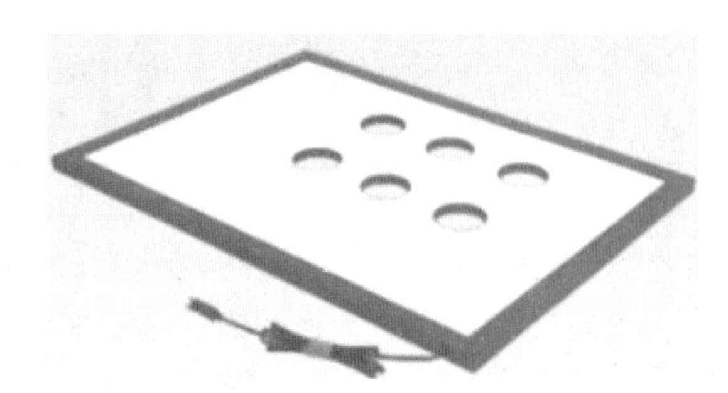

图 2–56 侧部开孔光源

产品特点：相对于背光源，侧部开孔光源在用背光的时候，有些地方会被遮挡，就会有干涉，但又必须要使用背光来实现这个效果。此时，就可以对物体发光面进行特殊的定制，如躲避干涉点来定制一个光源，即侧部开孔光源。

2.4 光源的配光方式

常见的光学现象有镜面反射、漫反射、定向透射、背光反射、漫透射、散射（包括吸收颜色的粗糙表面）。其实这些光学现象都反映在光对于不同的介质、不同的粗糙表面实现的光的反射、折射以及散射的物理表现形式。

光源选择需要考虑的因素

2.4.1 明场和暗场

光源的主要作用是呈现物体的特征，其主要有明场和暗场（图 2–57）两种区分特征的，即通过打亮或者打暗特征来实现区分的目的。所谓明场和暗场，都是针对设备的特征跟背景的区分来实现的，明场和暗场的选择，需要根据具体目标的实际环境而确定。

明场像（BF）：选用直射电子形成的像（透射束），像清晰。

暗场像（DF）：选用散射电子形成的像（衍射束），像有畸变、分辨率低。

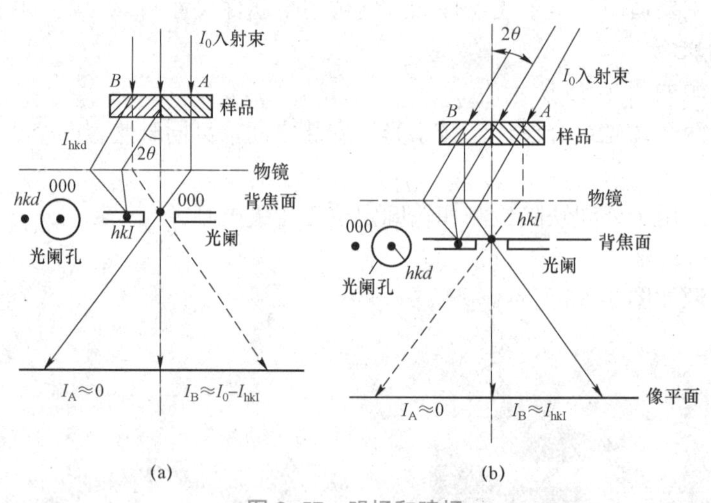

图 2–57 明场和暗场

（a）明场成像；（b）暗场成像

2.4.2 光源的角度

从明场和暗场的打光方式来看，光源的照射方向是有差异的，明场是垂直打光，暗场是从侧面打光，即光源角度不同，其主要是针对环光源，因为其他光源都可以调整方向。

根据光源发光体安装的角度不同，将光源分为 0° 环光、30° 环光、60° 环光，如图 2–58 所示。安装角度是指发光体的安装角度与环光水平面的夹角，也称环光的角度。要根据明场或暗场打光时抓取的对象是轮廓还是凹下去的特征点运用光源的角度。

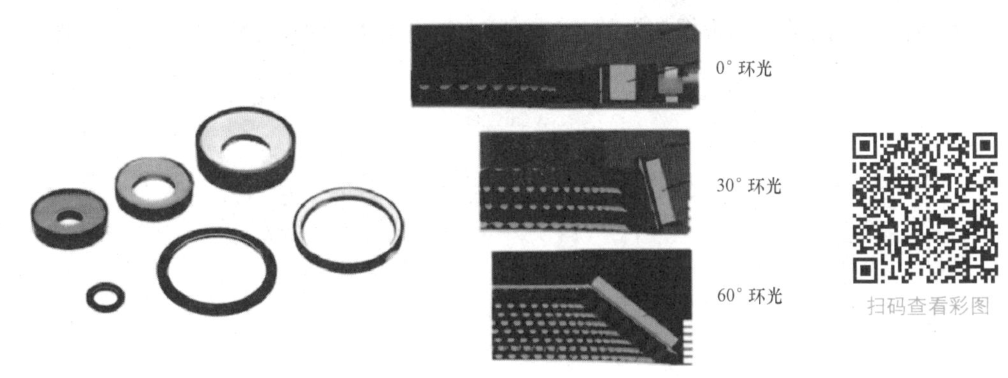

图 2–58 光源的角度

2.4.3 偏振光

偏振光用于减少炫光或者是镜面反射，是指光线经偏振片改变传播方向，与镜头前的偏振片配合使用，其形式如图 2–59 所示。

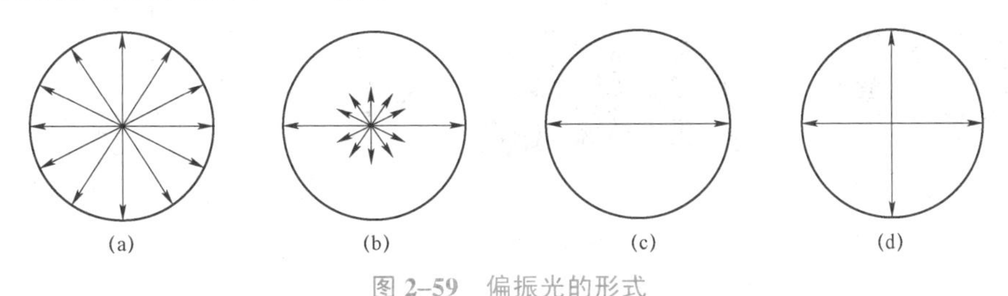

图 2–59 偏振光的形式

（a）非偏振光；（b）部分偏振光；（c）线偏振光；（d）相互垂直偏振光

1. 偏振光相关的概念

（1）偏振：是指振动方向相对于传播方向的不对称性。

（2）起偏：是指将没有偏振特性的光变为偏振光。

（3）检偏：是指检验光的偏振特点，观察光强度的变化。

2. 偏振光表现的几种形式

（1）可以依据均匀的角度来发射的，称作非偏振光。

（2）部分能够以均匀角度来发射的，称作部分偏振光。

（3）光线与光线之间是垂直方向的，称作相互垂直偏振光。

（4）沿不同方向发射的，称作线偏振光。

3. 偏振片的概念

偏振光是偏振片（图 2–60）发挥的作用，偏振片的主要作用是减少炫光或者是镜面反射。光线经过偏振片后可以改变传播方向，可以与镜头前的偏振片配合使用。偏振的光源经过偏振片后，可以改变传播方向进行滤光。

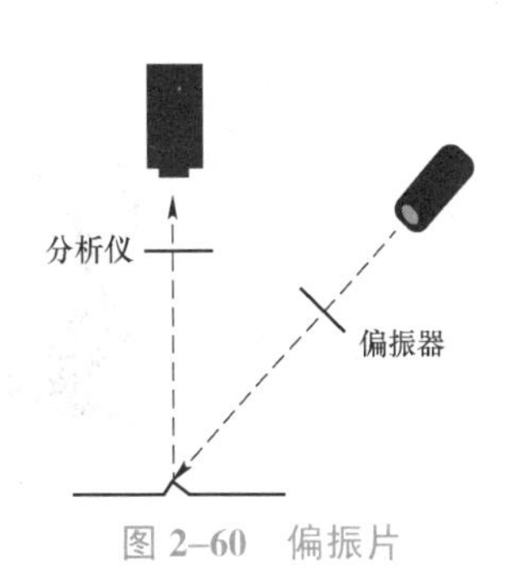

图 2–60 偏振片

4. 偏振光的类型

如图 2–61 所示，为偏振光的类型，通过动画可以观察偏振光的形态，主要是指光的传播方向与光源本身存在着震动，有一个相互角度的关系。根据偏振的角度不同，可分为圆偏振、椭圆偏振、线偏振。

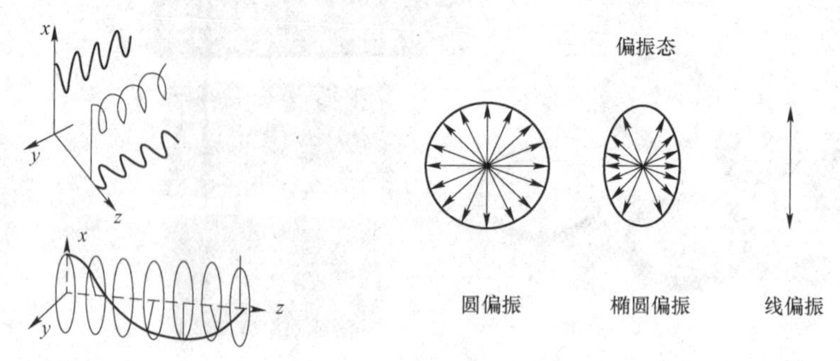

图 2-61 偏振光的类型

5. 偏振光的产生

偏振光的产生需要用到偏振镜、偏振膜（或偏振片），图 2-62 所示为镜头、偏振镜、偏振模安装的位置。

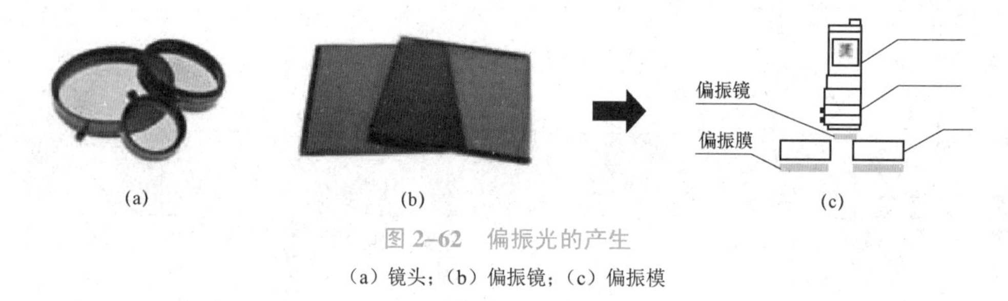

图 2-62 偏振光的产生

（a）镜头；（b）偏振镜；（c）偏振模

6. 偏振光的应用

偏振片由二向色性材料制成，当光通过偏振片时，与偏振片垂直方向分量的光被强烈吸收，而另一分量被吸收得较少，从而将自然光转换成偏振光。若光的传播方向是均匀的，则看不出光的偏振角度，当一部分光能量被吸收的时候，就可以变成偏振光。

如 H 偏振片的组成材料为聚乙烯醇+碘，偏光镜的应用如图 2-63 所示。镜头的正下方放置一个圆形的偏振片，波片在上。镜头和物体之间有一个线偏振片，光源照射的光，一种经过物体之后产生偏振光，另一种则进入镜头后产生偏振光，这是偏振光产生的两种模式。

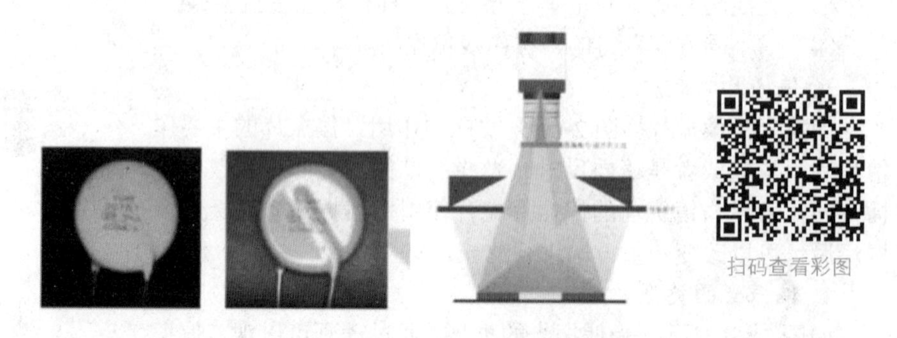

图 2-63 偏光镜的应用

7. 偏振光的应用效果

图 2–64（a）中的薄片是没有用偏振光前的效果，薄片表面有很多划痕。另外，由于物体本身的反光性，因此当光照射到物体表面上后光照的方向和反射的方向会从不同的角度进来，造成物体特征信息模糊。图 2–64（b）是通过偏振光滤光之后，使光线进来时的方向是一致的，物体特征信息清晰可见。表面有瑕疵、有炫光、有反光的特征，可以通过使用偏振片达到正常的效果。

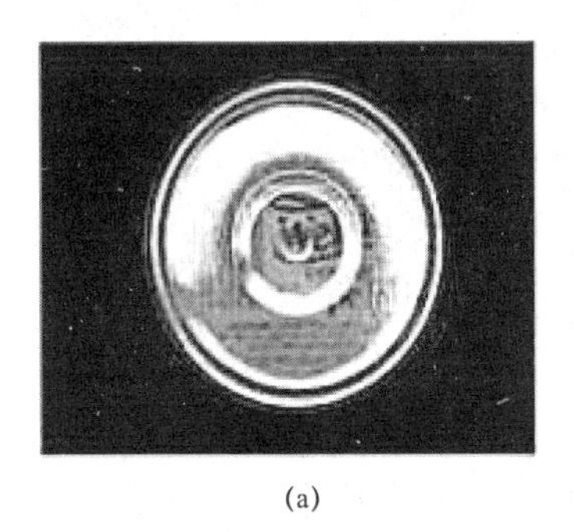

(a)

(b)

图 2–64　偏振光的应用效果

（a）无偏振环形光；（b）带偏振环形光

2.4.4　滤镜

1. 滤镜（即过滤器）的作用（图 2–65）

(1) 减少环境光的干扰。

在光照的工作区域中会有一些实际不需要的光源出现，这些光源会影响图片的实际效果，滤镜就起到了减少对环境光的干扰，达到成像的理想效果。

(2) 选择所通过的光。

物体在照射的过程中会出现多种不同颜色的光，但在某一种工艺中，仅需要某一种特定颜色的光，此时，可通过滤镜得到相应波长的光，从而选择需要的进入镜头中。

(a)

(b)

图 2–65　滤镜的作用

（a）无偏振滤镜；（b）有偏振滤镜

2. 滤镜的种类

滤镜的使用形态是通过光线照射到物体上，反射光经过滤镜并进行筛选所需要的光。滤镜分两种，一种是频率过滤，即根据光的频率不同进行过滤；另一种是能量过滤，即根据光的能量不同进行过滤。通过这两种形式，选择我们需要的光线进入镜头成像。滤镜的工作过程如图 2–66 所示。

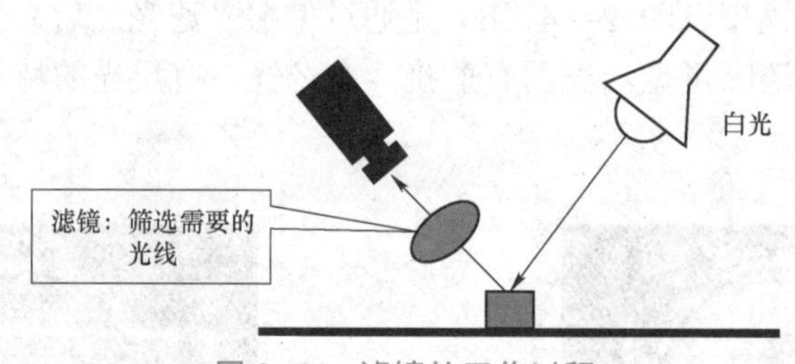

图 2–66　滤镜的工作过程

2.4.5　结构光

1. 结构光的定义

结构光是一组投影仪和摄像头组成的系统结构。用投影仪投射特定的光信息到物体表面后，由摄像头采集。根据物体造成的光信号的变化来计算物体的位置和深度信息，用来复原整个三维空间。结构光是通过不同光线、不同深度、不同亮度来反映物体立体结构效果的。

像素的变化以及二维层面可以反映图像的立体情况，用结构光和不用结构光拍摄立体物体时产生不同的效果，其效果对比如图 2–67 所示。

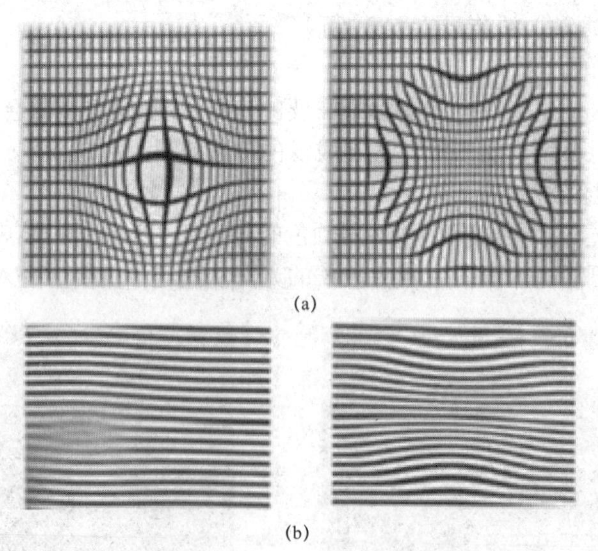

图 2–67　结构光的效果对比

（a）用结构光的拍摄效果；（b）不用结构光的拍摄效果

2. 结构光的应用

有凹、凸特征的物品，用结构光会产生明显的效果。即使使用二维相机，实际拍摄出来的效果也会呈现立体图像，即要么凹进去，要么凸出来的图片变化。

利用多角度光的照射来识别平面中的物体凹凸图像的特征，用拍出来的两种效果来判断特征是凹进去还是凸出来的。

光的综合应用可以实现检测物体的立体的三维信息。尽管图像本身不是立体的，但根据图片信息的变化，可以作为判断三维信息的一个标准。

结构光对玻璃管断面的检测如图 2–68 所示。结构光的应用效果如图 2–69 所示。

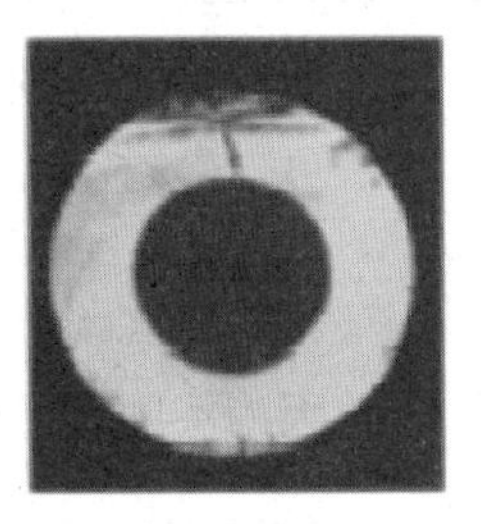

图 2–68 结构光对玻璃管断面的检测

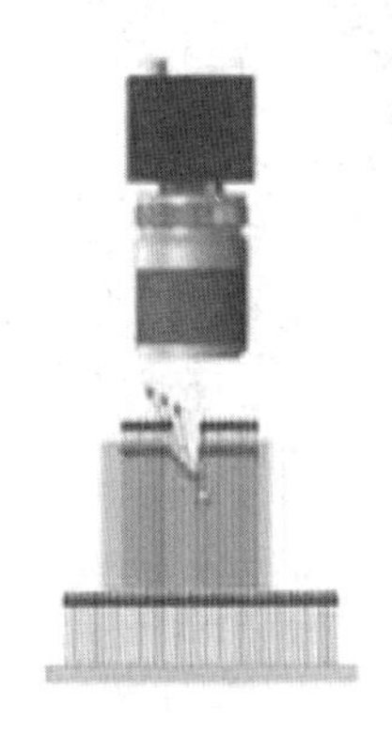
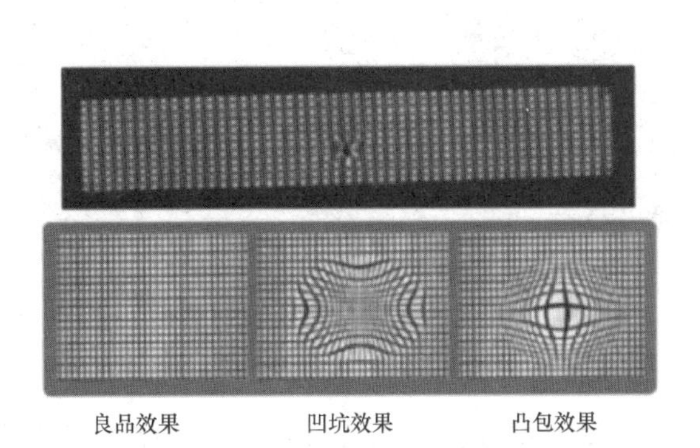

图 2–69 结构光的应用效果

2.4.6 散色光

1. 散色光的定义

光线照射到微小构造（颗粒、小坑等），不再严格遵循反射和折射等规律，其能量将以散色点为中心，杂乱无章地向四周发射出去，这种现象称为光的散射。波长越短的光，其散色性越强。如图 2–70 所示，当点光源照到一个很小的物体上时，就会发生散光。

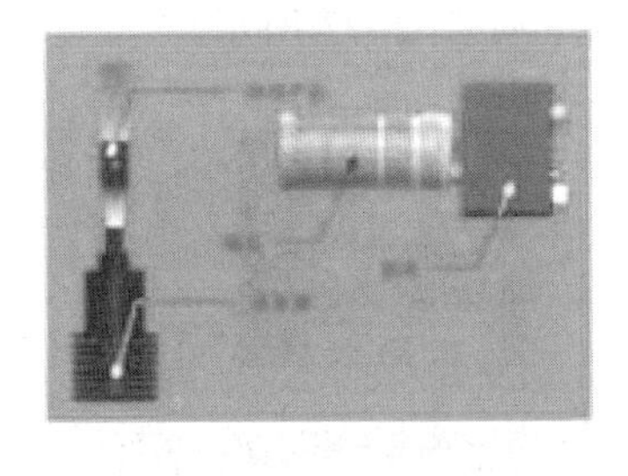
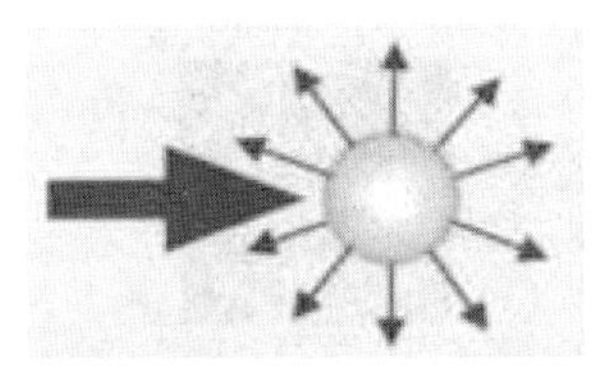

图 2–70 散色光

2. 散色光的影响与应用

在相同的光学系统下，不同波长的光聚焦的位置会有差异。因为发生了色散，不同的光射进来会对成像的位置造成不同的影响，如图 2–71 所示，因此，选择镜头时，如果有多种颜

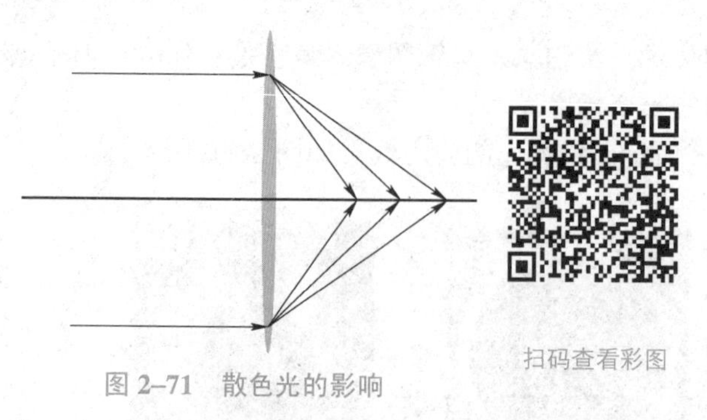
扫码查看彩图

图 2–71　散色光的影响

色同时工作，那么使用的镜头就要有足够消色差的能力，以避免散焦，导致成像位置差异的发生。

相同的物体对红色光源和蓝色光源拍照形成的聚面效果是不同的。如图 2–72（a）所示，中大的方格会比较清楚，但棋盘格会相对模糊一点；如图 2–72（b）所示则相反，棋盘格比较清晰，方格比较模糊一点，这是因为不同颜色的光进来，由成像面不同所造成的聚焦程度不同而造成的。

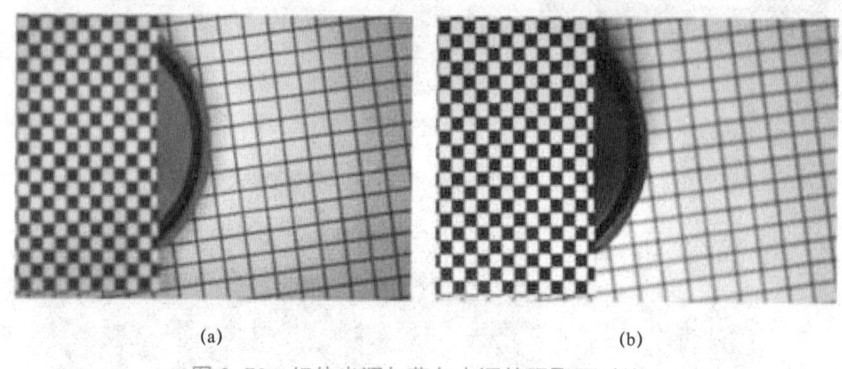
(a)　(b)

图 2–72　红外光源与蓝色光源拍照聚面对比

（a）红外光源；（b）蓝色光源

物体（玻璃）对不同波长的光折射率不同。在不同波长光照下，由于镜头的焦平面也不同，因此消色差镜头的能力总是有限的。

2.5　常见光源的应用

1. 低角度直射光的应用

低角度直线光主要用于表面粗糙程度不同区域的区分，边缘有倒角、圆角物体轮廓提取，冲压、浇铸、浮雕图案识别与检测，光滑表面划伤、裂痕检测，如图 2–73 所示。

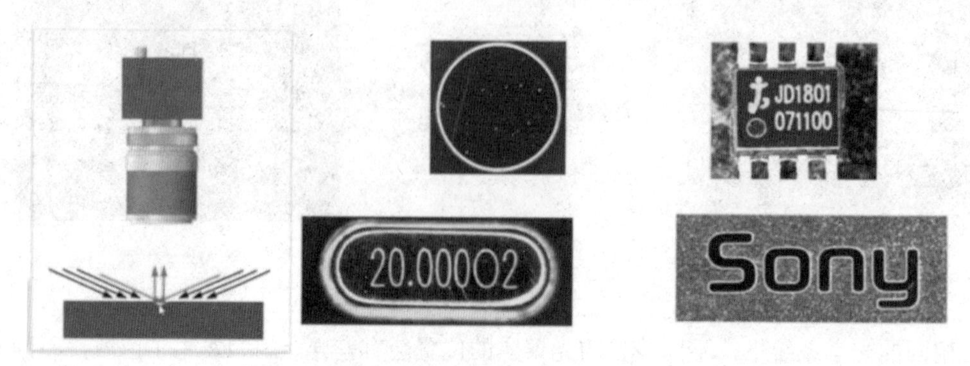

图 2–73　低角度直线光的应用

低角度直射光是指发光角度与水平面夹角不同，如检测对象为凹下去的特征，其反射光源的受光面会比较大，反射进入镜头的概率、光通量会比较大，此时则可把有凹槽特征的地方打成明场，可以让凹槽更多地受光，而背景的受光则会相对减少，通过不同的角度来显现凸起或凹下部分的特征，从而实现特征点与背景的区分。

2. 高角度直射光的应用（图 2–74）

高角度直射光主要用于表面粗糙程度不同区域的区分，边缘或内部有垂直断差或者比较陡峭（超过 60°）边缘检测或测量，光滑表面雕刻图案、裂缝、划伤、低反光与高反光区域分离等。

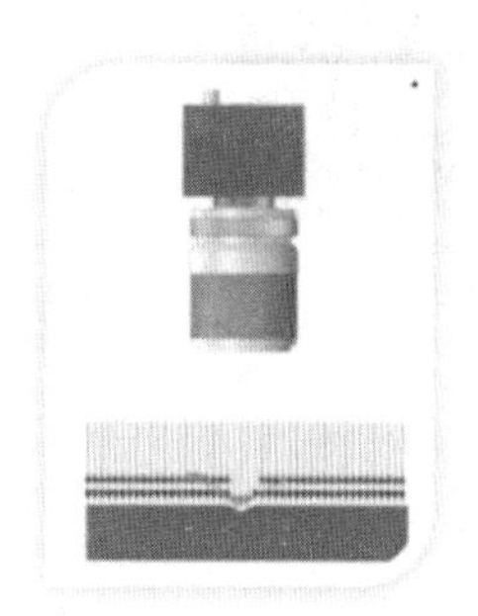
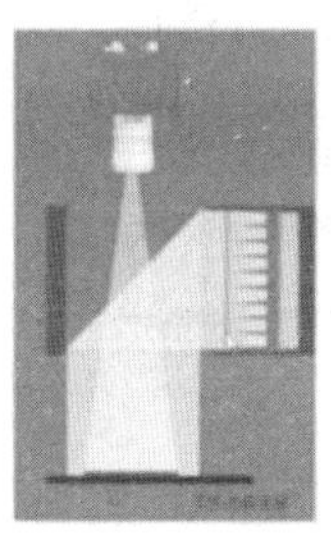

图 2–74　高角度直射光的应用

高角度直射光的打光方式是垂直打光，根据反射到镜头的光照量不同来区分不同粗糙程度的特征面。若要区分同一特征面上的高反光区和低反光区，则用高角度直射光垂直打光的方式，可检测出图片中较暗部分相对于亮光部分会被检测出来，比较粗糙或是有瑕疵、不标准的部分也可以分别区分出来。

3. 漫射背光源贯穿投射的应用

漫射背光源贯穿投射主要用于边缘的提取、透明体内部不透明检测，贯穿型缺陷检测、狭缝和通孔内杂质等检测。当特征点被光源挡住时，会挡住光源的发光方式，被挡住的地方会呈现出产品轮廓的形状。如齿轮片厚度较薄用背光方式，则通光的地方会显示亮光，背光的部分显示暗光即呈现出整个轮廓面；比如，一个 Logo 或是一个产品贴在一张塑料薄膜上，因为反光的原因，可以通过漫射背光源这样的打光方式更好地实现轮廓的提取。漫射背光源贯穿投射的应用如图 2–75 所示。

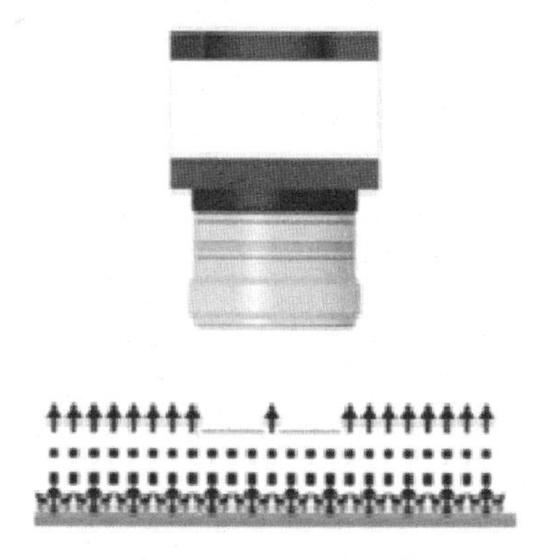

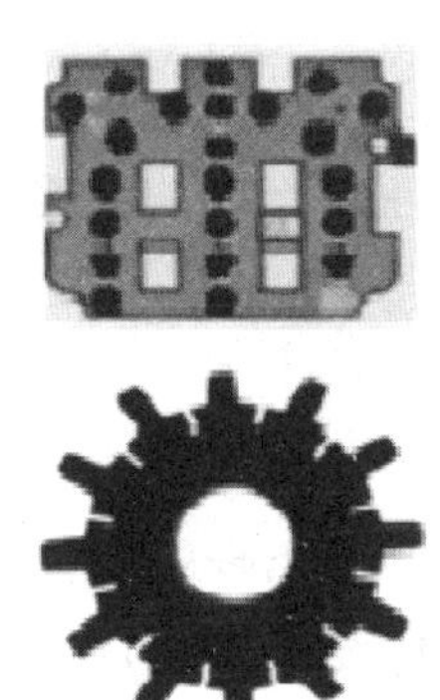

图 2–75　漫射背光源贯穿投射的应用

4. 平行背光源贯穿投射的应用

平行背光源贯穿投射主要用于圆柱状、带倒角、带圆角物件边缘定位、尺寸测量等，可以避免杂散光造成的边缘发虚的现象，也可以用于透明体内气泡检测。例如，对螺纹的检测，即利用圆形镜头加上平行打光，可以把边缘锋利部分提取得十分清楚；又如，瓶子里的气泡是不透光的，因此同样也会检测得比较清楚。平行背光源贯穿投射的应用如图 2–76 所示。

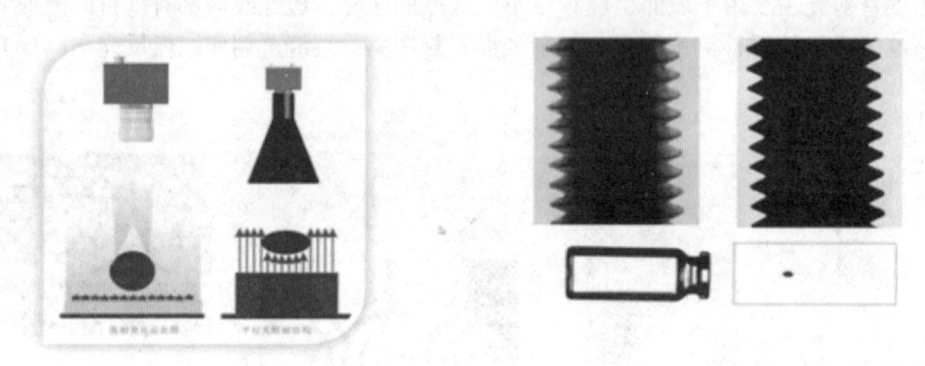

图 2–76　平行背光源贯穿投射的应用

5. 无影光的应用

无影光即球积分光源，可以避免弯曲表面导致的不均匀现象。可以消除因为物体的投影而造成的干扰，类似于手术室里上面的大灯，即根据不同角度的光来消除物体投影造成的影响。当受光面要求比较大，但表面又有一定的弯曲度时，若要检测物体上每一个点的信息，想使每一部分受光面都是均匀的，就要求任意角度都有光垂直射入。

球积分光源对有弧面的尺子、曲面的电源电路板、曲面瓶子的底部等特征，可以保证不同的高度和角度都有均匀的光打射进来，从而得到均等强度的照射，比较系统地反映出照射物体的特征，这就是无影光（球积分光源）的一种应用，如图 2–77 所示。

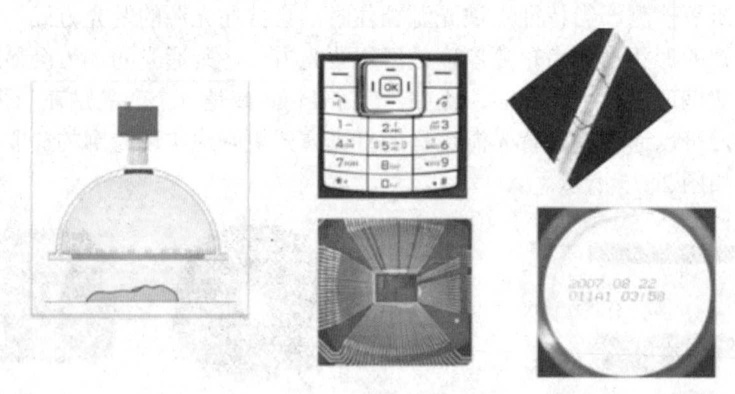

图 2–77　无影光的应用

6. 环形光的应用（图 2–78）

针对物体的凹凸轮廓特征，环形光可以通过不同的照射角度、不同颜色组合方式打光，突显物体特征的三维信息。

环形光的安装角度不同对光线路径也会造成不同的影响，如果光线垂直照射，如 0° 光源

（对于角度的定义，由于品牌不同会存在部分差异），相对于粗糙、凹凸不平的特征位置，物体表面平整的特征位置进入物体的光线会比较少，因此 0° 光源适合照射粗糙或表面凹凸不平的物体特征；30°、45°、60° 适合照射有凹槽的物体特征，把凹槽部分打亮（或把凸出部分打暗），会有较明显的效果。90° 照射对物体轮廓外形的提取效果会更好。

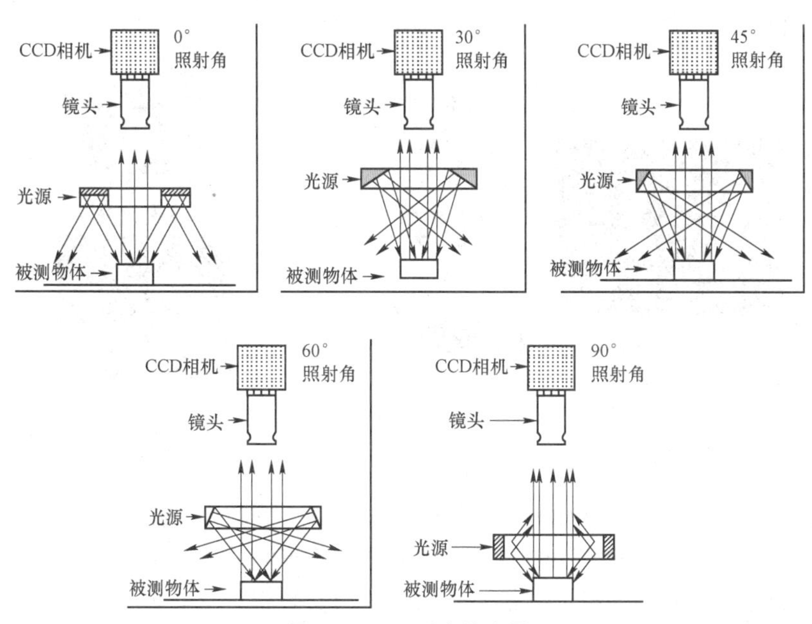

图 2–78　环形光的应用

不同打光方式反映到镜头中的路线，有利于人们根据物体的表面特征选择不同角度的合适的光。受光面的增大或减小，取决于受光面特征的特征以及凹槽或是凸起部分的特征面积等。根据不同的光路选择，达到特征提取的功能。

（1）环形光高角度照射的应用（图 2–79）。

高角度光源提供高角度照射不同颜色组合，以便突出物体的表面信息。环形光高角度照射常用于测量光滑表面雕刻图案、裂缝、划伤、低反光与高反光区域分离等。

由于凹凸不平的物体特征，反射到镜头的光会有所差异，所以会造成凹凸部分与平坦部分的受光量不同。因此可以根据垂直高角度的照射来完成不同受光量特征的提取。

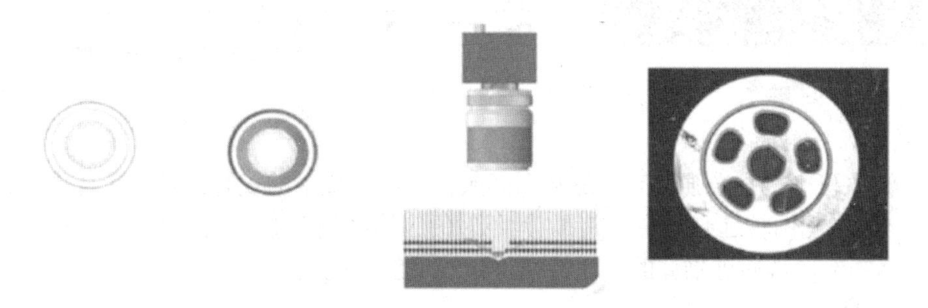

图 2–79　环形光高角度照射的应用

（2）环形光低角度照射的应用（图 2–80）。

低角度环形光提供低角度照射，更能突出物体表面轮廓，完成边缘有倒角、圆角物体轮廓提取、浮雕图案识别与检测，光滑表面划伤、裂痕检测等。

低角度的概念是以与物体表面平行作为参照依据，轮廓、字体、图标有凸显特征的物体，如果用低角度光发光的方向照射，光线与物体的表面是较平行的，那么轮廓表面地方的受光量会比较大，而轮廓里面的表面就不会受光，此时物体的轮廓就很容易被显现出来，如硬币或游戏币的检测。

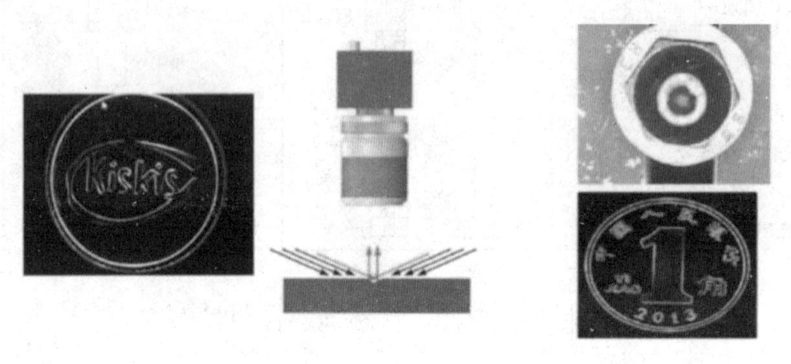

图 2–80　环形光低角度照射的应用

7. 条形光源的应用

条形光源是检测较大方形结构被测物体的首选光源，其特点是角度灵活，颜色可以自由搭配（图 2–81）。大物体的检测不能用环光，需要用条形光的组合来实现大型物体的检测。条形光源的安装方式可以人为自由调整，光源本体的安装相对于安装底座是固定的，但整个光源可以根据外部结构件的变化而进行角度调整。从严格意义上讲，环状物体首选环光，方形物体则首选条形光，具体应根据物体特征的大小、形状、颜色、受光面所处区域来决定。

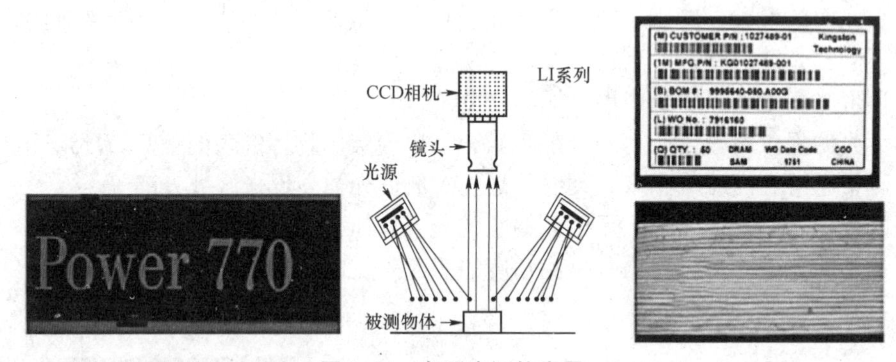

图 2–81　条形光源的应用

8. PI 点光源照射的应用

PI 点光源体积小、发光强度高，是发光区域相对比较集中的发光模式，适合作为镜头的同轴光源（一般搭配同轴远心镜头）使用，其照射的应用如图 2–82 所示。光源从发光筒进入，照射到物体特征上，再通过物体的表面特征将光线反射进镜头中。

9. 同轴光应用

同轴光的应用如图 2–83 所示，由光学玻璃、半透镜、铝制机体及 50%镀银镜组成。工作原理是光源在侧面，通过反射板之后进入分光镜，有一部分通过角度调整将光线垂直反射到物体特征后，再垂直反射上去，经过真空板进入镜头。镀银镜起到滤光的作用，就是使光线垂直照射下来，并把非垂直的光进行滤除，使特征表面得到的光源均匀、垂直。

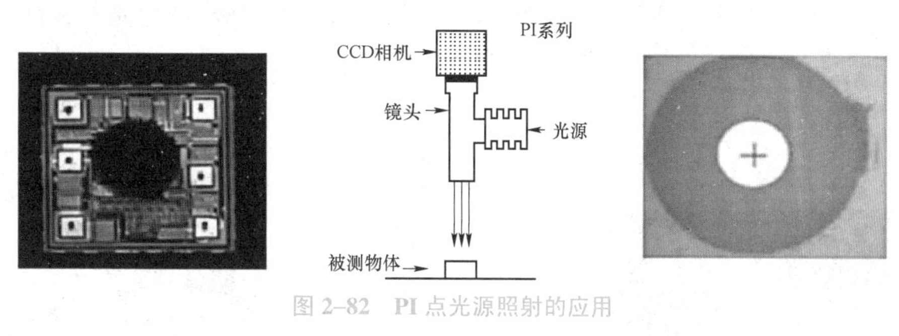

图 2–82　PI 点光源照射的应用

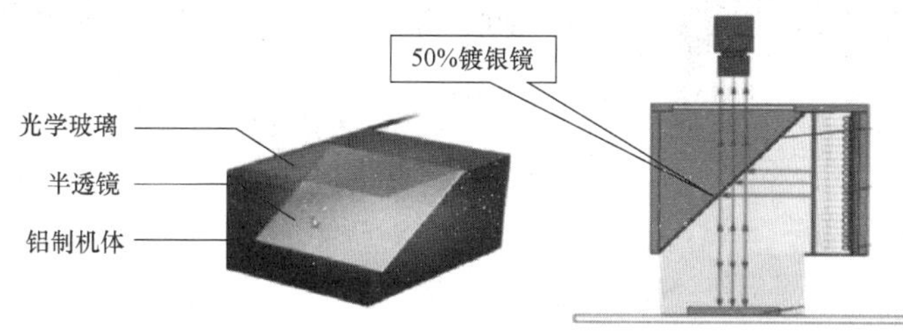

图 2–83　同轴光的应用

同轴光源可以消除因物体表面不平整而引起的阴影，从而减少对特征的干扰，可用在表面反光性能极强的物体上。

10. 背光源的应用

背光源是用高密度 LED 阵列面提供高强度的背光照明，并且是垂直的发射光，主要用于外形轮廓提取、透明体内部不透明物体的检测。背光源的应用如图 2–84 所示，对试剂管表面字符的检测，通过背光源照射还是比较明显的，可检测透明瓶里有没有杂质、气泡、字符等。

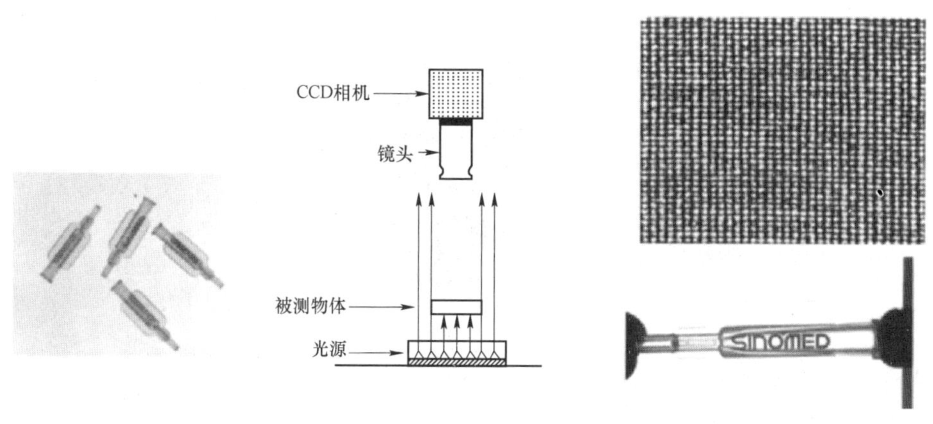

图 2–84　背光源的应用

11. RID 球积分光源的应用

球积分光源适用于面积比较大、有曲面特征但又比较分散，并对曲面上的特征都要进行检测的物体，是针对此类物体进行检测的一种应用场景。对于要求不同区域的受光一定要均匀，可通过球积分光源角度的反射使特征受光区域的每一个区域的受光量相对均匀。对于因为曲面不同而受光角度不同所造成的误差，则可以借助球积分光源进行弥补。RID 球积分光源的应用如图 2–85 所示。

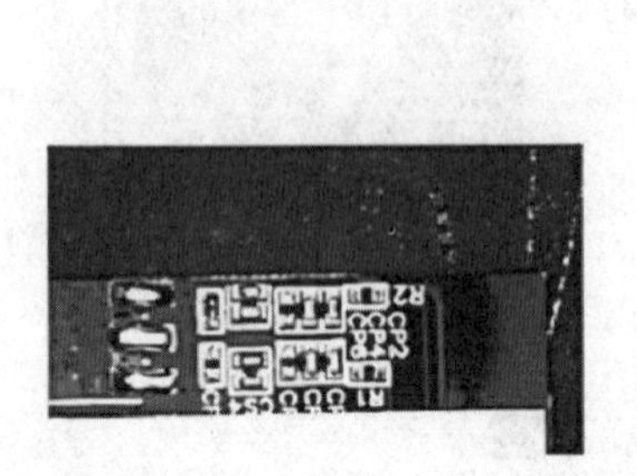

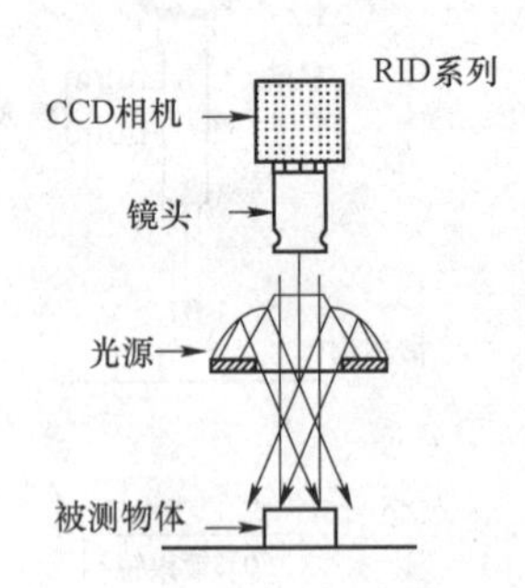

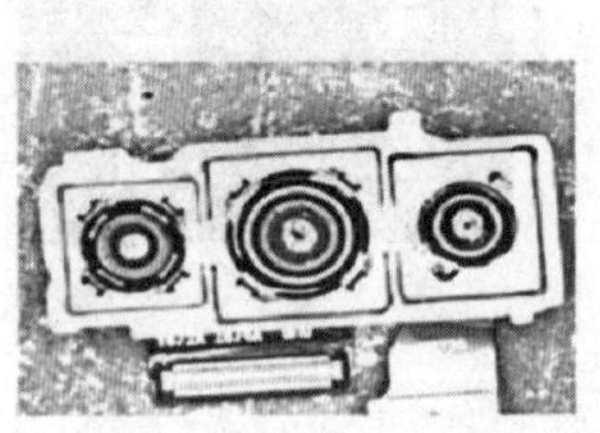

图 2–85　RID 球积分光源的应用

2.6　光源控制器

1. 光源控制器的作用

光源控制器的作用

对于需要照明强度精确及相机与光源之间的触发时序精准的机器视觉系统而言，LED 光源控制器是其基本的必备组件。

光源控制器最主要的目的是给光源供电，控制光源的亮度及照明状态（亮、灭），还可以通过给控制器触发信号来实现光源的频闪，进而大大延长光源的寿命。光源控制器的特点是具备高集成度短路保护，可接入外部触发信号，通过 PC 控制数字控制器，可手动进行亮度调节，有断电保护功能。光源控制器的结构如图 2–86 所示。

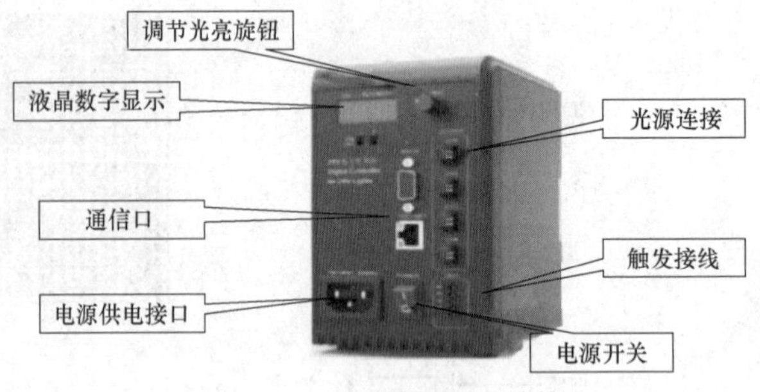

图 2–86　光源控制器的结构

2. 光源控制器的型号说明和分类

光源控制器的型号说明如图 2–87 所示。

机器视觉光源控制器常用的有数字光源控制器、模拟光源控制器两种。

数字光源控制器的特点：

① 可选面板或远程控制，各通道亮度独立可控；

② 256 级数字可调制软件精确控制负载光源亮度；

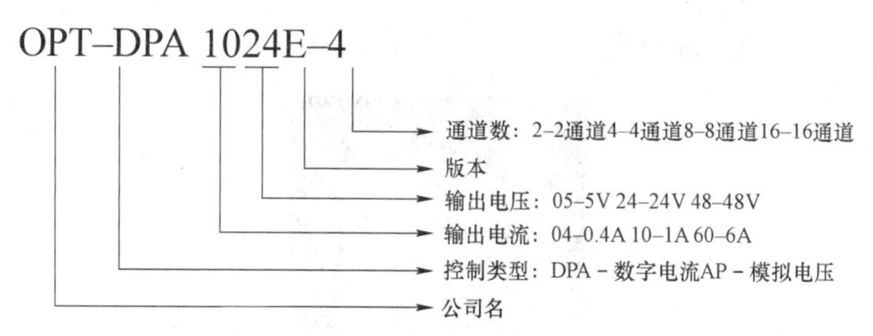

图 2–87 光源控制器的型号说明

③ 具有记忆功能，不用担心每次开启设备设置是否与上次相同；

④ 可与通用光源无缝连接，具有过负载自动保护功能；

⑤ 外触发高低平可选，使用灵活；

⑥ 外触发采用高速光耦隔离，高响应速度，高稳定性；

⑦ 通道与亮度值数码显示，采用轻触开关调节，操作简单。

数字化光源控制器的软硬件设计合理，功能达到设计要求，适合高速高精度的视觉检测领域应用。FH–DP 系列数字光源控制器配有 RS–232 接口、USB 口，可以用上位 PC 设置电源参数远程控制，也可用电源面板键盘设置参数，同时，该数字光源控制器具有常亮、双脉冲开关和闪频等三种控制模式，后两种模式接收外部信号控制。

模拟光源控制器的特点：

① 亮度无级模拟调节；

② 提供持续稳定的电压源，可用于速度高于 1/10 000 的快门；

③ 外触发灵活，高低平可选，适应不同的外部传感器；

④ 无触发时光源常亮；

⑤ 体积小，操作简单。

习 题

习题答案

一、选择题

1. 下图中所示的白色产品上印有蓝色和红色字符，仅需检测蓝色字符，使用（　　）光源最好。

A. 红光　　B. 绿光　　C. 蓝光　　D. 红外光

选择题第 1 题图

扫码查看彩图

2. 如图所示的易拉罐底，通常使用什么光源进行照射（　　）。

A. 条形光　　B. 环形光　　C. 结构光　　D. 同轴光

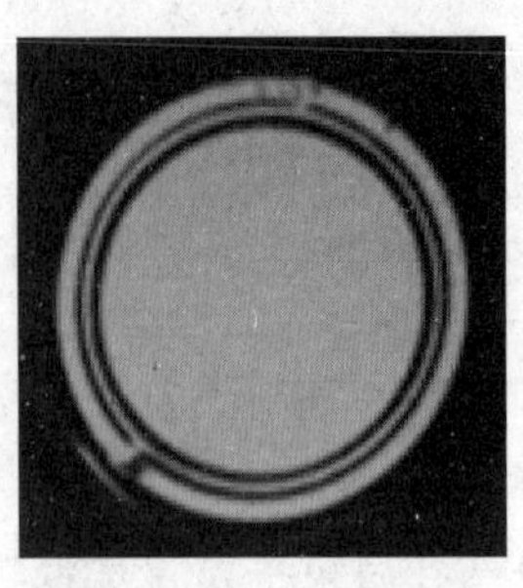

选择题第 2 题图

3. 以下（　　）滤镜可以消除金属产品上的炫光。

A. 低通　　B. 紫外　　C. 偏振　　D. 中性密度

4. 以下光源可以用于低角度掠射的有（　　）。

A. 环形光　　B. 条形光　　C. 线光　　D. 圆顶光

5. 通常，尺寸检测使用（　　）光源。

A. 条形光　　B. 同轴光　　C. 面光　　D. 条光

6. （　　）光源最适合用于金属圆柱物体表面检测。

A. 暗场（Dark Field）　　B. 背光（Back Light）

C. 明场（Bright Field）　　D. Dome（Cloudy Day Illumination/Dome）

二、填空题

1. 常见光源的颜色有_______、________、_________、________、_________。

2. 一般的光源控制器可分为___________、____________、______________。

3. 图像的亮暗，可以由_________、________、_________、_________、__________等参数决定。

三、问答题

1. 质量图片判断的主要原则是什么？

2. 列举下你了解的 LED 光源名称。

3. LED 光源的优势是什么？（5 条以上）

4. 常见的打光方法有哪些？（5 条以上）

5. 为了选择比较理想的光源，通常要考虑的因素有哪些？

3

工业镜头的认知与选择

学习内容

（1）凸透镜的成像原理。
（2）工业镜头的结构和原理。
（3）工业镜头的相关参数。
（4）工业镜头的分类。
（5）远心镜头简介。

工业镜头的认知与选择

3.1 光学基础定律

1. 光的直线传播定律

在各向同性的均匀介质中，光沿着直线传播，这就是光的直线传播定律。

在均匀介质中呈直线传播的光，就是光线。光在均匀介质中是呈直线传播的；从其本身而言，均匀介质中的光为一条直线。如果介质是非均匀的，那么光的传播将发生偏折，即不再沿着一条直线传播，不是发生折射、反射等。

2. 光的反射定律

如图 3－1 所示，当光线投射到两种均匀介质的平面分界面上时，通常被分成两条光线，一条由界面返回到原介质中，另一条则由界面折入另一介质中。其中，投射光线称为入射线，返回到原介质中的光线则称为反射线，折入另一介质中的光线称为折射线，通过入射线与界面的交点（A）的直线（AN）叫作法线；入射光线与法线所构成的平面称为入射面，法线与反射光线构成的平面称为反射面，折射光线与法线所构成的平面称为折射面；入射光线与法线的夹角称为入射角（i_1），法线同反射光线所构成的夹角称为反射角（i_1'），折射光线同法线所构成的夹角称为折射角（i_2）。入射光线和折射光线的夹角称为偏向角（S）。反射光线、入射光线总是和法线处在同一平面上。入射光线与反射光线分居于入射点分界面法线的两侧。反射角等于入射角。

3. 光的折射定律

当光线投射在两种均匀介质（n 和 n'）的分界面上时，必有一部分透过交点（A）折入另一介质（n'）中，这部分光线（AG）就称为折射光线。通过密度不同的介质时，光线必然发生传播方向的改变，这种现象称为光的折射或屈光。

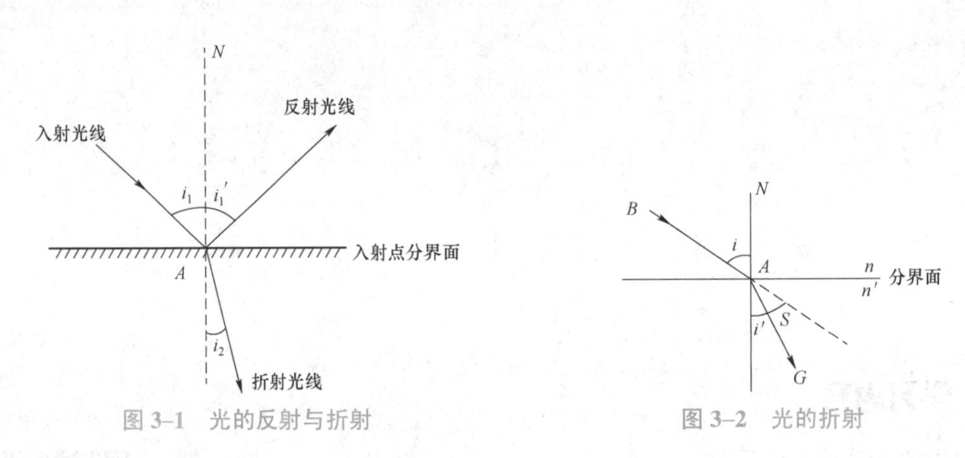

图 3–1　光的反射与折射　　　图 3–2　光的折射

折射定律特点如下：

（1）入射光线与折射光线、法线同处在一个平面上。

（2）入射光线和折射光线位于法线两侧。

（3）$\sin i/\sin i'=n'/n$，即入射角的正弦值与折射角的正弦值的比，同第一介质折射率与第二介质折射率的比成反比。

4. 光的色散

光学中，将复色光分解成单色光的过程称为光的色散，如图 3–3 所示。

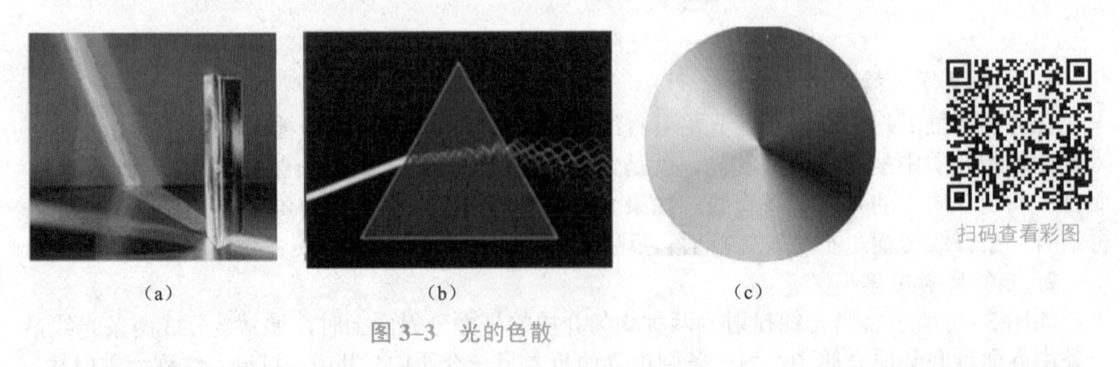

（a）　（b）　（c）

图 3–3　光的色散

由两种或两种以上的单色光组成的光（由两种或两种以上的频率组成的光）称为复色光。不能再分解的光（只有一种频率）称为单色光。

白光（复色光）通过三棱镜就能发生色散。同一种介质，光的频率越高，介质对这种光的折射率就越大。在可见光中，紫光频率最高，红光频率最小。当白光通过三棱镜时，三棱镜对紫光的折射率最大，光通过棱镜后，紫光的偏折程度最大，红光偏折程度最小。三棱镜将不同频率的光分开，就发生了色散，如图 3–3（a）和图 3–3（b）所示。白光散开后单色光从上到下依次为红、橙、黄、绿、蓝、靛、紫七种颜色，如图 3–3（c）所示。

5. 光路的可逆性

当光线逆着原来的反射光线（或折射光线）的方向射到界面上时，必会逆着原来的入射方向反射（或折射）出去。这种性质称为光路可逆性或光路可逆原理，如图 3–4 所示。

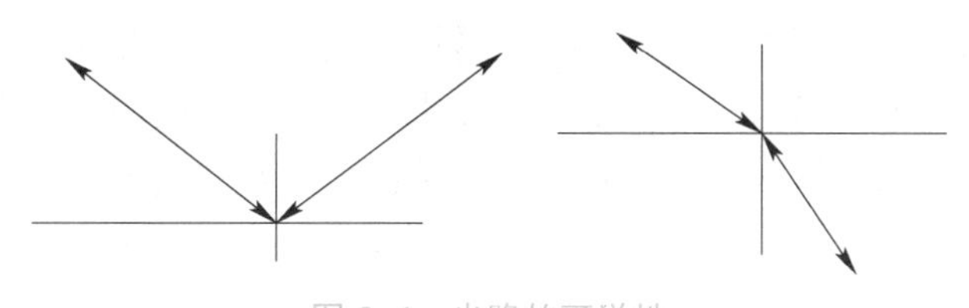

图 3–4 光路的可逆性

3.2 透镜成像原理

1. 透镜成像规律

透镜分为凸透镜和凹透镜。凸透镜的成像规律为：物体放在焦点之外，在凸透镜另一侧成倒立的实像，实像有缩小、等大、放大三种。物距越小，像距越大，则实像越大。物体放在焦点之内，在凸透镜同一侧成正立放大的虚像。物距越大，像距越大，则虚像越大。凹透镜对光线起发散作用，它的成像规律则要复杂得多。

光学中，由实际光线汇聚成的像称为实像，能用光屏承接；反之，则称为虚像。一般来说，实像都是倒立的，而虚像都是正立的。所谓正立和倒立，是相对于原物体而言的。

平面镜、凸面镜和凹透镜所成的三种虚像都是正立的，而凹面镜和凸透镜所成的实像以及小孔成像中所成的实像，则都是倒立的。当然，凹面镜和凸透镜也可以成虚像，而它们所成的两种虚像，同样是正立的。

2. 凸透镜

凸透镜是根据光的折射原理制成的。凸透镜是中央较厚、边缘较薄的透镜，有双凸、平凸和凹凸（或正弯月形）等形式。较厚的凸透镜则具有望远、会聚等作用，故又称为会聚透镜。

凸透镜的成像过程主要涉及主轴、光心、焦点、焦距、物距和像距等概念，如图 3–5 所示。凸透镜两个球面球心的连线称为主光轴（BB' 直线），简称主轴。凸透镜的中心 O 称为光心。平行于主轴的光线经过凸透镜后会聚于主光轴上一点 F，该点称为凸透镜的焦点。焦点 F 到凸透镜光心 O 点的距离称为焦距，用 f 表示，凸透镜的球面半径越小，焦距越小。物体到光心 O 的距离称为物距，用 u 表示。物体成像到凸透镜光心 O 点的距离称为像距，用 v 表示。入射光线 l_1 及平行光线 AC 通过凸透镜后汇交于 A，c 为物体的大小，d 为成像的大小。

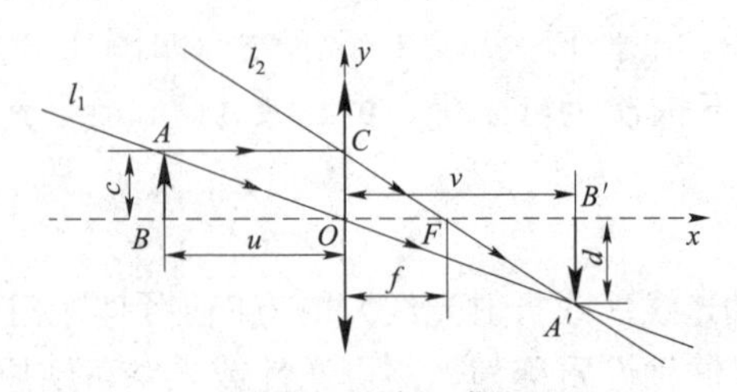

图 3–5　凸透镜的成像过程

平行光线（如阳光）平行于主光轴射入凸透镜，光在透镜的两面经过两次折射后，集中在焦点 F 上。凸透镜的两侧各有一个实焦点，如果是薄透镜，则两个焦点到凸透镜中心的距离大致相等。凸透镜可用于放大镜、老花镜、摄像机、电影放映机、幻灯片、显微镜、望远镜等。

表 3–1　凸透镜成像规律

物距 u	像距 v	正倒	大小	虚实	应用	特点	物、像的位置关系
$u>2f$	$f<v<2f$	倒立	缩小	实像	相机、摄像机		物像异侧
$u=2f$	$v=2f$	倒立	等大	实像	测焦距	成像大小的分界点	物像异侧
$f<u<2f$	$v>2f$	倒立	放大	实像	幻灯片、电影放映机、投影仪		物像异侧
$u=f$	—	—	—	不成像	强光聚焦电筒	成像虚实的分界点	
$u<f$	$v>u$	正立	放大	虚像	放大镜	虚像在物体同侧 虚像在物体之后	物像同侧

凸透镜的成像规律 1：当物距大于 2 倍焦距时，像距在 1 倍焦距和 2 倍焦距之间，成倒立、缩小的实像。此时像距小于物距，像比物小，物像异侧，如图 3–6 所示。

应用：相机、摄像机。

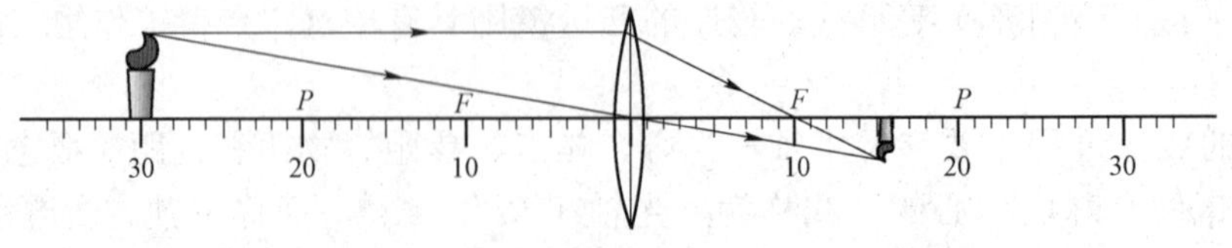

图 3–6　凸透镜的成像规律 1

凸透镜的成像规律 2：当物距等于 2 倍焦距时，像距也是 2 倍焦距，成倒立、等大的实像。此时物距等于像距，像与物大小相等，物像异侧，如图 3–7 所示。

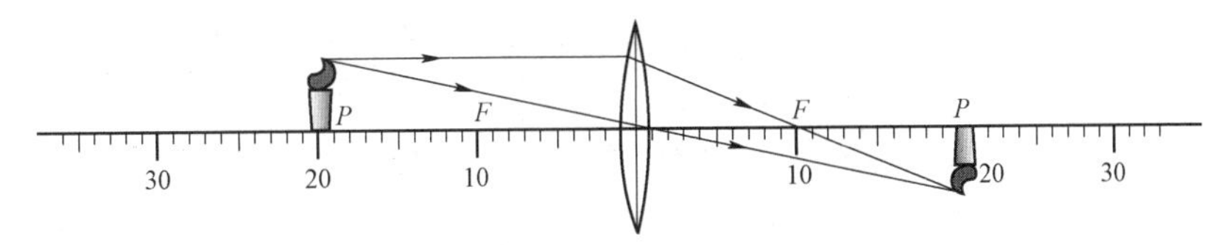

图 3–7 凸透镜的成像规律 2

应用：测焦距。

凸透镜的成像规律 3：当物距小于 2 倍焦距、大于 1 倍焦距时，像距大于 2 倍焦距，成倒立、放大的实像。此时像距大于物距，像比物大，物像异侧，如图 3–8 所示。

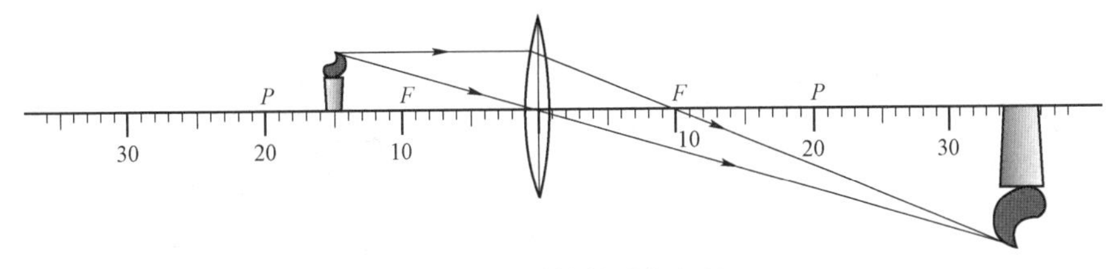

图 3–8 凸透镜的成像规律 3

应用：投影仪、幻灯机、电影放映机。

凸透镜的成像规律 4：当物距等于 1 倍焦距时，不成像，成平行光射出，如图 3–9 所示。

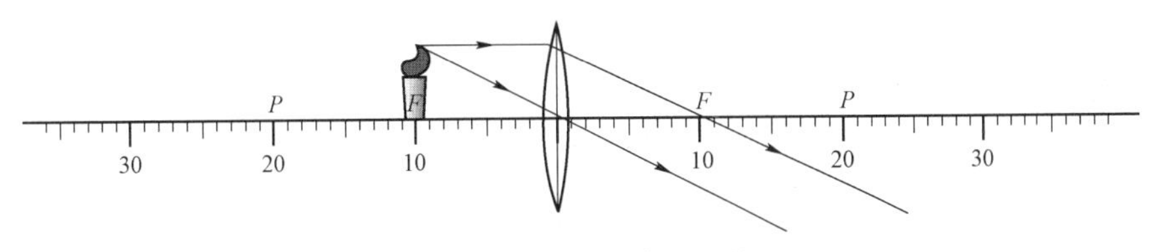

图 3–9 凸透镜的成像规律 4

凸透镜的成像规律 5：当物距小于 1 倍焦距时，则成正立、放大的虚像。此时像距大于物距，像比物大，物像同侧，如图 3–10 所示。

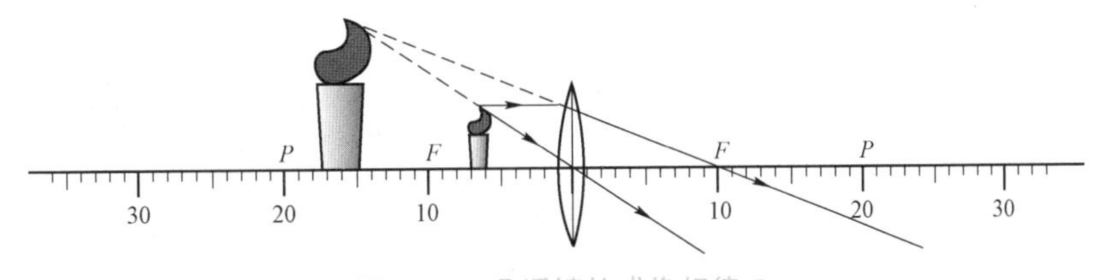

图 3–10 凸透镜的成像规律 5

应用：放大镜。

相机运用的就是凸透镜的成像规律。镜头是凸透镜，要拍摄的景物就是物体，胶片就是屏幕。照射在物体上的光经过漫反射通过凸透镜将物体的像成在最后的胶片上，胶片上涂有一层对光敏感的物质，曝光后它将发生化学变化，物体的像就被记录在胶卷上。至于物距、像距的关系，则与凸透镜成像规律完全一样。物体靠近时，像越来越远、越来越大，最后在同侧成虚像。

3.3 工业镜头的结构和原理

工业相机的结构

1. 镜头的结构

相机镜头由多个透镜、光圈和对焦环组成，调整光圈和对焦环，以确保图像明亮清晰。镜头的结构如图 3–11 所示。聚焦是成像必不可少的一步，若没有聚焦，则将导致图像不清晰，整体精度下降，后期图像处理困难等问题的产生。

2. 镜头的成像原理

（1）平行于主光轴的光线经过透镜后都会在像方焦点聚集。

（2）经过物方焦点的光线通过透镜后都会平行于主光轴。

（3）经过透镜中心点的光线通过透镜后方向不会改变。

（4）f<物距<$2f$ 时，成倒立放大实像，如图 3–12 所示。

（5）$2f$<物距<∞时，成倒立缩小实像，如图 3–13 所示。

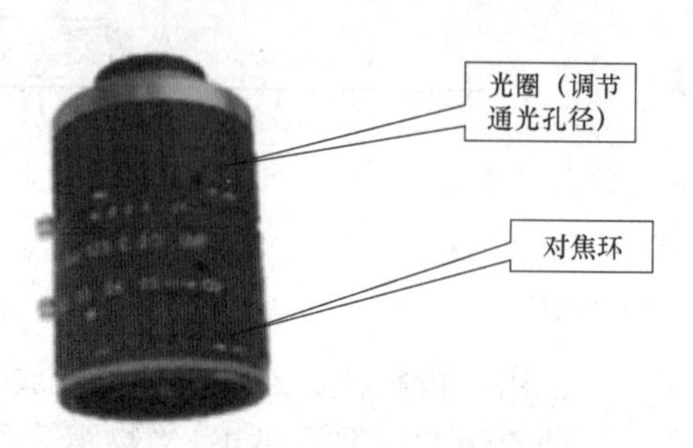

图 3–11　镜头的结构

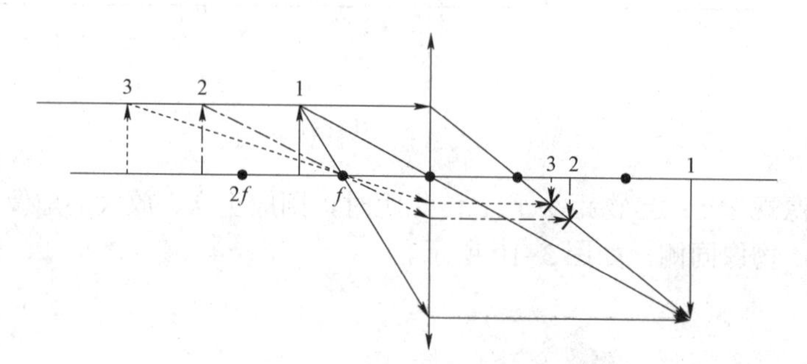

图 3–12　镜头成像规律

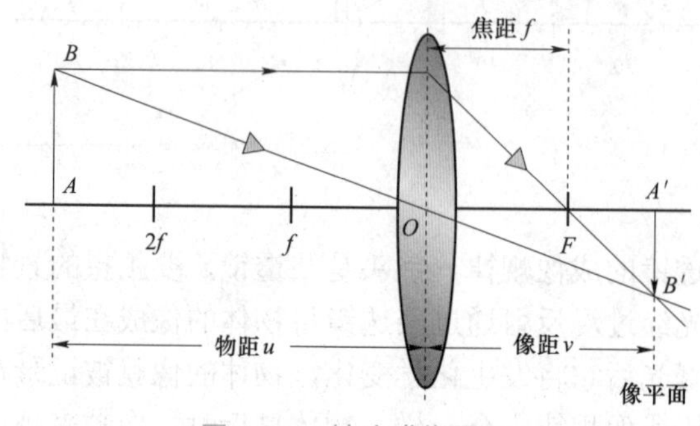

图 3–13　镜头成像原理

3.4 工业镜头的相关参数

工业镜头的成像原理和常用的单反相机、数码相机、手机摄像模组等光学成像装置一样，都是凸透镜小孔成像。其区别主要在于镜头接口和应用场合不同。

1. 视场和视场角

视场（*FOV*）即整个系统能够观察的物体的尺寸范围，可以进一步分为水平视场和垂直视场，即电荷耦合器件（CCD）芯片上最大成像对应的实际物体大小，如图 3–14 所示。定义为：

$$FOV=L/M$$

式中，L 是 CCD 芯片的高度或宽度；M 是放大率。定义为：

$$M=h/H=v/u$$

式中，h 是像高；H 是物高；u 是物距；v 是像距。*FOV* 也可以表示成镜头对视野的高度和宽度的张角，即视场角 a，定义为：

$$a=2\theta=\arctan[L/(2v)]$$

通常用视场角来表示视场的大小，且按照视场的大小，可以把镜头分为鱼眼镜头、超广角镜头、广角镜头和标准镜头。

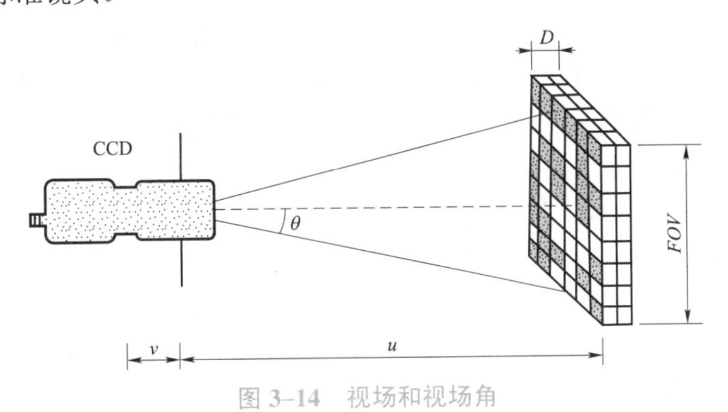

图 3–14　视场和视场角

2. 焦距

焦距是光学系统中衡量光的聚集或发散程度的参数，是从透镜中心到光聚集焦点的距离，也是相机中从镜片中心到底片或 CCD 等成像平面的距离。简单地说，焦距是焦点与面镜顶点之间的距离。

镜头焦距的长短决定着视场角的大小，焦距越短，视场角就越大，观察范围也越大，但远处的物体不清楚；焦距越长，视场角就越小，观察范围也越小，远处的物体也能看清楚，因此，短焦距的光学系统比长焦距的光学系统有更好的集聚光的能力。由此可见，焦距和视场角一一对应，一定的焦距就意味着一定的视场角，因此，选择焦距时应该充分考虑是要观察细节还是要有较大的观测范围。如果需要观测近距离大场面，就选择焦距较小的广角镜头；如果需要观察细节，则应选择焦距较大的长焦镜头。以 CCD 为例，焦距的参考公式为：

$$a=\arctan(SR/2WD)$$

$$f=\frac{d}{2\tan(\alpha/2)}$$

式中，*SR* 为景物范围；*WD* 为工作距离；*d* 为 CCD 尺寸。应注意，*SR* 和 *d* 要保持一致，即同为高或同为宽。实际选用时还应留有余量，即应选择比计算值略小的焦距。

3. 镜头放大倍率

镜头放大倍率是一种光学透镜性能参数，是指物体通过透镜在焦平面上的成像大小与物体实际大小的比值。

在相机镜头中，一般会标称“最大放大倍率”，是指该镜头在最大焦距（定焦头焦距恒定）和清晰成像的最近拍摄距离两个条件下的放大倍率值。这时的放大倍率值是这个镜头放大倍率的最大值。光学倍率的计算如图 3–15 所示。

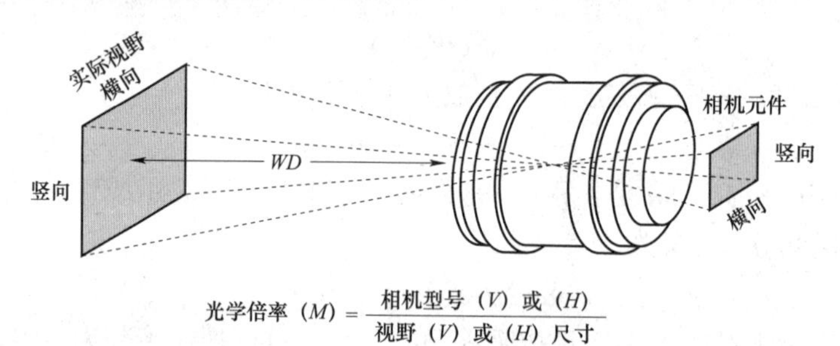

光学倍率 $(M)=\frac{\text{相机型号}(V)\text{或}(H)}{\text{视野}(V)\text{或}(H)\text{尺寸}}$

图 3–15 光学倍率的计算

某 70～200 mm 焦段的镜头标称放大倍率为 1/6.5，是指该镜头使用焦距为 200 mm 时能清晰成像的最短拍摄距离拍摄时，焦平面上的成像与被摄物体实际大小的比值为 1/6.5。大多数相机镜头的放大倍数是小于 1 的，即大多数镜头的成像其实是缩小的。部分远心镜头，其显微镜放大倍率大于 1。

4. 工作距离

工作距离（*WD*）是指镜头最下端机械面到物体的距离。当距离很大时，近似认为是镜头底端到拍摄平面的距离。需要注意，一款镜头不能做到对任意物距下的所有目标清晰成像。机器视觉行业中，在设计时，许多镜头为了保证成像质量，工作距离通常为一个固定值或一个较窄的范围。如远心镜头，其作为行业标准的工作距离是 40 mm、65 mm 和 110 mm。

一般情况下，根据要拍摄的视野大小就可以确定相机的工作距离，若要减小视野，则应在不改变镜头的情况下，缩短工作距离，当工作距离改变时，镜头不一定能够清晰聚焦，镜头前端一般有一个调焦环，其作用是改变像距的大小。先调节调焦环，当调节调焦环无法清晰成像时，则应考虑加接圈（增加像距）；当去掉接圈的时候，像距减小，工作距离增加，视野变大。在工作距离不变的情况下，增大视野，则需要缩短镜头焦距。若焦距太小，则所拍摄的图像畸变大，因此需要综合考虑。一般通过这两个公式来确定最佳工作距离和视野，其中，u 为物距，v 为像距，f 为焦距，*WD* 为工作距离，*H* 为靶面尺寸，*h* 为视野大小。

$$\frac{1}{u}+\frac{1}{v}=\frac{1}{f}$$

$$f=\frac{WDH}{h}$$

5. 接圈

当物距小于镜头的工作距离时，需要在镜头和相机之间增加接圈，以增大像距，这种接圈一般称为 C/CS 口圈，其主要功能就是在 C 口与 CS 口之间转换，不同接口的镜头和相机连接方法是不同的，如图 3–16 所示。

（a）　（b）

（c）　（d）

图 3–16　接圈

（a）完整的相机连接；（b）相机带接圈盖子的连接；（c）去除相机盖；（d）正在去除接圈

6. 光学尺寸

镜头光学尺寸是指镜头最大能兼容的 CCD 芯片尺寸。常见 CCD 芯片尺寸见表 3–2。相机之所以能成像，是因为镜头把物体反射的光线打到了 CCD 芯片上面，因此，镜头的镜片直径（设计相面尺寸）应大于或等于 CCD 芯片的尺寸。图 3–17 所示为常见镜头的相面尺寸（1/3 in①、1/2 in、2/3 in、1 in 等），其中，1/3 in 和 1/2 in 常用于监控行业，其成本较低，分辨力也较低。

表 3–2　常见 CCD 芯片尺寸

CCD 芯片尺寸/in	靶面尺寸（宽×高）/mm	对角线/mm
1.1	12×12	17
1	12.7×9.6	16
2/3	8.8×6.6	11
1/1.8	7.2×5.4	9
1/2	6.4×4.8	8
1/3	4.8×3.6	6
1/4	3.2×2.4	4

① 1 in=2.54 cm。

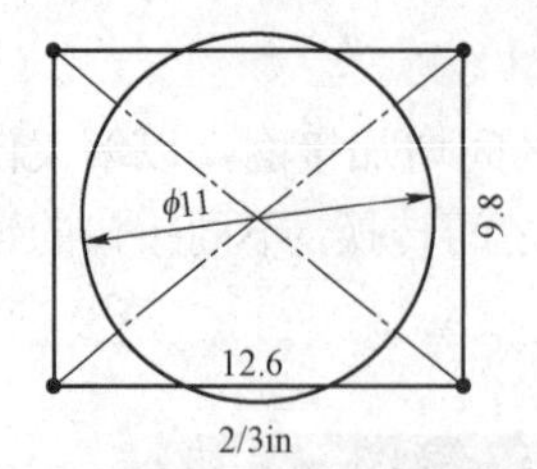

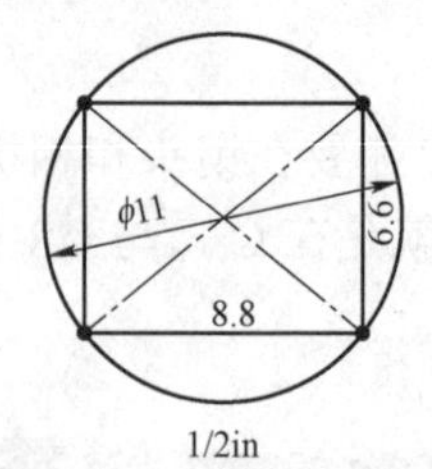

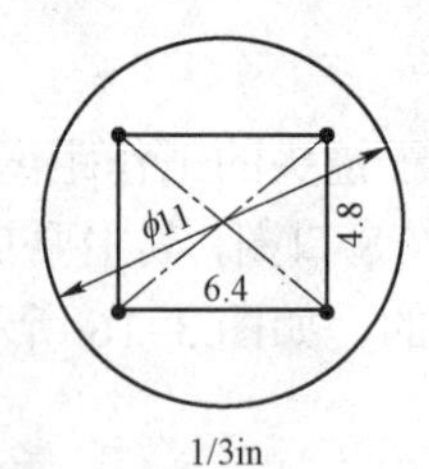

图 3–17 各种相面尺寸对应的实际尺寸

若镜头不兼容的 CCD 芯片尺寸，则会形成无效影像区，如图 3–18 所示。

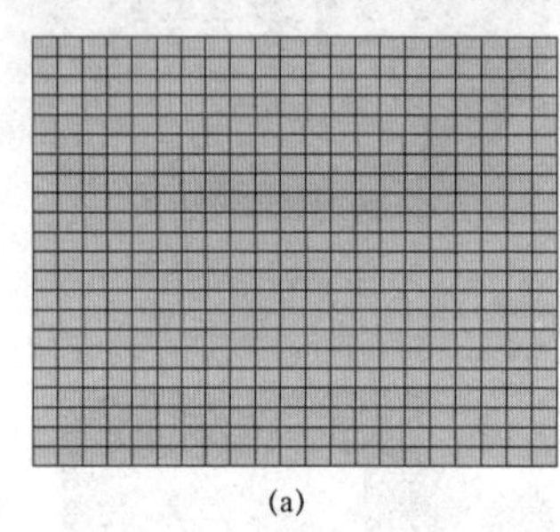
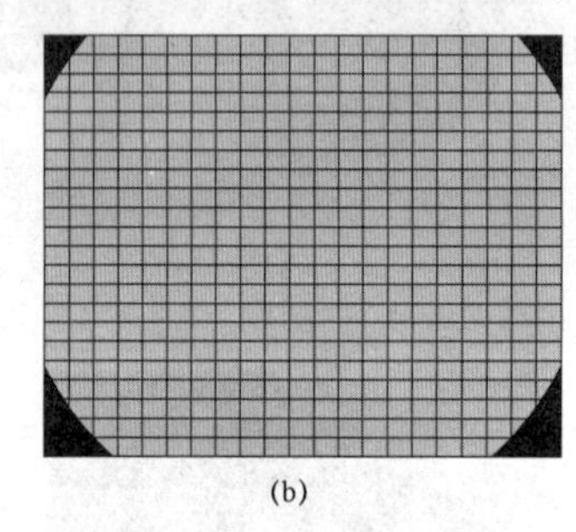

(a) (b)

图 3–18 镜头与 CCD 芯片尺寸匹配与否成像对比

（a）镜头与相机芯片尺寸匹配；（b）镜头与相机芯片尺寸不匹配

7. 光圈

光圈（图 3–19）是一个用来控制光线透过镜头，进入机身内感光面光量的装置，通常是在镜头内的。对于已经制造好的镜头，不可能随意改变其直径，但可以通过在镜头内部加入多边形或者圆形的面积可变的孔状光栅来达到控制镜头通光量的目的，这种装置便称为光圈。

光圈系数：即相对孔径 D 的倒数，用于表示镜头通光能力的强弱，用 F 表示，以镜头焦距 f 和通光孔径 D 的比值来衡量，即 $F=f/D$。每个镜头上都标有最大 F 值。例如，6 mm/F1.4 表示此镜头为 6 mm 的焦距，最大光圈系数 F 为 1.4，计算其最大相对孔径 $D=f/F$=6/1.4=429 mm。光圈系数也叫 F 值，通常所指的光圈大小，就是 F 值的大小。

光通量与 F 值的平方成反比关系，F 值越小，光通量越大，如图 3–19（a）所示。镜头上光圈指数序列的标值为 1.4、2、2.8、4、5.6、8、11、16、22 等，其规律是，前一个标值时的通光量正好是后一个标值对应通光量的 2 倍，即镜头的通光孔径分别为 1/1.4、1/2、1/2.8、1/4、1/5.6、1/8、1/11、1/16、1/22，因此，光圈系数越小，其通光孔径越大，成像靶面上的照度也就越大。

8. 景深

景深（DOF）是指在摄影机镜头或其他成像器前沿，能够取得清晰图像的成像所测定的被摄物体前后距离范围。光圈、镜头及到拍摄物的距离是影响景深的重要因素。

与光轴平行的光线射入凸透镜时，理想的镜头应该是所有的光线聚集在一点后，再以锥的距状扩散开来，焦点就是聚集所有光线的点。在焦点前后，光线开始聚集和扩散，点的影像变得模糊，形成一个扩大的圆，这个圆被称为弥散圆。

在现实中，人们是以某种方式（如投影、放大成照片等）来观察自己所拍摄影像的。人眼所感受到的影像与放大倍率、投影距离及观看距离等有很大的关系，如果弥散圆的直径大于人眼的鉴别能力，则在一定范围内将无法辨认模糊的影像。这个不能被人眼辨认影像的弥散或大圆称为容许弥散圆，在焦点的前后各有一个容许弥散圆。

以持相机拍摄者为基准，从焦点到近点容许弥散圆的距离称为前景深，从焦点到远点容许弥散圆的距离称为后景深，如图 3–20 所示。

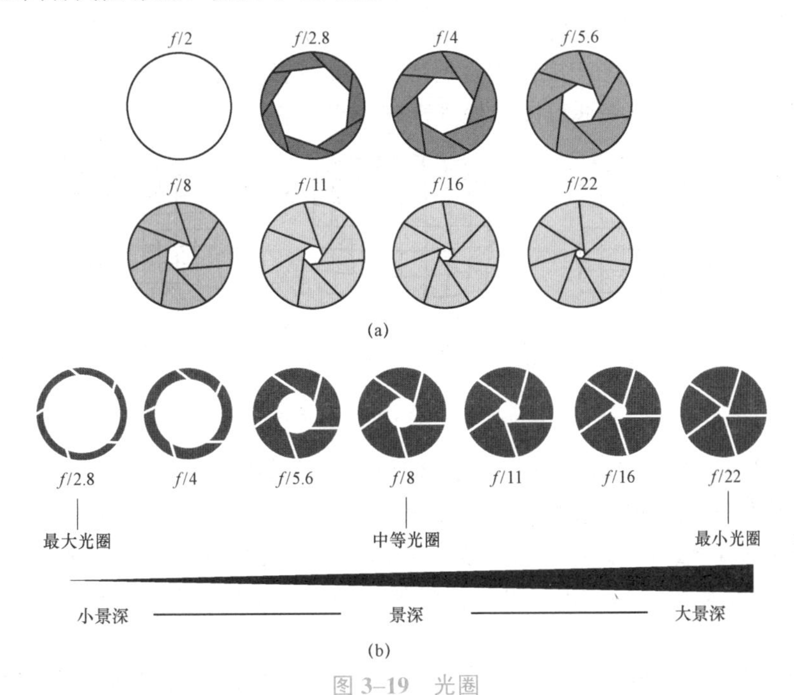

图 3–19　光圈

（a）通光量与光圈系数的关系；（b）光圈与景深的关系

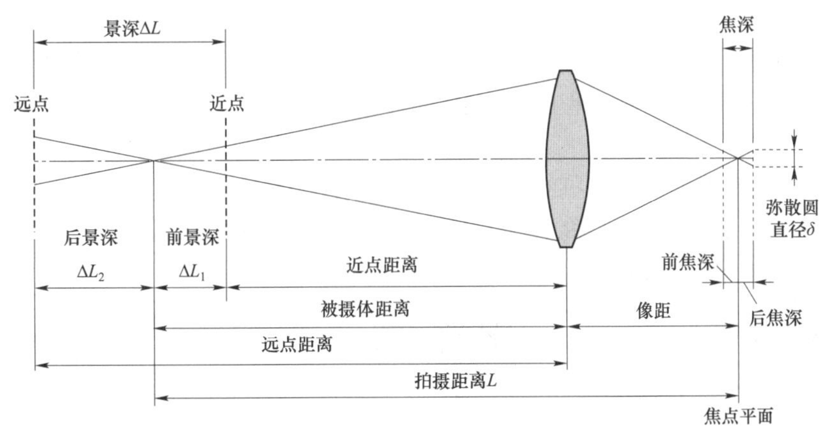

图 3–20　景深

$$前景深\ \Delta L_1 = F\delta L^2 / (f^2 + F\delta L)$$

$$后景深\ \Delta L_2 = F\delta L^2 / (f^2 - F\delta L)$$

$$景深\ \Delta L = \Delta L_1 + \Delta L_2$$

式中，δ 为容许弥散圆直径；f 为镜头焦距；F 为镜头的拍摄光圈值；L 为对焦距离；

（1）镜头光圈：光圈越大，景深越小；光圈越小，景深越大。

（2）镜头焦距：镜头焦距越长，景深越小；焦距越短，景深越大。

（3）拍摄距离：距离越远，景深越大；距离越近，景深越小。

（4）弥散圆直径：直径越大，越粗糙，景深越大；直径越小，越精细，景深越小。

9. 畸变

由于成像过程中局部放大倍数不一致而造成的物像不相似的现象称为畸变，其对比如图 3–21 所示。畸变像差只影响成像的几何形状，而不影响成像的清晰度。畸变是一直存在的，作为性能参数指标，需要通过图像处理来减小畸变的差异。

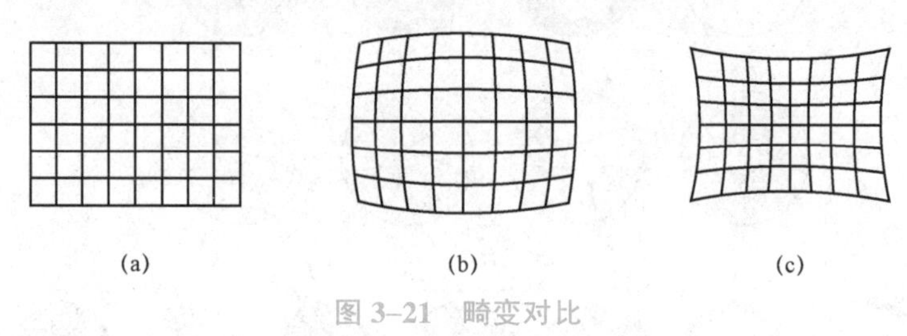

图 3–21　畸变对比

（a）正常；（b）桶形畸变；（c）枕形畸变

枕形畸变（Pincushion Distortion），又称枕形失真，是由镜头引起的画面向中间“收缩”的现象。使用长焦镜头或使用变焦镜头的长焦端时，最容易察觉枕形失真现象，特别是在使用焦距转换器后，枕形失真便很容易发生。当画面中有直线（尤其是靠近相框边缘的直线）时，枕形失真最容易被察觉。普通消费级数码相机的枕形失真率通常为 0.4%，比桶形失真率低。

桶形畸变（Barrel Distortion）又称桶形失真，是由镜头中透镜物理性能以及镜片组结构引起的成像画面呈桶形膨胀状的失真现象。使用广角镜头或使用变焦镜头的广角端时，最容易察觉桶形失真现象。当画面中有直线（尤其是靠近相框边缘的直线）时，桶形失真最容易被察觉。普通消费级数码相机的桶形失真率通常为 1%。

焦距越小，视野越大，畸变程度越大。

10. 光学接口

镜头接口即为链接镜头和相机的接口，主要有三种标准接口：C 接口，CS 接口，F 接口。其中，C/CS 是专门用于工业领域的国际标准接口。镜头选择何种接口，应以相机的物理接口为准。三种接口的相关参数如图 3–22 所示。

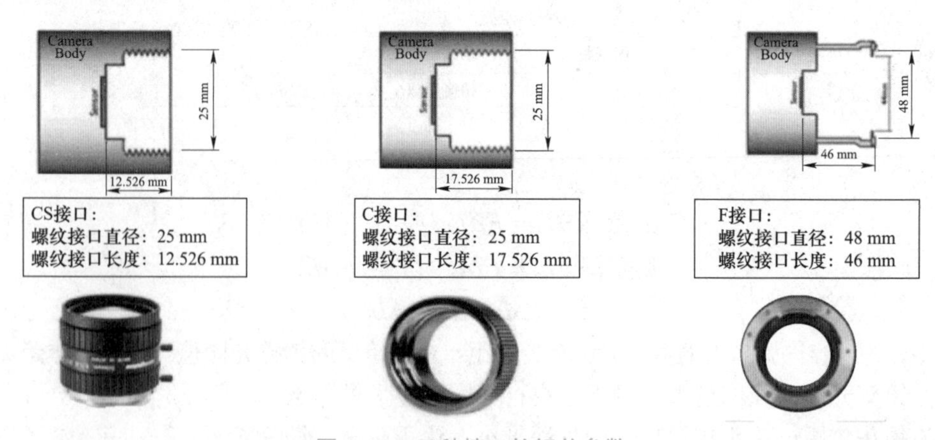

图 3–22　三种接口的相关参数

3.5 工业镜头的分类

工业镜头作为机器视觉的“眼睛”，其重要性已不用提及。工业镜头有多种分类方法，各类镜头都具备自己独特的技术优势，因此也有着不同的行业应用。

镜头

1. 根据焦距分类

根据焦距能否调节，工业镜头可分为定焦距镜头和变焦距镜头两类。根据焦距的长短，定焦距镜头又可分为鱼眼镜头、短焦镜头、标准镜头、长焦镜头四类。需要注意的是，焦距长短的划分并不是以焦距的绝对值为首要标准的，而是以像角的大小为主要区分依据的，因此当靶面的大小不等时，其标准镜头的焦距大小也不同。变焦镜头上都有变焦环，调节该环可以使镜头的焦距值在一定范围内灵活改变。变焦距镜头最长焦距值和最短焦距值的比值称为该镜头的变焦倍率。变焦镜头又可分为手动变焦和电动变焦两大类。

由于具有可连续改变焦距值的特点，变焦镜头在需要经常改变视场的情况下使用起来非常方便，所以在摄影领域应用非常广泛，但由于变焦距镜头的透镜片数多、结构复杂，因此最大相对孔径不能做得太大，致使图像亮度较低、图像质量变差；同时，在设计中也很难针对各种焦距、各种调焦距离做像差校正，所以其成像质量无法和同档次的定焦距镜头相比拟。实际常用的镜头焦距在 4～300 mm 范围内有很多等级，选择焦距合适的镜头是进行机器视觉系统设计时需要考虑的一个主要问题。光学镜头的成像规律可以根据两个基本成像公式——牛顿公式和高斯公式来推导。对于机器视觉系统的常见设计模型，一般应根据成像的放大率和物距来选择焦距合适的镜头。

2. 根据镜头接口类型分类

镜头和摄像机之间的接口有多种类型。工业摄像机常用的包括 C 接口、CS 接口、F 接口、V 接口、T2 接口、徕卡接口、M42 接口、M50 接口等。接口类型与镜头性能及质量并无直接关系，只是接口方式不同而已，一般也可以找到各种常用接口之间的转换接口。C 接口和 CS 接口是工业摄像机上最常见的国际标准接口，两者均为 1 in–32UN 英制螺纹连接口，其区别在于，C 接口的后截距为 17.5 mm，而 CS 接口的后截距为 12.5 mm，如图 3–23 所示。

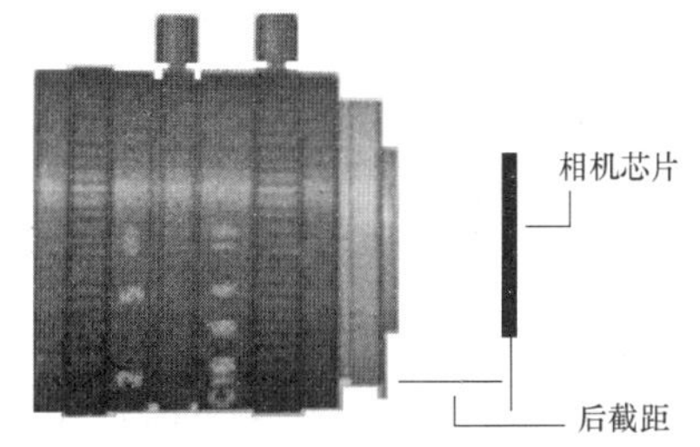

图 3–23　镜头接口

CS 接口的摄像机可以与 C 接口和 CS 接口的镜头连接使用，但若使用 C 接口镜头，则需要加一个直径为 5 mm 的接圈；而 C 接口的摄像机则不能用 CS 接口的镜头。

F 接口是尼康镜头的标准接口，所以又称尼康接口，是工业摄像机中常用的接口类型，一般摄像机靶面大于 1 in 时需用 F 接口镜头。

V 接口是施奈德镜头主要使用的标准接口，一般也用于摄像机靶面较大或具有特殊用途的镜头。

3.6 远心镜头

1. 远心镜头的概念

远心镜头（Telecentric）主要是为纠正传统工业镜头视差而设计的，它可以在一定的物距范围内维持图像放大倍率不变化，这对被测物不在同一物面上的情况是非常重要的。远心镜头由于其特有的平行光路设计，一直为对镜头畸变要求很高的机器视觉应用场合所青睐。

2. 远心镜头的分类

远心镜头设计目的就是消除被测物体（或 CCD 芯片）由于与镜头距离的远近不同所造成的放大倍率不同。根据远心镜头设计原理不同可分为物方远心镜头、像方远心镜头和两侧远心镜头。

（1）物方远心镜头。

物方远心镜头是将孔径光阑放置在光学系统的像方焦平面上，当孔径光阑放在像方焦平面上时，即使物距发生改变，像距也发生改变，但像高并没有发生改变，即测得的物体尺寸不会变化。物方远心镜头用于工业精密测量，畸变极小，高性能的可以达到无畸变。

物方远心光路的设计原理及作用：物方远心镜头是将孔径光阑放置在光学系统的像方焦平面上，当孔径光阑放在像方焦平面上时，若调焦不准，成的像偏离标尺，在标尺平面上得到的像是由弥散斑构成的投影像，但是，由于物体上同一点发出的主光线不随物体的位置移动而发生变化，即由 A_1B_1 变为 AB，因此通过刻度尺平面上投影像两端的两个弥散斑中心的主光线位置不变，即由 $A'B'$ 变为 $A_1'B_1'$ 两个弥散斑，中心距离始终不变，即物体所成像的高度不变。

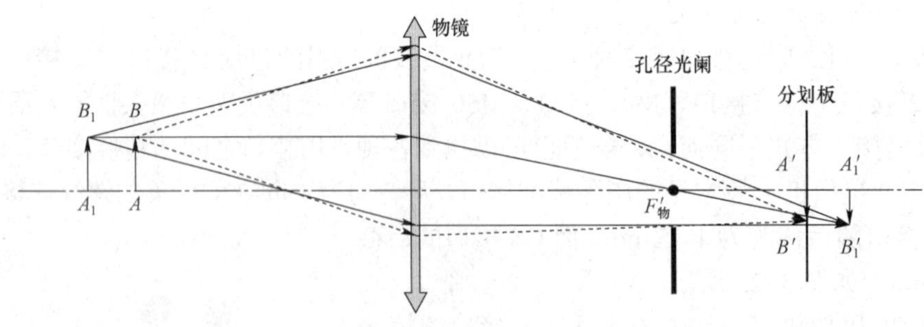

图 3–24　物方远心光路

（2）像方远心镜头。

像方远心镜头，通过在物方焦平面上放置孔径光阑，使像方主光线平行于光轴，因此，虽然 CCD 芯片的安装位置有改变，但在 CCD 芯片上投影成像大小不变。

像方远心光路设计原理及作用：像方远心光路是将孔径光阑放置在光学系统的物方焦平面上，像方主光线平行于光轴主光线的会聚中心位于像方无限远处，称为像方远心光路。其作用为消除像方调焦不准引入的测量误差，如图 3–25 所示。物体为 B_1B_2，光线通过前焦点 F 透过孔径光阑，经过镜头得到平行于光轴的光线，得到像图 $B_1'B_2'$，在分划板的显示为 M_1M_2。

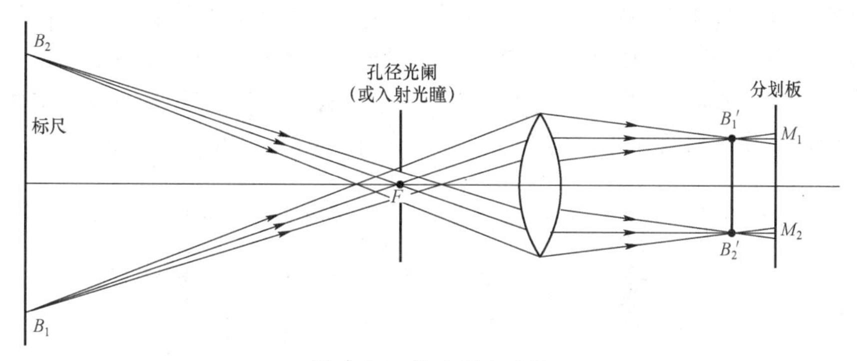

图 3–25 像方远心光路

（3）两侧远心镜头。

两侧远心镜头兼具上面两种远心镜头的优点。在工业图像处理中，一般只使用物方远心镜头，偶尔也有使用两侧远心镜头的（当然价格更高）。而在工业图像处理/机器视觉这个领域里，像方远心镜头一般不起作用，因此这个行业基本不使用它。

两侧远心光路的设计原理及作用：综合了物方/像方远心的双重作用，主要用于视觉测量检测领域，如图 3–26 所示。

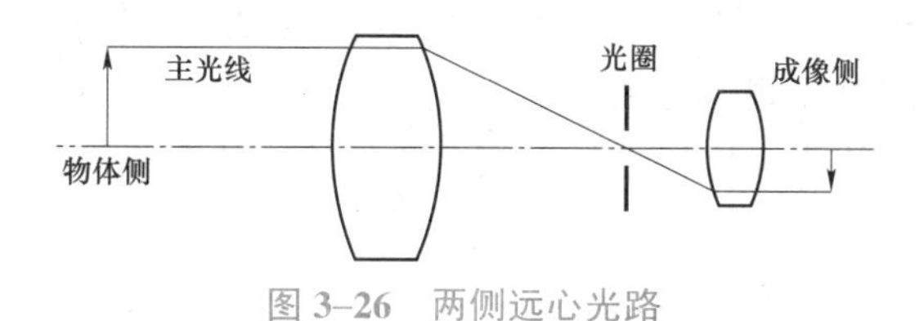

图 3–26 两侧远心光路

3. 远心镜头的参数

远心镜头是为纠正传统镜头视差而设计的一种高端光学镜头，相比于一般镜头，它在放大倍率、畸变、视差、解析度等方面都具有绝对优势。

放大倍率（图 3–27）是指通过调整镜头改变拍摄对象原本成像面积的大小。光学倍率就是通过光学镜头变倍的放大倍率。放大率是指成像大小与实际物体尺寸的比值。

y 为物体大小，y' 为物像大小；NA 为物体侧数值孔径，NA' 为影像侧数值孔径。a 为物体到前主点的距离，a' 为物像到后主点的距离。

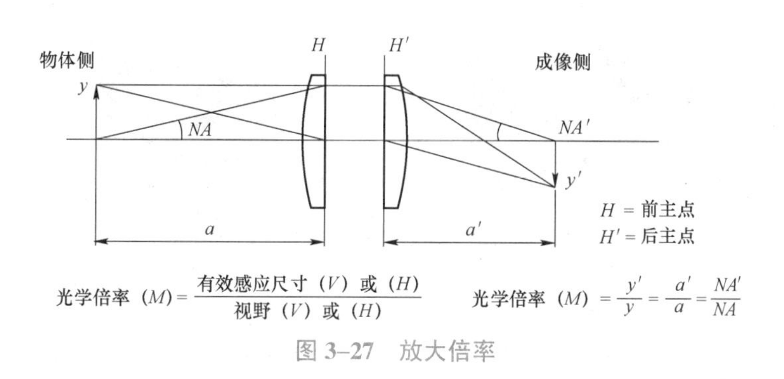

图 3–27 放大倍率

4. 远心镜头的优势

远心镜头主要是为纠正传统工业镜头的视差而特殊设计的，它可以在一定的物距范围内保持图像放大倍率不会随物距的变化而变化，这对被测物不在同一物面上的情况是非常重要的，而普通工业镜头则是，目标物体越靠近镜头（工作距离越短），所成的像就越大，所以远心镜头的优势在于具有超低畸变、超高分辨率以及超宽景深，如图 3–28 所示。

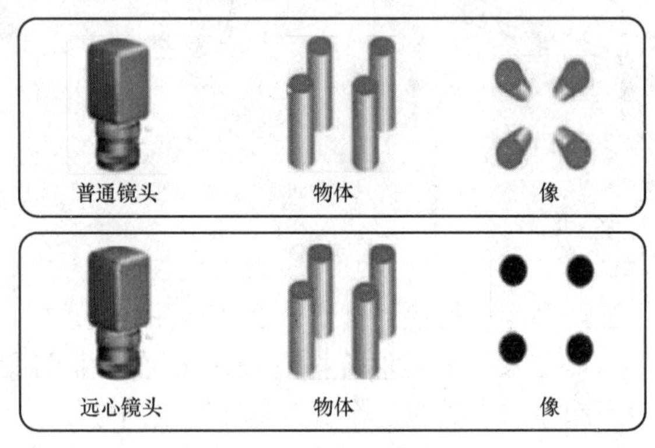

图 3–28　远心镜头的优势

（1）分辨率。普通工业镜头分辨率跟不上芯片分辨率提高的脚步，受制于其光学成像的原理，最好的也只能做到 10 μm 左右，最多可配合 1 000 W 像素的相机使用，满足不了现在高分辨率相机和高精度测量检测的要求。

（2）景深。普通镜头的景深比较小，当需要测量的物体在镜头纵深方向超出其范围，检测或测量无法进行。

（3）放大倍率。放大倍率随工作距离变化而发生变化。当我们的视觉系统被用来执行精密测量任务时，这一特性会导致不可容忍的误差。

5. 远心镜头的配件

（1）增距镜。

增距镜也称远摄变距镜、扩倍镜，工业上也将其称为放大镜，如图 3–29 所示。它是一个安装在镜头和相机机身之间的光学附件，是把焦距延长至 2 倍或 1.4 倍的镜头附属装置。先在镜头上装上增距镜后再使用。例如，在 100 mm 镜头中装上 2 倍增距镜，焦距则变为 200 mm；如果装上 1.4 倍增距镜，焦距则变为 140 mm。反之则相反。

图 3–29　增距镜

（2）接圈。

在很多视觉项目中，如果想要将视野缩小，一种方式是换用长焦镜头；另一种方式则是增加接圈，如图 3–30 所示。

增加接圈的作用如下：

① 使相距增大；

② 使工作距离变小；

③ 使视野变小；

④ 使图像放大；

⑤ 选择合适的接圈可以改变镜头和相机的连接方式。例如，C 型镜头匹配 C 型相机；CS 型镜头匹配 CS 型相机；C 型镜头+5 mm 接圈匹配 CS 型相机；CS 型镜头不匹配 C 型相机。

图 3–30 接圈

远心镜头如图 3－31 所示。其造型依照下述几点：

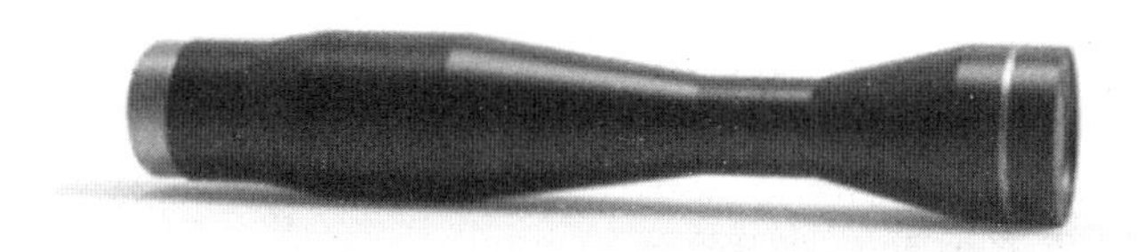

图 3–31 远心镜头

（1）根据相机芯片大小和工作空间限制确定使用镜头的焦距或是放大倍数：选择镜头时，应选择比被测物体视野稍大一点的镜头，以有利于运动控制。

（2）是否需要选用远心镜头：考虑工作过程是否是传统镜头即可。

（3）确定镜头的分辨率、畸变率是否能满足要求：若要求远心度小、分辨率高可选用远心镜头；若需要低畸变率、图像效果亮度几乎完全一致时，则选择远心镜头。

（4）景深要求：景深小，尤其是在测量较小精密物体时，就会导致不在同一测量平面的物体成像模糊。因此一般都选用大景深。

（5）镜头是否兼容相机芯片尺寸：兼容的 CCD 靶面尺寸。这一点跟普通镜头的选择类似，要求远心镜头兼容的 CCD 靶面大于或等于配套的相机靶面，否则会造成分辨率的浪费，例如，2/3 in 镜头可以支持的最大工业相机靶面为 2/3 in，不能支持 1 in 以上的工业相机。

（6）注意与光源的配合，选配合适的镜头：目前，远心镜头提供的接口类型也跟普通镜头类似，有 C 接口，F 接口等，只要跟相机配套即可使用。

（7）价格是否合理。

习 题

一、选择题

1. 工业上最常用的镜头接口是（　　）。

A. C 接口　　B. CS 接口

C. F 接口　　D. E 接口

2. 镜头成像主要利用了光学的（　　）原理。

习题答案

A. 反射　　B. 折射　　C. 衍射　　D. 散射

3. 常见的光圈 F 值有（　　）。

A. 1.4　　B. 2　　C. 2.8　　D. 4

4. 白色表示光圈大小，图中（　　）能得到最大的景深。

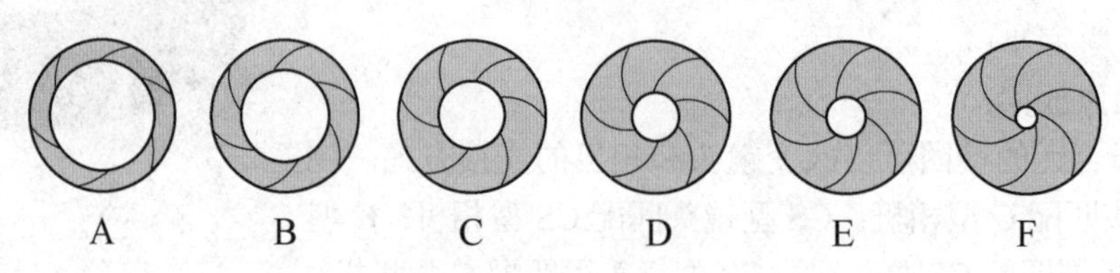

选择题第 4 题图

5.（　　）属于镜头畸变。

A. 桶形畸变　　B. 偏移畸变　　C. 伸展畸变　　D. 枕形畸变。

二、填空题

1. 焦距越小，景深______；光圈越大，景深______。

2. 视觉系统中 FOV 表示______。

3. 工作距离（*WD*）表示______。

4. __________是焦点到成像面的距离。

三、读图填空

填写下图各方框对应的专业术语。

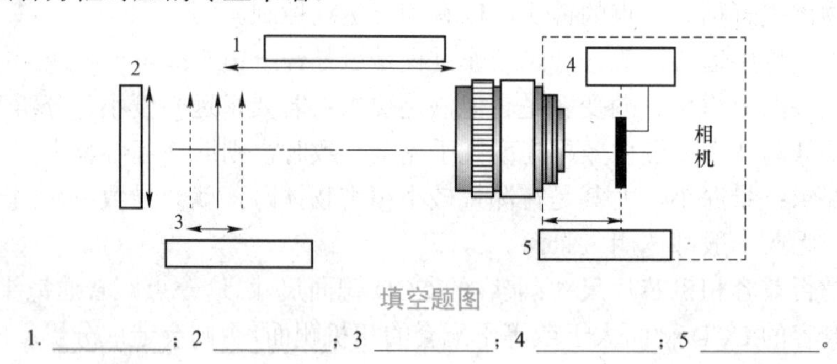

填空题图

1. __________；2 __________；3 __________；4 __________；5 __________。

4

工业相机的认知与选择

学习内容

（1）工业相机的成像原理。
（2）CCD 芯片与 CMOS 芯片的区别。
（3）面阵相机与线阵相机的区别。
（4）工业相机的相关参数。

工业相机的认知与选择

4.1 工业相机的成像原理

1. 小孔成像原理

相机的分类

用一个带有小孔的板遮挡在屏幕与物之间，屏幕上就会形成物的倒像，这种现象称为小孔成像，如图 4–1 所示。前后移动中间的板，像的大小也会随之发生变化。这种现象反映了光是沿直线传播的。

2. 相机的工作原理

在发明相机之前，人们就已经开始利用小孔成像原理制造各类光学成像装置，这种装置被称为暗箱。19 世纪上半叶，人们终于找到了可以固定保存暗箱中投影面上光学图像的方法与介质，相机工业由此发端，因此暗箱被认为是相机的祖先。图 4–2 为相机成像示意图，相机的成像原理即小孔成像。镜头是智能化的小孔，其复杂的镜头组件可以实现不同的成像距离（即俗称的各个焦段）。

对于胶片相机而言，景物的反射光线经过镜头的会聚，在胶片上形成潜影，这个潜影是光和胶片上的乳剂发生化学反应的结果，再经过显影和定影处理形成影像。数码相机是通过光学系统将影像聚焦在成像元件 CD/CMOS 上，通过 A/D 转换器将每个像素上的光电信号转化为数码信号，再经过数字信号处理器（DSP）处理成数码图像，存储在存储介质中的。

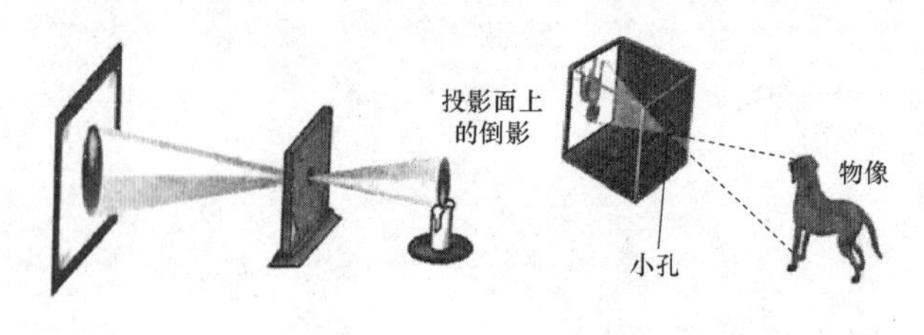

图 4–1　小孔成像

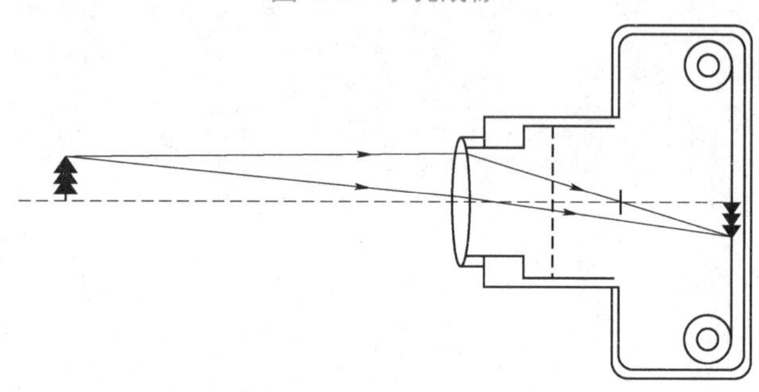

图 4–2　相机成像示意图

4.2　工业相机图像传感器

1. CCD

CCD 与 CMOS 的区别

CCD（Charge Coupled Device，电荷耦合器件），通常称为 CCD 图像传感器。CCD 是一种半导体器件，能够把光学影像转化为数字信号，CCD 上植入的微小光敏物质称作像素(pixels)，一块 CCD 上包含的像素数越多，其提供的画面分辨率也就越高。CCD 的作用就像胶片一样，但它是把图像像素转换成数字信号。CCD 上有许多排列整齐的电容，能感应光线，并将影像转变成数字信号。经由外部电路的控制，每个小电容能将其所带的电荷转给其相邻的电容。

图 4–3　CCD

CCD 图像传感器可直接将光学信号转换为模拟电流信号，电流信号经过放大和模数转换，实现图像的获取、存储、传输、处理和重现，如图 4–3 所示，CCD 具有如下特点：

（1）体积小，重量轻。

（2）功耗小，工作电压低；抗冲击与震动，性能稳定，寿命长。

（3）灵敏度高，噪声弱，动态范围大。

（4）响应速度快，有自扫描功能，图像畸变小，无残像。

（5）应用超大规模集成电路工艺技术生产，像素集成度高，尺寸精确，商品化生产成本低。

2. CMOS

CMOS（Compementary Metal Oxide Semiconductor，互补金属氧化物半导体），是电压控制

的一种放大器件，也是组成 CMOS 数字集成电路的基本单元。在数字影像领域，CMOS 作为一种低成本的感光元件被发明出来，市面上常见数码产品的感光元件主要就是 CCD 或者 CMOS。目前的情况是，许多低档入门型的数码相机使用廉价的低档 CMOS 芯片，成像质量比较差。普及型、高级型及专业型数码相机使用不同档次的 CCD，如图 4–4 所示。

图 4–4　CMOS

CMOS 的制造工艺被应用于制作数码影像器材的感光元件，是将纯粹逻辑运算的功能转变成接收外界光线后转化为电能，再通过芯片上的模一数转换器（ADC）将获得的影像信号转变为数字信号输出。

（1）成像过程中产生的噪声强。

（2）集成性高。

（3）读出速度快，地址选通开关可随机采样，获得更高的速度。

CMOS 集成度高，各元件、电路之间距离很近，干扰比较严重，噪声对图像质量的影响很大。CMOS 电路消噪技术的不断发展，为生产高密度优质的 CMOS 提供了良好的基础。

4.3　CCD 与 CMOS 的区别

1. 信息读取方式

CCD 存储的电荷信息需在同步信号控制下一位一位地实施转移后读取，电荷信息转移和读取输出需要有时钟控制电路和三组不同的电源相配合，整个电路较为复杂。CMOS 则是经光电转换后直接产生电流（或电压）信号，信号读取十分简单。

2. 速度

CCD 需在同步时钟的控制下，以行为单位，一位一位地输出信息，速度较慢；而 CMOS 则在采集光信号时就可以取出电信号，还能同时处理各单元的图像信息，速度比 CCD 快很多。

3. 电源及耗电量

CCD 大多需要三组电源供电，耗电量较大；而 CMOS 则只需使用一个电源，耗电量非常小，仅为 CCD 的 1/10～1/8。CMOS 在节能方面具有很大优势。

4. 成像质量

CCD 制作技术起步早，技术成熟，采用 PN 结或二氧化硅（SiO_2）隔离层隔离噪声，其成像质量相对 CMOS 有一定优势。由于 CMOS 集成度高，因此各光电传感元件、电路之间距离很近，相互之间的光、电、磁干扰较严重。噪声对图像质量影响很大，使 CMOS 光电传感器很长一段时间无法进入实用状态。近年，随着 CMOS 电路消噪技术的不断发展，为生产高密度优质的 CMOS 图像传感器提供了良好的条件。

5. 内部结构

CCD 的成像点为 X–Y 纵横矩阵排列，每个成像点由一个光电二极管和其控制的一个邻近电荷存储区组成。光电二极管将光线（光量子）转换为电荷（电子），聚集的电子数量与光线的强度成正比。在读取这些电荷时，各行数据被移动到垂直电荷传输方向的缓存器中。每行的电荷信息被连续读出，再通过电荷/电压转换器和放大器传感。这种构造产生的图像具有低噪声、高性能的特点，但是生产 CCD 需采用时钟信号、偏压技术，因此整个构造十分复杂，不但增大了耗电量，也增加了成本。

CMOS 周围的电子器件，如数字逻辑电路、时钟驱动器以及模/数转换器等，可在同一加工程序中得以集成。CMOS 传感器的构造如同一个存储器，每个成像点包含一个光电二极管、一个电荷/电压转换单元、一个重新设置和选择晶体管，以及一个放大器，覆盖在整个传感器上的是金属互连器（计时应用和读取信号）以及纵向排列的输出信号互连器，它可以简单地使用 *X–Y* 寻址技术读取信号。

4.4　线阵相机及面阵相机

工业相机按照传感器的结构特性可分为面阵相机和线阵相机，面阵、线阵相机都有各自的优点和缺点，因此，在用途不同的情况下，选择有合适的传感器结构的工业相机至关重要。

1. 原理对比

线阵相机也称为线扫描相机，线阵相机的传感器仅是由一行或者多行感光芯片构成的，拍照时需要通过机械运动，形成相对运动，才能得到想要的图像，其原理如图 4–5（a）所示。

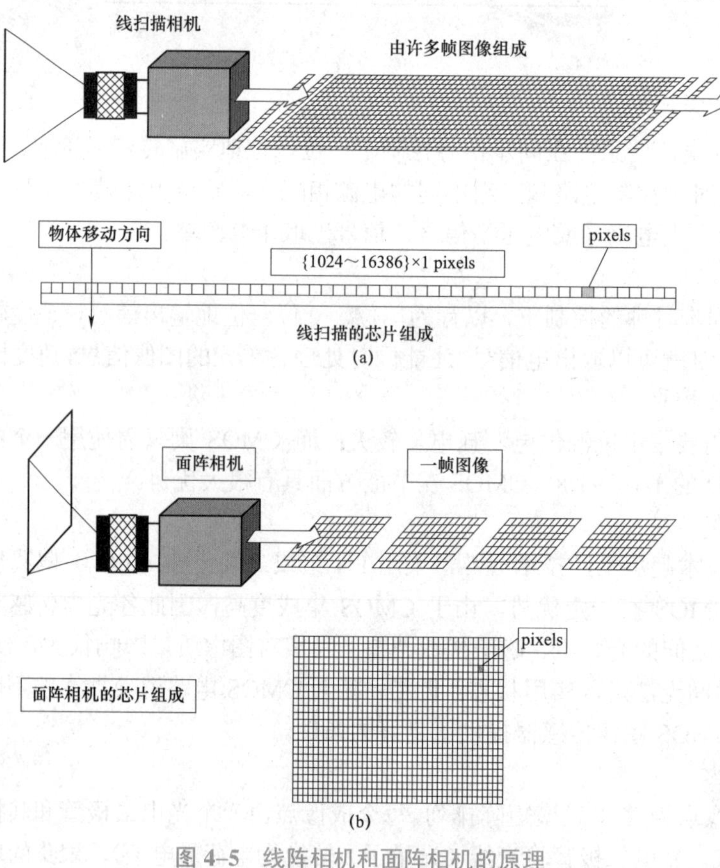

图 4–5　线阵相机和面阵相机的原理

（a）线阵相机的原理；（b）面阵相机的原理

面阵相机是一款以面为单位来进行图像采集的成像工具，其芯片是面阵的，可以一次性获取完整的目标图像，具有测量图像直观的特点，如图 4–5（b）所示。

2. 类型区分

面阵相机：实现的是像素矩阵拍摄。相机在拍摄图像时，表现图像细节不是由像素多少决定的，而是由分辨率决定的。分辨率是由选择的镜头焦距决定的。同一种相机，若选用不同焦距的镜头，则分辨率就不同。像素的多少不决定图像的分辨率（清晰度），大像素相机的好处就是减少拍摄次数，提高测试速度。

线阵相机：顾名思义是呈“线”状的。虽然也是二维图像，但长度很长，如 1 024×1 分辨率的线阵相机（1 K 的线阵相机），8 192×1 分辨率的线阵相机（8 K 的线阵相机），而宽度却只有几个像素而已。通常只在两种情况下使用这种相机：

（1）被测视野为细长的带状，多用于滚筒上检测的问题；

（2）需要极大的视野或极高的精度，需要用激发装置多次激发相机，进行多次拍照，再将所拍下的多幅“条”形图像合并成一张巨大的图。

因此，用线阵型相机，必须用可以支持线阵型相机的采集卡。线阵型相机价格贵，而且在大的视野或高的精度检测情况下，其检测速度也慢——一般相机的图像大小为 400 KB～1 MB，而合并后的图像会等大，速度自然就慢了，由于以上这两个原因，线阵相机只用在极特殊的情况下。

3. 应用对比

面阵相机：应用面较广，如面积、形状、尺寸、位置，甚至温度等的测量。

线阵相机：主要应用于工业、医疗、科研与安全领域的图像处理。典型应用领域是检测连续的材料，例如，金属、塑料、纸和纤维等。被检测的物体通常匀速运动，利用一台或多台相机对其逐行连续扫描，以实现对整个表面的均匀检测。可以对其图像一行一行进行处理，或者对由多行组成的面阵图像进行处理。另外，由于线阵相机传感器的高分辨率，可以准确测量到微米，因此非常适合测量场合。

4. 优点对比

面阵相机：可以获取二维图像信息，测量图像直观。

线阵相机：是一款以线为单位来进行图像采集的成像工具，其芯片传感器是由一行或者多行传感器构成的，当需要极大的视野或极高的精度时就需要用激发装置多次激发相机，进行多次拍照，再将所拍下的多幅“条”形图像，合并成一张完整的大图。

两种相机相比，面阵相机每行的像元数较多，而总像元数较少，像元尺寸比较灵活，帧幅数高，适用于一维动态目标的测量。

5. 缺点对比

面阵相机：由于生产技术的制约，单个面阵的面积很难达到一般工业测量现场的需求。

线阵相机：要用线阵获取二维图像，必须配以扫描运动，而且为了能确定图像每一像素点在被测件上的对应位置，还必须配以光栅等器件以记录线阵每一扫描行的坐标。一般看来，这两方面的要求导致用线阵获取图像有以下缺点：图像获取时间长，测量效率低；由于扫描运动及相应的位置反馈环节的存在，增加了系统复杂性和成本；图像精度可能受扫描运动精度的影响而降低，最终影响测量精度。

4.5 工业相机相关的基本参数

1. 视野

视野通常称为场景，即相机所能看到的现实世界的物理部分。

2. CCD 或 CMOS 芯片

芯片是相机的核心部分，是由一组矩阵型的元素组成的，它的功能是将光信号转换成电信号，经处理后成为图像信号。CCD 芯片的功能类似胶卷成像过程中胶片的功能。它是一组感光元件，当外部信号发生变化时，它本身也会随之发生一些反应，产成成效。CMOS 是由一组矩阵元素组成的，单位为 pixels，主要的功能就是将光信号转换成电信号，所以图 4–6 表现了这个成像的过程。

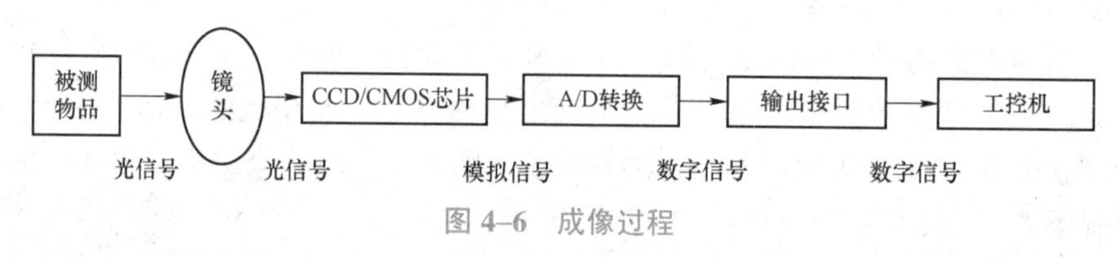

图 4–6　成像过程

图像的成像过程：被检物品反射光线，经过工业镜头折射在感光传感器上（CCD 或 CMOS）产生模拟的电流信号，此信号经过模数转换器转换至数字信号，然后传递给图像处理器，从而得到图像，然后通过工业相机通信接口，传入计算机中，以方便后续图像处理分析。

CMOS 和 CCD 一样属于图像传感器，它们的区别有以下几个：

（1）信号的读出过程不同，CCD 是通过一个或几个节点统一读出像素，COMS 通过单个像素同时读取，因此 CCD 的一致性更好。

（2）集成性 CCD 更复杂。

（3）COMS 的读取速度更快。

（4）CCD 技术更成熟，噪声少，成像质量更好。

3. 像素

感光元件上的基本感光单元，即相机识别的图像上的最小单元。

4. 分辨率

摄像头每次采集图像的像素点数，通常情况下以长乘以宽表示。

如图 4–7 所示分辨率为 640×480 的相机，640 是（长）方向上像素的个数，而 480 则是（宽）方向上像素的个数，所以可以通过用长乘以宽来表示其相机的分辨率。同样，也可以用其乘积总数来表现，如 640×480 就是 0.3 M 像素，1 600×1 200 的是 2 M 像素。像素分辨率越高，能分割的点数就越多，对细节的描述就会更细腻。分辨率就是分割的像素数量，是相机性能的一个重要参数。

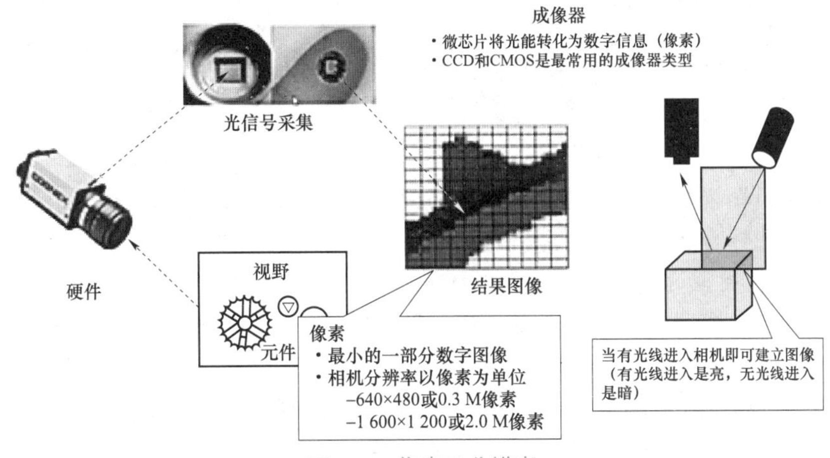

图 4–7 像素及分辨率

5. 像元尺寸

像元大小和像元数（分辨率）共同决定了摄像头靶面的大小。目前，像元尺寸一般为 3～10 μm。像元尺寸越小，则制造难度越大。

6. 灰度值

像素在图片上代表不同坐标位置和亮度信息。即把白色与黑色之间按对数关系分成若干级，称为“灰度等级”。其范围一般为 0～255，白色为 255，黑色为 0。图 4–8 中所示条形码照片的最终成像，就是由不同的数字组成的像素，即不同灰阶的像素组成的，方便使用计算机进行处理。

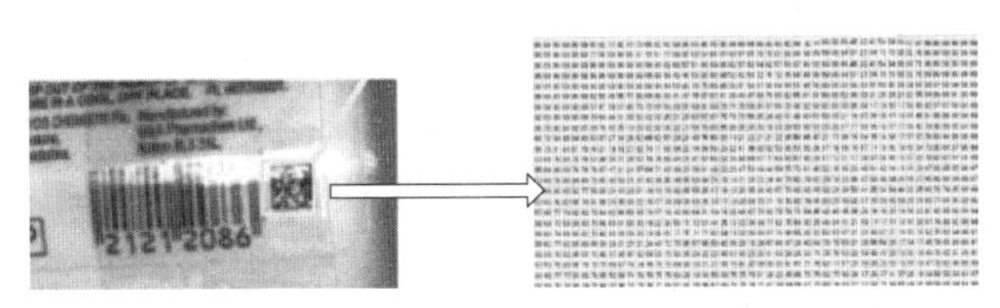

图 4–8 灰度值

7. 帧率

相机采集传输图像的速率，对于面阵相机，一般为每秒采集的帧数（帧/s）；对于线阵相机，一般为每秒采集的行数（Hz）。

8. 曝光方式

（1）全局曝光：光圈打开后，整个芯片像元同时曝光（理论上最短的曝光时间）。

（2）卷帘曝光：光圈打开后芯片像元按原顺序逐行曝光（曝光时间最短但是整体曝光时间变长，如果是移动图像，则会出现影像模糊的现象）。

9. 像素深度

像素深度即每像素数据的位数，一般常用的单位是 8 bit，对于数字摄像头一般还会有 10 bit 和 12 bit 等。

4.6 相机的选型

工业相机是机器视觉系统中的一种关键组件，一般安装在机器流水线上，代替人眼来进行测量和判断，选择合适的相机也是机器视觉系统设计中的重要环节。

1. 相机的信号类型选择

模拟信号通常分辨率较低，容易受干扰，性价比低；数字信号不易受干扰，性价比高。

2. 分辨率的选择

首先，考虑待观察或待测量物体的精度，根据精度选择分辨率。相机像素精度=单方向视野范围大小/相机单方向分辨率，则相机单方向分辨率=单方向视野范围大小/理论精度。若单视野长度为 5 mm，理论精度为 0.02 mm，则单方向分辨率=5/0.02=250（dip），然而，为增加系统稳定性，不会只用一个像素单位对应一个测量/观察精度值，一般可以选择倍数 4 或更高的值。这样该相机需求单方向分辨率为 1 000 dip，选用 130 万像素（1 280 × 960）。

其次，看工业相机的输出，若是体式观察或机器软件分析识别，高分辨率对拍摄效果是有帮助的；若是 VGA 输出或 USB 输出，在显示器上观察，则还依赖于显示器的分辨率。工业相机的分辨率再高，显示器分辨率不够，也是没有意义的；利用存储卡或拍照功能，工业相机的分辨率高对其拍摄效果是有帮助的。

3. 芯片的选择

运动的物体选择 CCD，也可以选用全局曝光 CMOS 模式；目前高品质的 CMOS 已经完全可以取代 CCD 的功能；CMOS 性价比较高；

4. 彩色/黑白相机的选择

（1）若工艺与颜色相关，则选择彩色相机。

（2）一般建议选择黑白相机，同样分辨率的相机黑白要高于彩色相机。

5. 帧率的选择

尽可能选取静止检测，这样整个项目成本都会降低很多，但是会带来检测效率的下降，对于运动物体，选用帧曝光相机，行曝光相机则会引起画面变形，对于具体帧率的选择，不应盲目选择高速相机，虽然高速相机帧率高，但是一般需要外加强光照射，带来巨大的高成本以及图像处理速度要求方面的压力，需要根据相对运动速度，在检测区域内能捕捉到被测物，如观测长度方向 1 m 的视野，被测物以 10 m/s 的运动速度穿过视野，只需要 10～12 帧/s 的速度就完全可以捕捉到被测物，但若以同样速度穿过 0.1 m 的视野，则需要 100～120 帧/s 速度的相机。

6. 线阵/面阵相机的选择

对于静止检测或者一般低速的检测，则应优先考虑面阵相机，对于大幅面高速运动或者滚轴等运动的特殊应用考虑使用线阵相机。

7. 接口的选择

USB2.0/3.0、CamerLink、GIGE 千兆网口。

8. 尺寸的选择（图 4-9）

芯片尺寸需要小于或等于镜头尺寸，C 接口或 CS 接口安装座也要匹配。

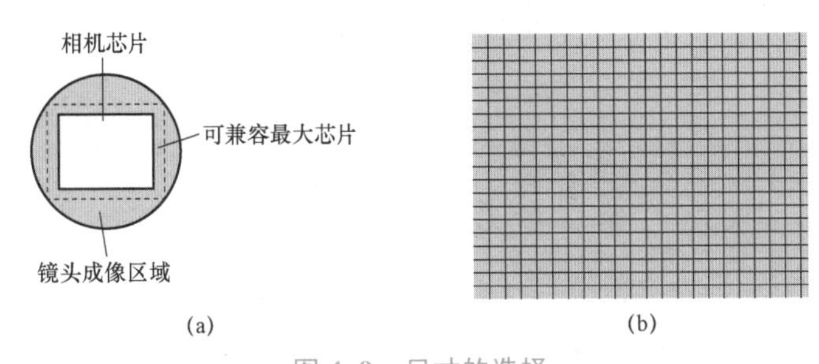

图 4-9　尺寸的选择

（a）相机芯片与可兼容芯片；（b）有效影像区

9. 性价比的选择

从不同品牌和不同型号中选择性价比最高的产品。

习　题

习题答案

一、填空题

1. CCD 即感光元器件，它由一组矩阵式元素组成，其功能是将光信号转化为__________。

2. 光在感光元件上进行感光的过程称为__________。

3. 相机所能看到的最小特征（即图像的最小单位）即为一个_________，每个像素所代表的实际尺寸称为__________。

4. 8 位黑白相机的灰度等级为__________级。

5. CCD 即感光元器件是由一组矩阵式的_________组成，它的功能是将光信号转换成__________。

二、简答题

简述 CCD 的成像过程并比较 CCD 与 CMOS 的优劣。

5 VisionPro 软件的安装及基本操作

VisionPro 软件安装及其基本操作

学习内容

（1）完成 VisionPro 软件的安装并激活。
（2）掌握 VisionPro 软件的基本操作。

5.1 VisionPro 软件的安装

目前，工业领域常用的机器视觉软件有 Halcon、VisionPro、LabView、EVision、HexSight、SherLock 等。康耐视（Cognex）VisionPro 软件最新版本已更新至 9.2CR1 版本，不过必须配合硬件加密狗才能正常使用。

1. 软件的安装步骤

（1）软件安装前应根据 Windows 版本（32 bit 或者 64 bit）选择对应的安装软件，本例以 VisionPro_9_0_CR2_64–bit 版本进行安装讲解。

（2）安装前，关闭防火墙、杀毒软件，选择下载完毕的安装包，右键单击进行解压。

（3）解压后，在运行安装目录下找到 setup.exe 文件并双击开始安装，出现如图 5–1 所示 VisionPro 软件安装欢迎界面后，单击“下一步”按钮。

（4）在弹出如图 5–2 所示 VisionPro 软件安装初始化界面中，单击“下一步”按钮。

（5）在弹出的如图 5–3 所示的许可证协议界面中，选择“我接受该许可证协议中的条款（A）”，单击“下一步”按钮。

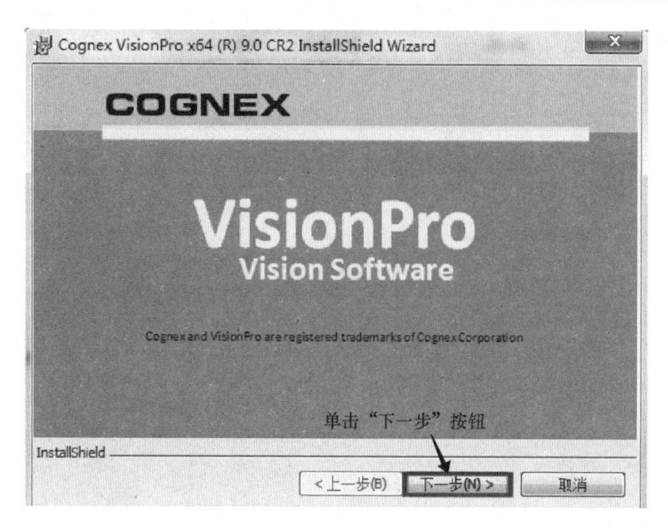

图 5–1　VisionPro 软件安装欢迎界面

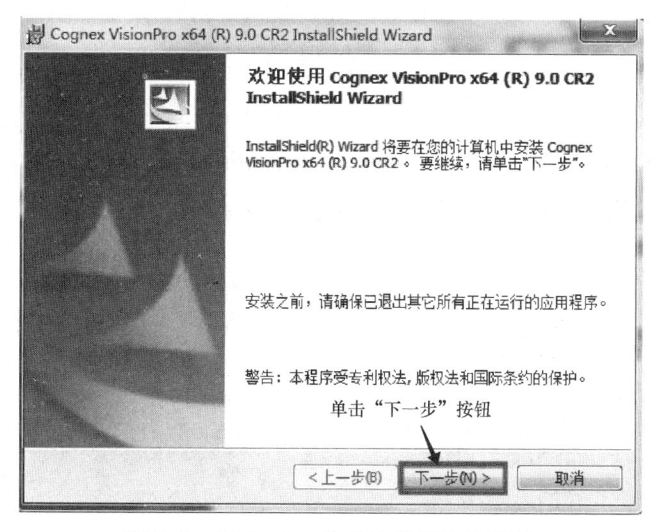

图 5–2　VisionPro 软件安装初始化界面

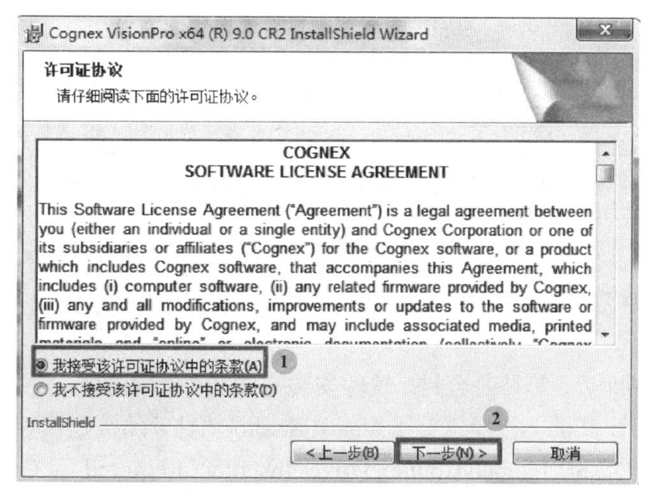

图 5–3　VisionPro 软件许可证协议界面

（6）在弹出的如图 5–4 所示的用户信息界面中，用户姓名和单位可以不作更改，直接单击“下一步”按钮。

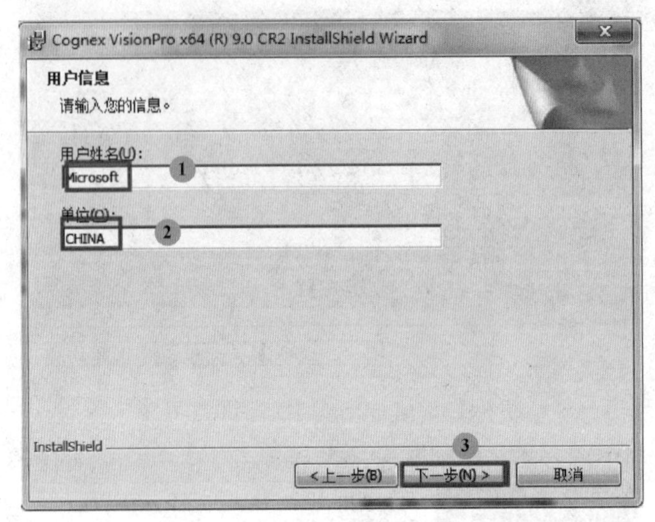

图 5–4　VisionPro 软件用户信息界面

（7）在弹出的如图 5–5 所示的 VisionPro 安装路径界面中，可以选择默认路径“C:\Program Files\Cognex\”进行安装，也可依据个人需要更改安装路径，然后单击“下一步”按钮。

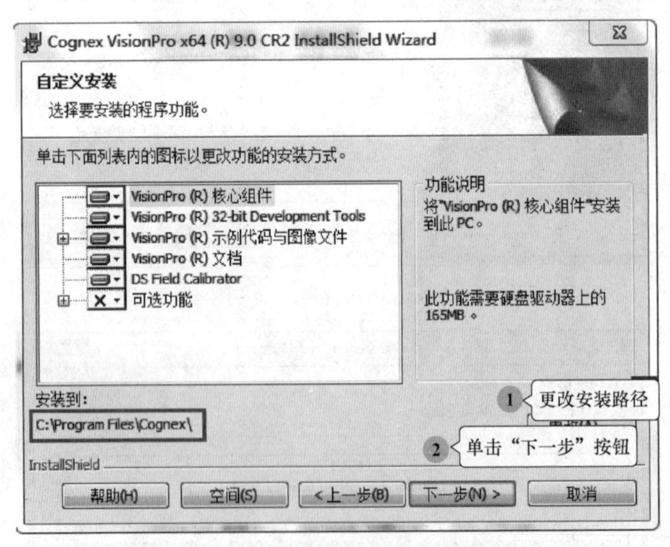

图 5–5　VisionPro 软件安装路径界面

（8）在弹出的如图 5–6 所示的 VisionPro 软件安装界面进行软件安装，单击“安装”按钮。

（9）进入安装界面后，等待几分钟，软件安装完成后弹出如图 5–7 所示的 VisionPro 软件安装完成界面。如果计算机上已经安装了 Visual Studio 软件，那么建议勾选“在 Visual Studio 中安装 VisionPro 控件”和“Launch Cognex Driver Installer（Required for Cognex frame grabber，Communication Card，or direct-connect camera.)”复选框，然后单击“完成”按钮。

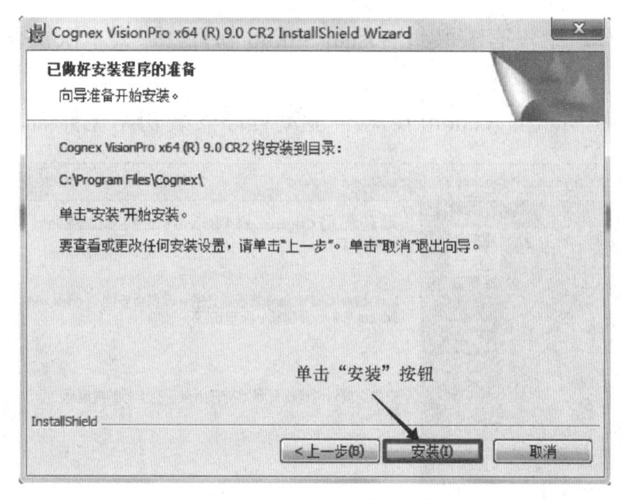

图 5–6 VisionPro 软件安装界面

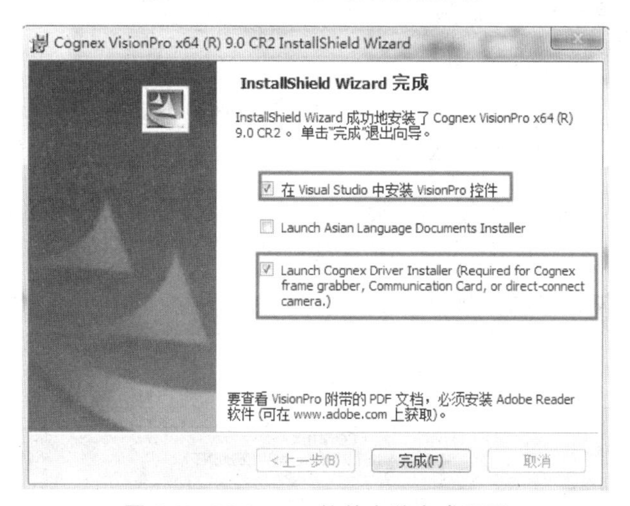

图 5–7 VisionPro 软件安装完成界面

2. VisionPro 控件和 Cognex 驱动程序的安装

（1）弹出如图 5–8 所示的 VisionPro 软件控件安装完成界面，单击“Close”按钮，完成

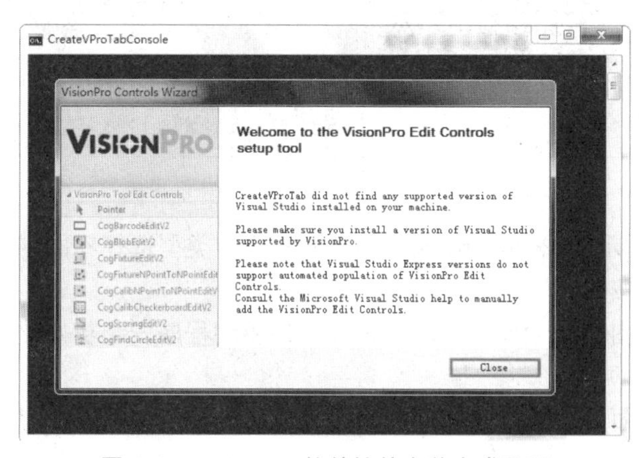

图 5–8 VisionPro 软件控件安装完成界面

控件的安装。如果计算机上没有安装过 Visual Studio 软件，那么本次操作将跳过 VisionPro 控件的安装过程。

（2）弹出如图 5–9 所示的 VisionPro 软件驱动程序安装初始化界面，单击“下一步”按钮。

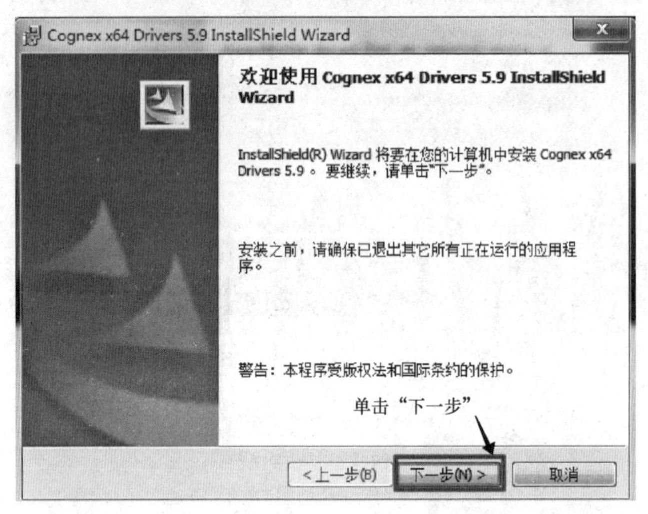

图 5–9　VisionPro 软件驱动程序安装初始化界面

（3）在如图 5–10 所示的 VisionPro 软件驱动程序安装许可协议界面，选择“我接受该许可证协议中的条款（A）”，单击“下一步”按钮。

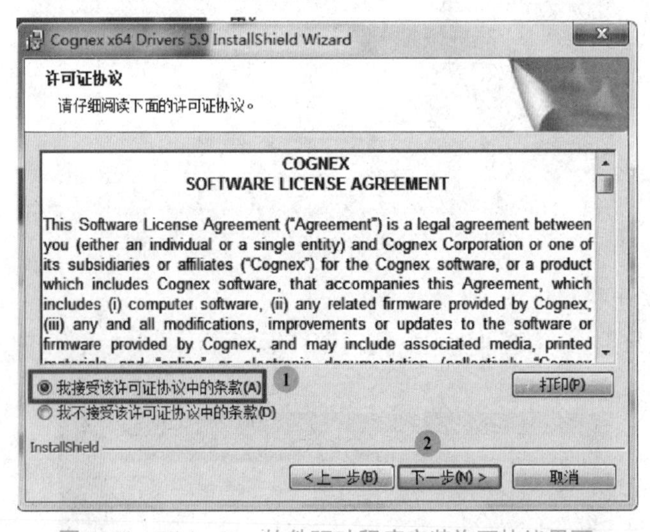

图 5–10　VisionPro 软件驱动程序安装许可协议界面

（4）在图 5–11 所示的 VisionPro 软件驱动程序安装类型选择界面中，选择“完整安装”，然后单击“下一步”按钮。

（5）在弹出的如图 5–12 所示的 VisionPro 软件驱动程序安装初始化界面中，单击“安装”按钮。

（6）进入安装界面后，等待几分钟，安装完成后，显示如图 5–13 所示的 VisionPro 安装完成界面，单击“完成”按钮。

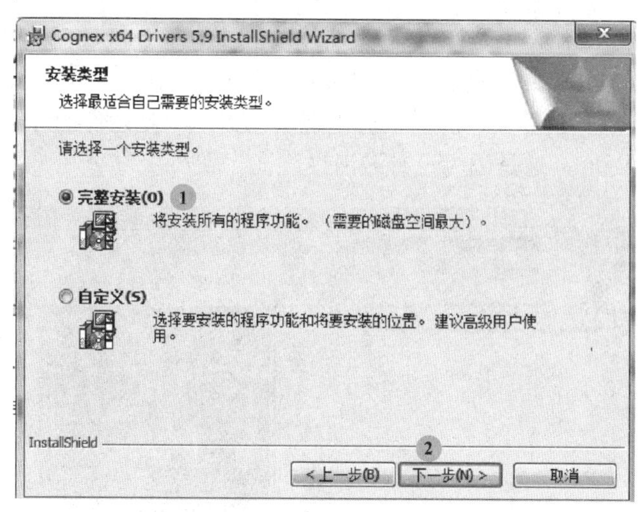

图 5-11 VisionPro 软件驱动程序安装类型选择界面

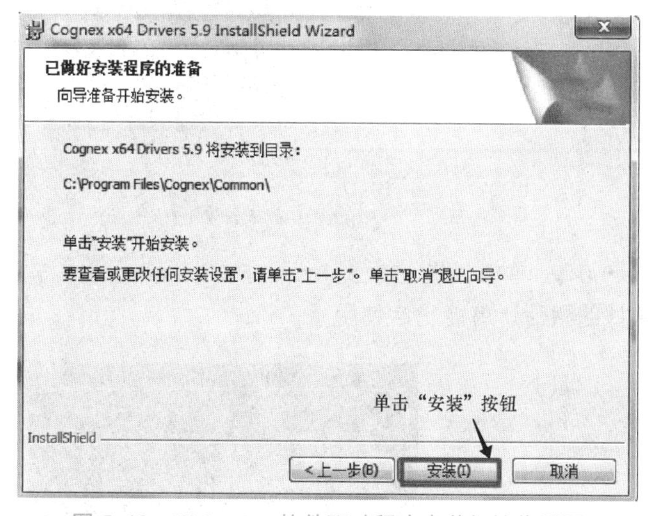

图 5-12 VisionPro 软件驱动程序安装初始化界面

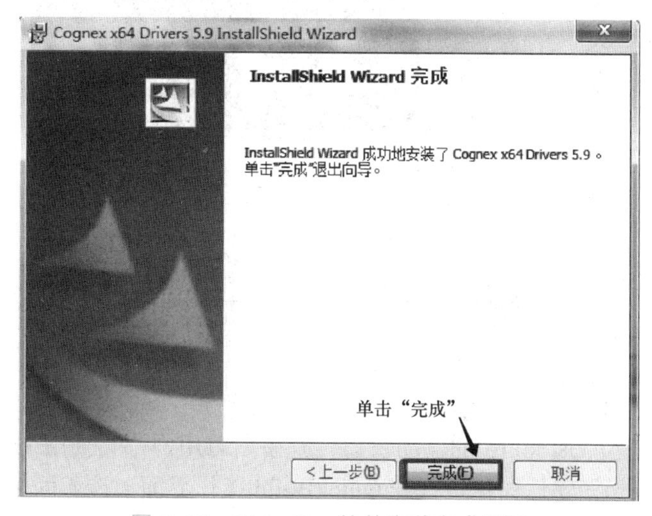

图 5-13 VisionPro 软件安装完成界面

3. 激活 VisionPro 软件

（1）双击“VisionPro”软件图标，打开如图 5-14 所示的 QuickBuild 操作界面，双击“CogJob1”进入作业编辑器界面，界面上会出现灰色提示“此控件的许可证位未启用。请与 Cognex 联系以寻求协助”，这是因为没有激活许可证。

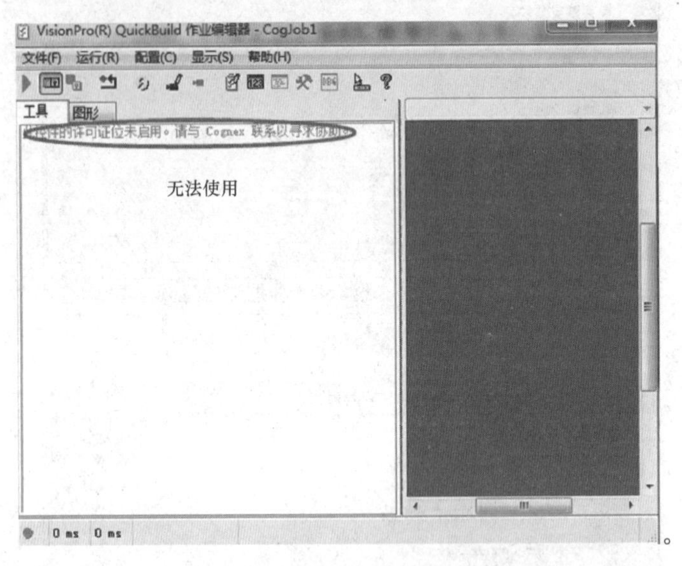

图 5-14 QuickBuild 操作界面

（2）双击“Vpro.9.0”，弹出如图 5-15 所示的 VisionPro 9.0 软件激活界面，单击“Activation”完成软件的激活，就能正常使用了。

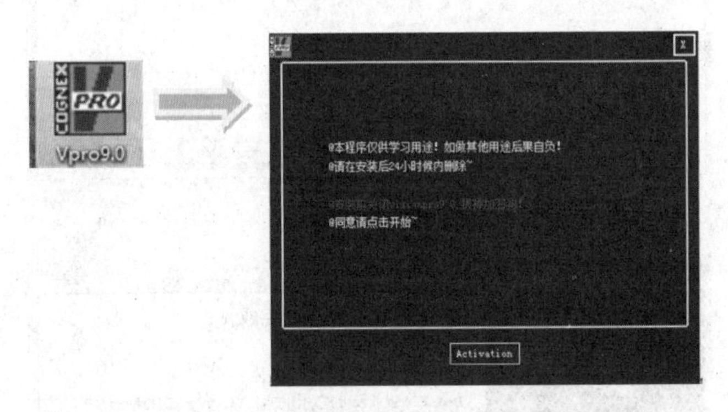

图 5-15 VisionPro 9.0 软件激活界面

5.2 VisionPro 软件的基本操作

1. QuickBuild 操作界面

QuickBuild 是进入 VisionPro 的互动窗口，几乎所有用户都会使用 QuickBuild 构建应用程序。双击“VisionPro”软件图标，打开 QuickBuild 操作界面，该界面可以分为应用程序名称、菜单栏、工具栏、程序设计区域、导航器五部分，如图 5–16 所示。

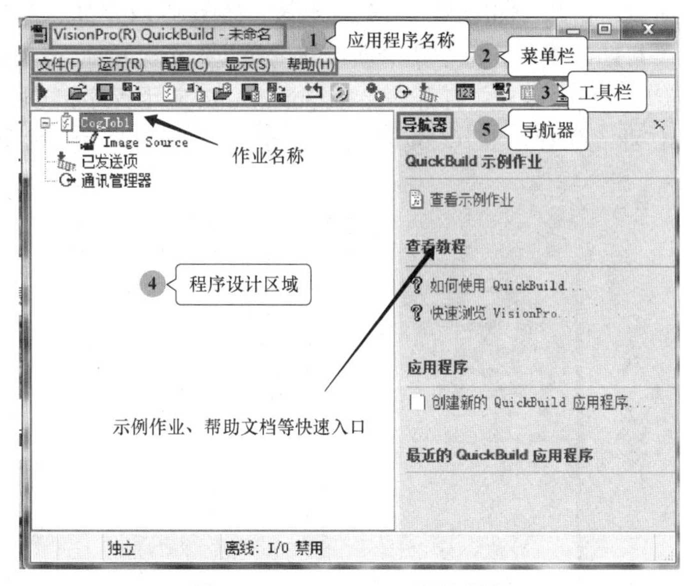

图 5–16 QuickBuild 操作界面

每个 QuickBuild 应用程序至少包含一个空的作业名称 CogJob，也有不少视觉项目需要多个 CogJob 来完成视觉任务。每个 CogJob 都可以配置 QuickBuild 所支持的相机作为图像源，对于多个 CogJob 的视觉应用，可以配置不同的相机作为图像源，也可以在 CogJob 中选择存储在计算机上存储的 Image 作为图像源。

（1）应用程序名称。

应用程序名称一般根据建立项目对该应用程序进行命名。在一个项目里可以同时有多个作业编辑器 CogJob。一个 QuckBuid 中最多可以添加 8 个 CogJob，多个 CogJob 并行执行。如图 5–17 所示，单击 中的“Quick Build 应用程序另存为”选项，可以保存文件，将该作业编辑器命名为“QuckBuid–计算器按键缺失检测.vpp”。

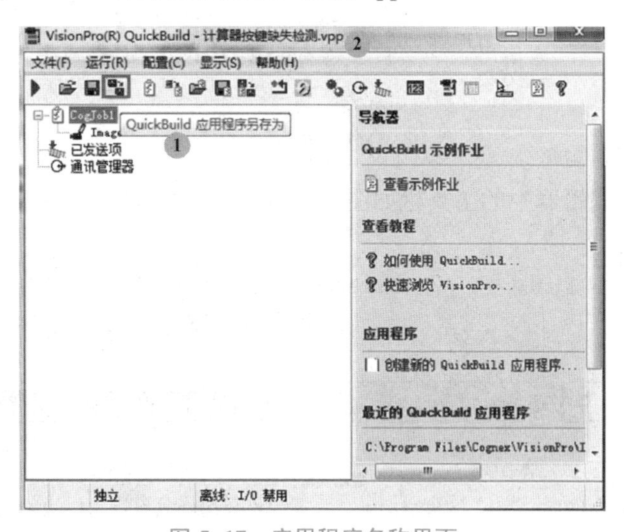

图 5–17 应用程序名称界面

（2）菜单栏。

菜单栏显示了所有可用的 VisionPro 9.0 软件命令，如图 5–18 所示，包含“文件”“运行”“配置”“显示”和“帮助”菜单。每个菜单项中都包含若干个菜单命令，分别执行不同的操作，例如“文件”菜单中包含新建、打开、保存 QuickBuild 应用程序和 QuickBuild 应用程序另存为（A），打开作业、保存作业（CogJob1）、作业（CogJob1）另存为及导入 ToolGroup 等菜单命令。

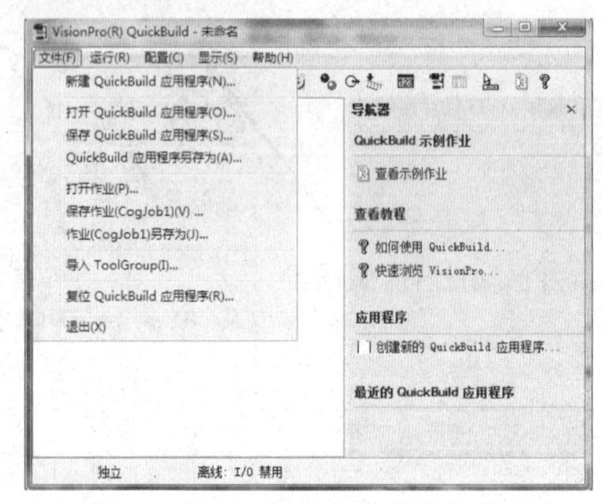

图 5–18 VisionPro 9.0 软件菜单栏

（3）工具栏。

QuickBuild 标准工具栏包括单次运行 QuickBuild、打开 QuickBuild、保存 QuickBuild 以及新建 CogJob、保存 CogJob 等基本操作，如图 5–19 所示。

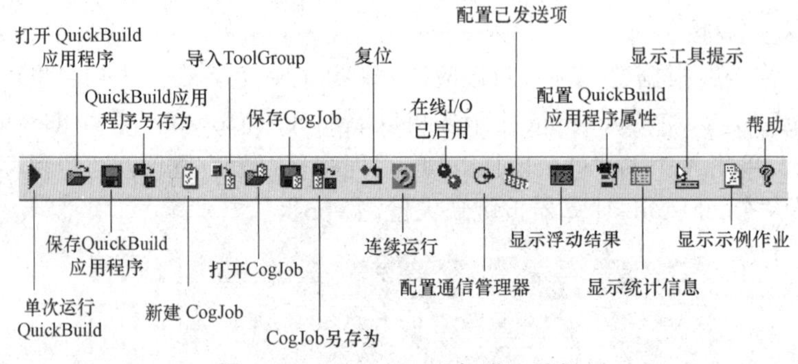

图 5–19 QuickBuild 标准工具栏

QuickBuild 作业编辑器中的工具栏如图 5–20 所示，有单次运行作业、本地显示、浮动显示等基本操作。

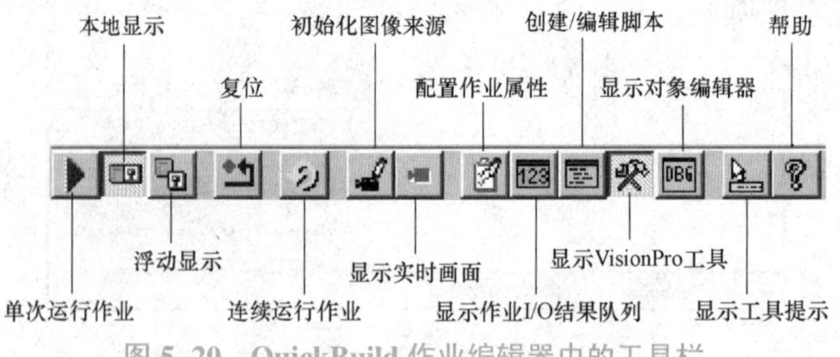

图 5–20 QuickBuild 作业编辑器中的工具栏

其中，用得最多的是显示 VisionPro 工具，单击该工具，其显示界面如图 5–21 所示。在该界面上可以打开工具箱，通过“双击”或者“拖拽”工具箱里的工具，将工具添加到程序设计区。工具是一种 VisionPro 对象，在指定图像上进行具体的分析。

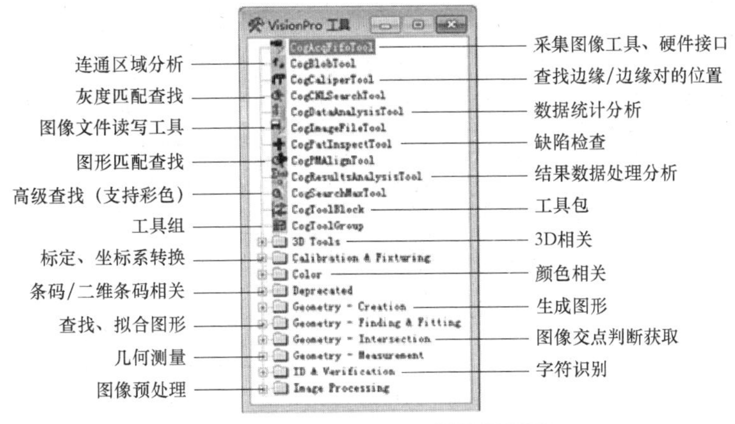

图 5–21 VisionPro 工具显示界面

（4）程序设计区域。

在该区域可以双击打开 CogJob，并在其中进行视觉程序设计。CogJob 又称“作业编辑器”，在该界面中可以打开工具箱，“双击”或者“拖拽”工具箱里的工具，将工具添加到程序设计区，如图 5–22 所示。

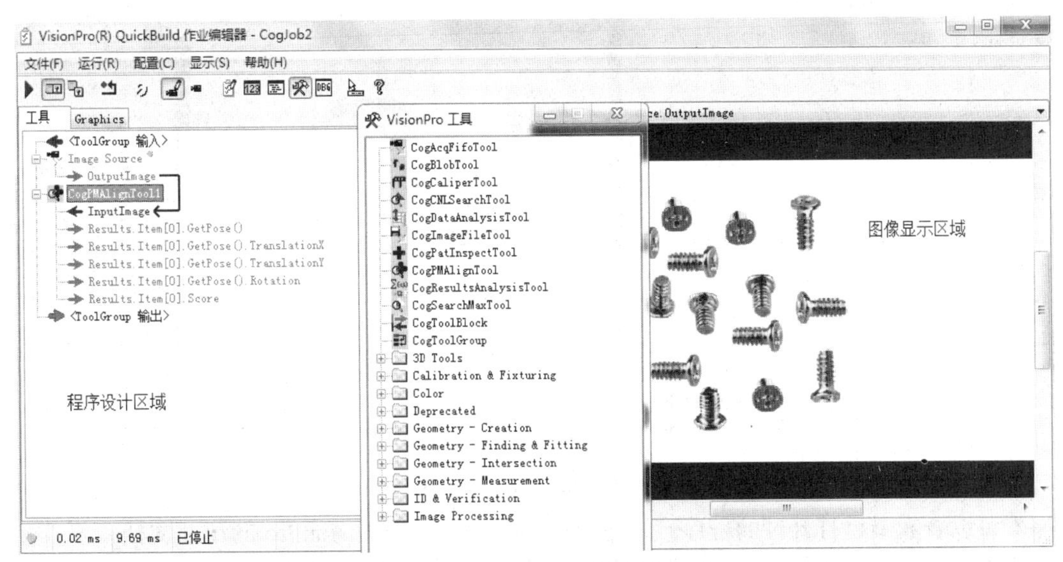

图 5–22 QuickBuild 程序设计区

每个 Job 都有一个提供图像的像源，在这些像源上运行一些视觉工具的组合；工具是一种 VisionPro 对象，在指定的图像上进行具体的分析。

（5）导航器。

可以通过“查看示例作业”查看界面 VisionPro 软件的学习范例。如图 5–23 所示，单击“打开示例作业”，双击“找圆工具”，将该范例添加到 QuickBuild 中。

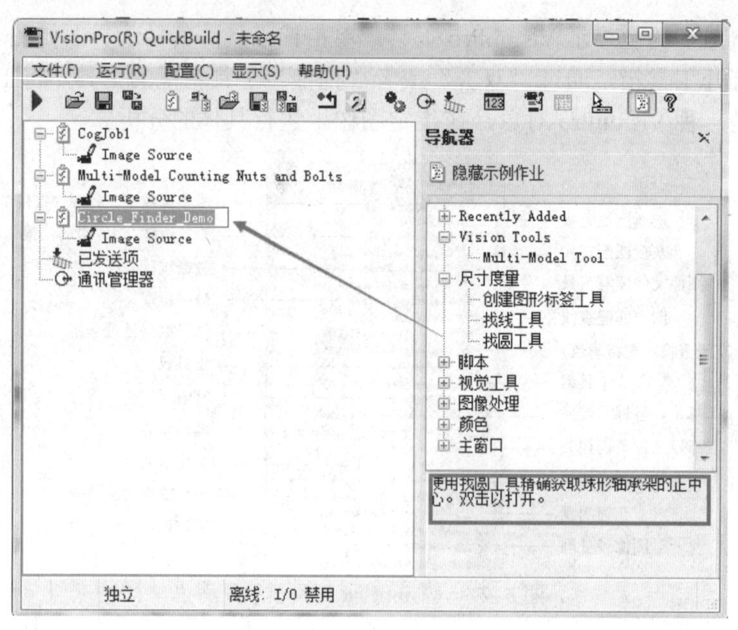

图 5–23 示例作业查看界面

双击“Circle_Finder_Demo”可以打开该范例并查看运行效果，如图 5–24 所示。

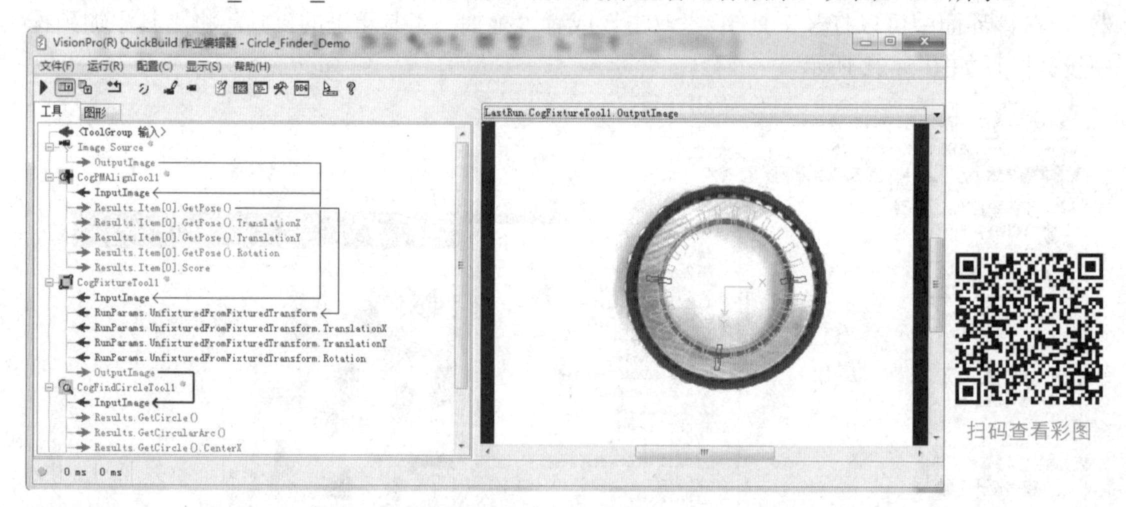

图 5–24 示例作业查看运行效果

通过导航器中的“应用程序”创建新的 QuickBuild 程序；通过“最近的 QuickBuild 应用程序”可以查看最近打开过的程序；通过“查看教程”查看 VisionPro 的帮助文档。

2. CogJob、ToolBlock 加载图像、加载工具、删除和保存基本操作

（1）加载图像。

CogJob、ToolBlock 中的加载图像有三种方式：加载文件、加载文件夹、相机取像，支持的图像格式有.idb，.cdb，.bmp，.tif。双击“Image Source”，从本地加载图片，单击“选择文件”按钮，在路径“C:\Program Files\Cognex\VisionPro\Images”下选择“棋盘标定板.bmp”文件，图像数据库界面如图 5–25 所示。

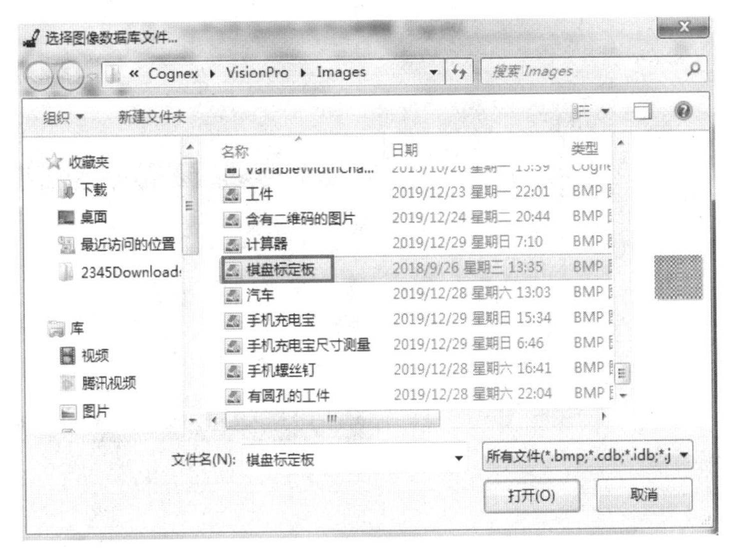

图 5–25　图像数据库界面

单击“打开”按钮，完成图像加载；同样，可以选择文件夹，加载文件夹内的图片；若连接上相机，也可以从相机中直接采集图像，但需要改变图像的灰度。单击“单次运行”按钮，在右侧图片显示区中可看到加载的图片，如图 5–26 所示。

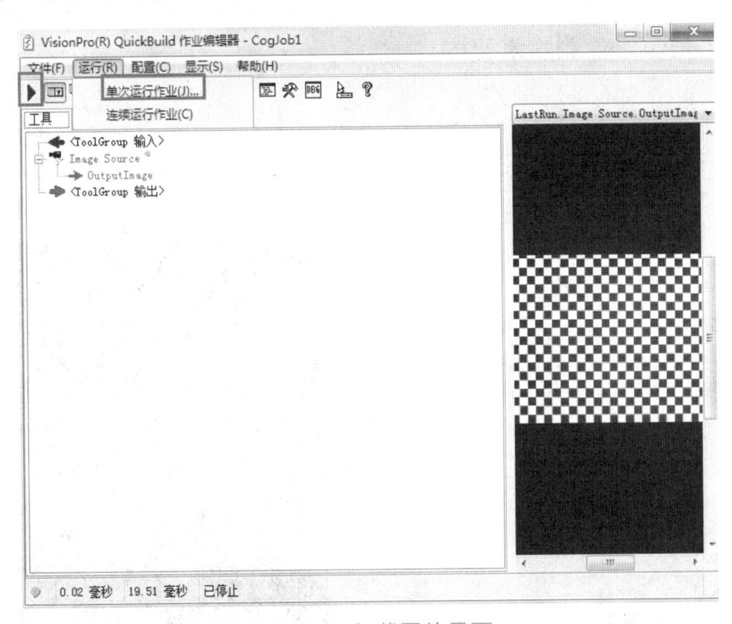

图 5–26　加载图片界面

（2）加载工具。

完成图片加载后，打开工具箱，工具添加界面如图 5–27 所示。双击“工具”或者采用拖拽的方式添加工具。VisionPro 工具可以通过拖拽的方式调整顺序，工具组一般有两种端口，即为输入端和输出端，并且可以通过拖拽方式连接终端，传递数据。

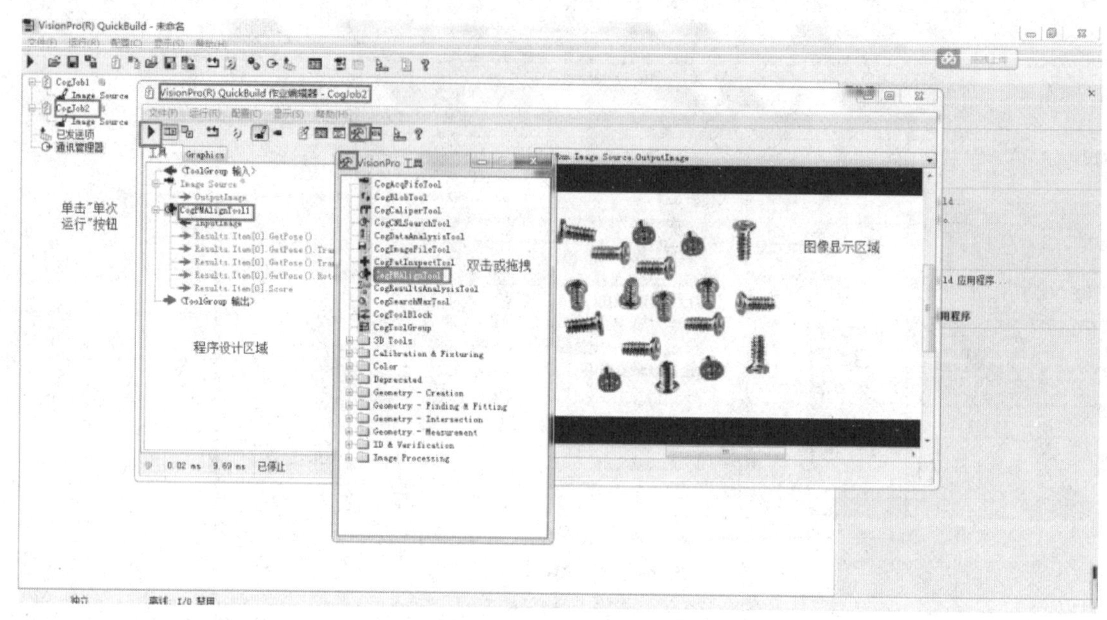

图 5–27　工具添加界面

（3）单击“删除”选项，可以删除工具。

图 5–28 为工具删除界面，选择待删除的工具，右击后在快捷菜单中单击“删除”选项，确认删除，单击“是（Y）”删除该工具。

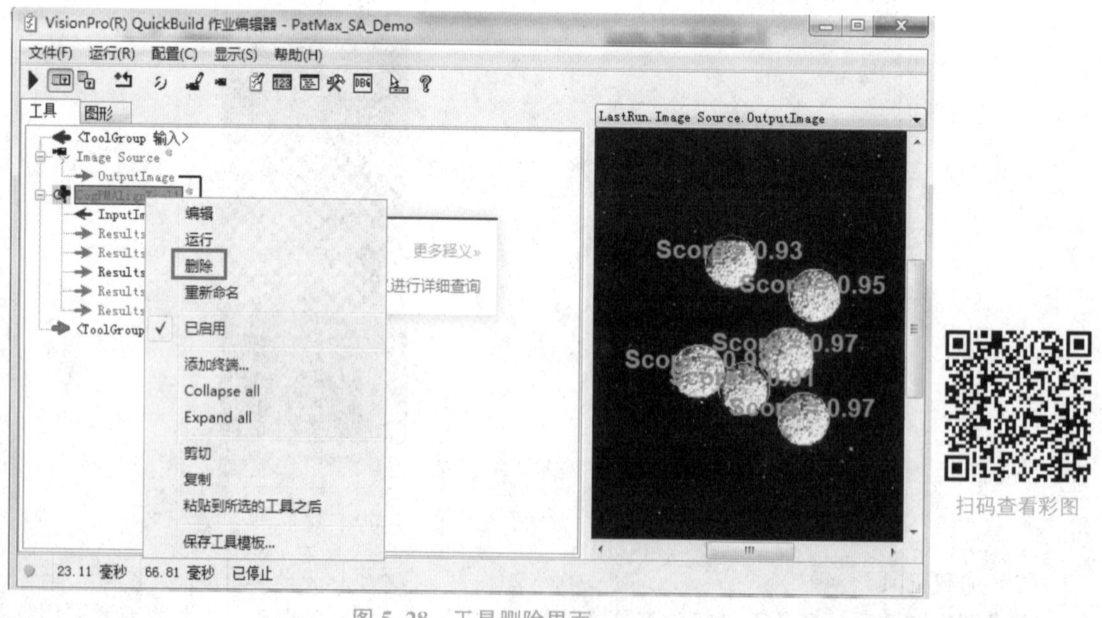

图 5–28　工具删除界面

（4）文件保存。单击“QuickBuild 应用程序另存为”选项可以保存文件。将视觉工具的当前属性保存至新的 VisionPro 固有（*.vpp）文件中，如图 5–29 所示。

图 5–29 保存文件

习 题

习题答案

一、填空题

1. VisionPro 软件中可以加载图像的工具有________。

2. VisionPro 软件可以加载的图像格式有________。

3. PatMax 算法的训练图像中，绿色的线条表示________特征，黄色的线条表示________特征。

4. CogPMAlignTool 是基于________模板而不是基于像素灰度值的模板匹配工具，支持图像的 ________与________。

二、选择题

1. VisionPro 工具支持的图像类型包括（　　）。

A. .idb 和.cdb　　B. .png　　C. .tif　　D. .jpg

2. 影响检测精度的因素有（　　）。

A. 图像质量　　B. 相机分辨率　　C. 视觉工具　　D. CCD 芯片尺寸

3. VisionPro 工具库中（　　）是 CogFixtureTool 的作用。

A. 抓圆工具　　B. 计算距离　　C. 建立坐标空间　　D. 设定矩形搜索范围

工具的运用

（1）了解工具的功能原理。

（2）掌握工具的使用方法。

VisionPro 工具的运用

6.1　基础工具

1. CogPMAlignTool 模板匹配工具

功能原理：该工具基于模型图像特征为模型定位，训练模型后，在运行图像上可查询一个或者多个已被训练的模型，使运行速度比基于像素栅格的查询要快速且精确。

工具 1 号

操作步骤如下：

（1）双击图片源（Image Source），如图 6–1 所示。

VisionPro(R) QuickBuild 作业编辑器 - CogJob1
文件(F)　运行(R)　配置(C)　显示(S)　帮助(H)
工具　图形
<ToolGroup 输入>
Image Source
OutputImage
<ToolGroup 输出>

图 6–1　双击图片源（Image Source）

（2）软件自带的图片资源库，路径为 C:\Program Files\Cognex\VisionPro\Images，打开图片包 bracket_std.idb 文件并加载图片，如图 6–2 所示。

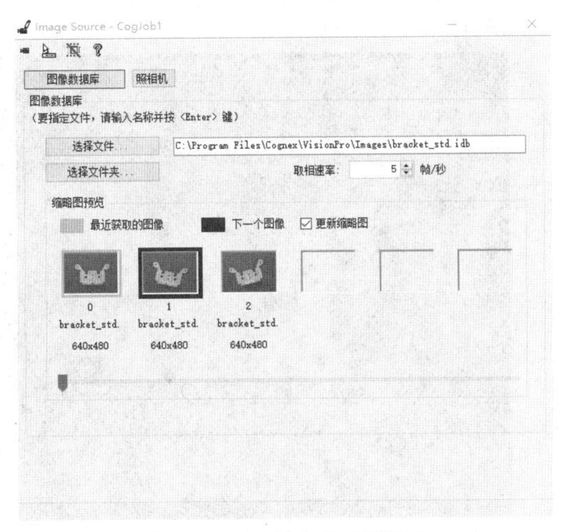

图 6–2　图片包加载界面

（3）单击“运行”，窗口右侧会显示加载图片包 bracket_std.idb，如图 6–3 所示。

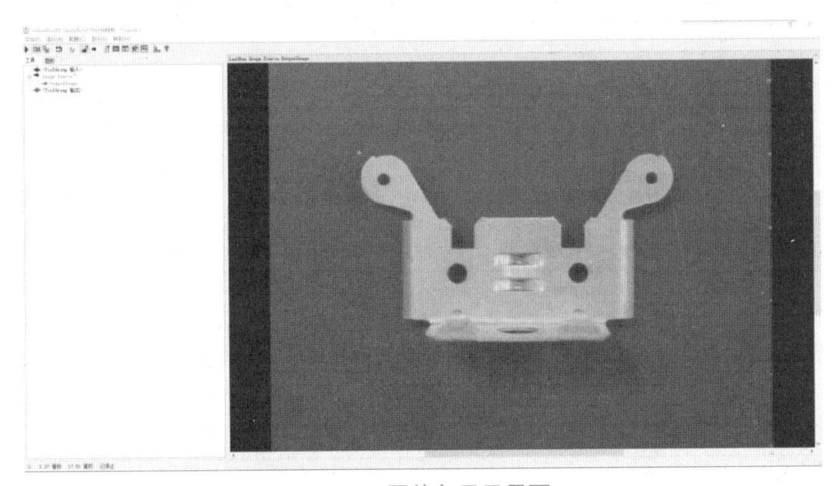
图 6–3　图片包显示界面

（4）建立模板，为图像模型选择一个特征区域，从工具栏中加载 CogPMAlignTool 模型定位工具，并将图片源输出端连接到特征匹配工具输入端上，拖拽链接，其结构链接如图 6–4 所示。

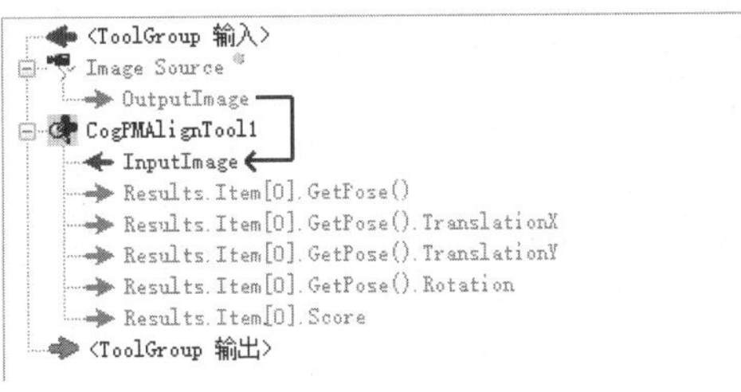

图 6–4　模板匹配工具结构链接

（5）双击进入 CogPMAlignTool 模型定位工具，进入编辑界面，选择“Current.TrainImage”训练模式，抓取训练图像，框选模型特征，如图 6–5 所示。

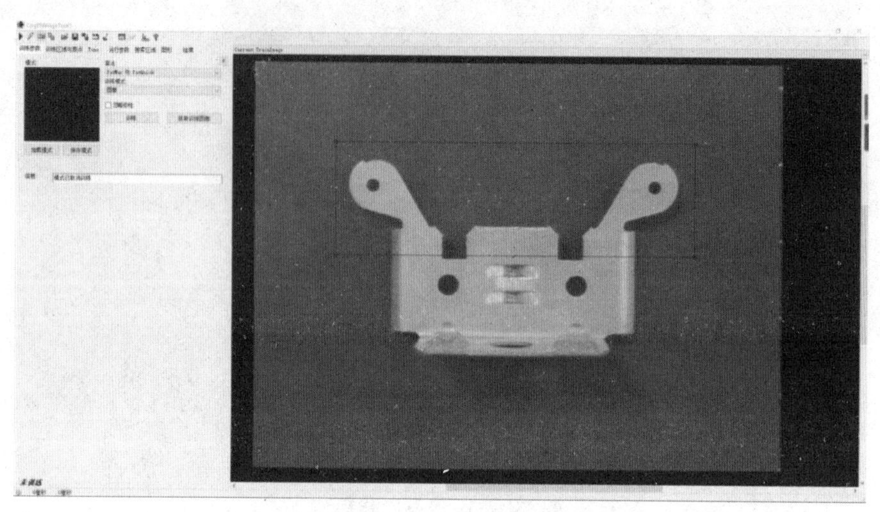

图 6–5　框选模型特征

（6）在训练区域与原点里设置中心原点，在运行参数里设置上下限角度，如图 6–6 和图 6–7 所示。

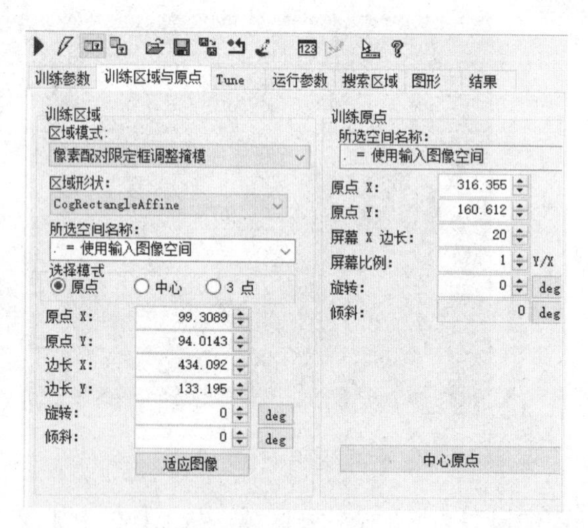

图 6–6　设置中心原点

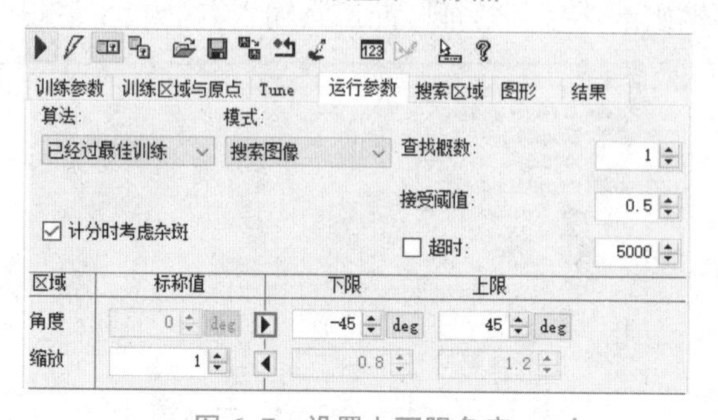

图 6–7　设置上下限角度

（7）选择 LastRun 再运算文件，可得特征区域模板，如图 6–8 所示。

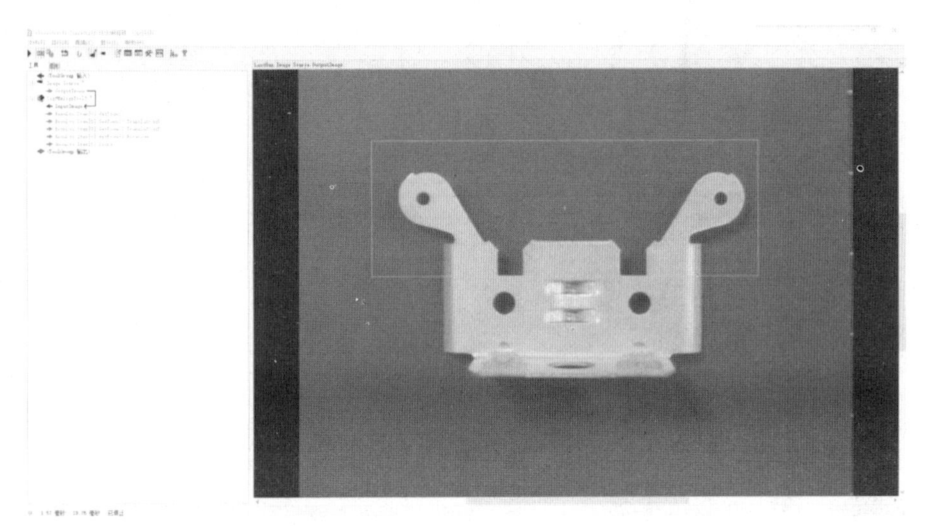

图 6–8 定位运算结果

2. CogFixtureTool 定位工具

功能原理：该工具是一种建立定位坐标系的工具，也是最常用的，在使用此工具建立定位坐标系之前，需要提前获得一个 2D 转换关系。2D 转换关系是通过其他工具获得的，如 CogPMAlignTool。

该工具的主要任务有两个：

（1）在坐标空间树中添加一个定位坐标系，需要设定该定位坐标系的名称。

（2）创建一个定位后的输出图像供其他工具调用，输出图像的像素和输入图像完全相同，但是坐标空间可以选择为定位空间或非定位空间。

工具 2 号

操作步骤如下：

（1）加载图像包并建立模型特征定位模板。

（2）从工具栏中加载 CogFixtureTool 工具并建立链接，其结构链接如图 6–9 所示。

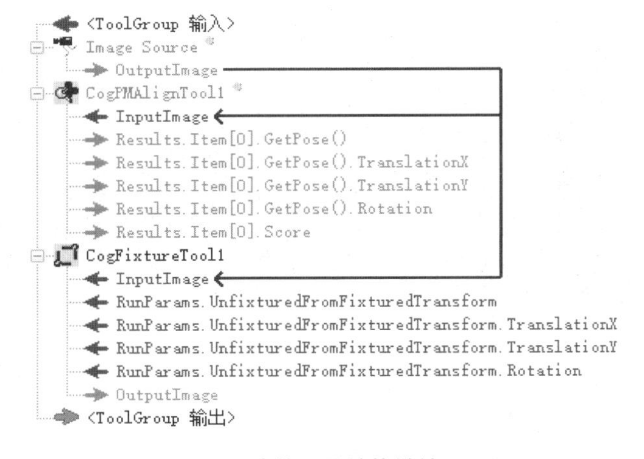

图 6–9 定位工具结构链接（一）

（3）将模型定位工具的中心点输出端连接到 CogFixtureTool 工具上作为用户坐标，如图 6–10 所示。

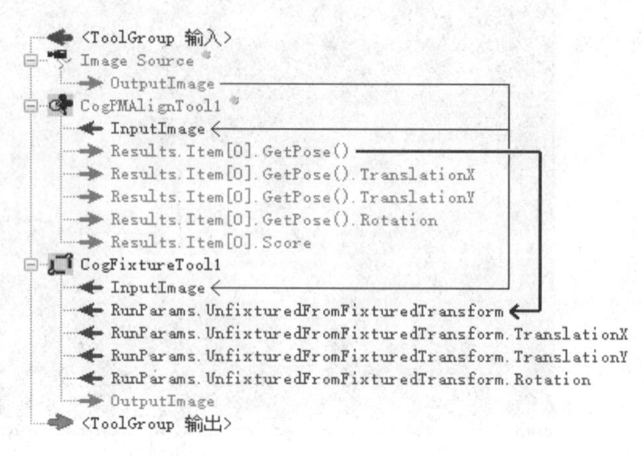

图 6–10　定位工具结构链接（二）

（4）选择 LastRun.CogFixtureTool1.OutputImage，然后单击“运行”，可得到用户坐标。CogFixtureTool 工具输出端上也包含了图片源信息以及用户坐标信息，其定位运算结果如图 6–11 所示。

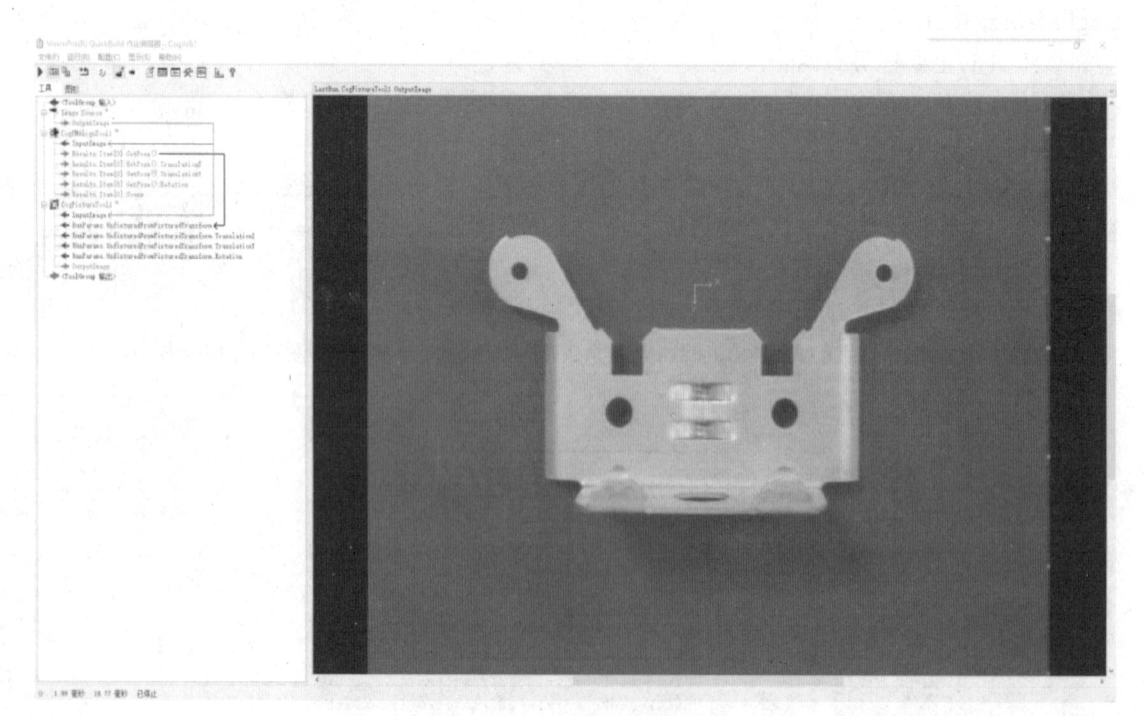

图 6–11　定位运算结果

6.2　几何形状查找与拟合工具

几何形状查找与拟合（Geometry–Finding & Fitting）工具见表 6–1。

表 6–1　几何形状查找与拟合工具

工具英文名称	工具中文含义
CogFindCircleTool	查找圆工具
CogFindCornerTool	查找边角工具
CogFindEllipseTool	查找椭圆工具
CogFindLineTool	查找线工具
CogFitCircleTool	拟合圆工具
CogFitEllipseTool	拟合椭圆工具
CogFitLineTool	拟合线工具

1. 常用工具一介绍：CogFindCircleTool

功能原理：该工具用来查找图像中的圆，并能获得圆心坐标，查到的圆、拟合圆用到的数据点等。其原理是：先用卡尺工具定位圆的边界点，然后将这些边界点拟合成一个圆。

工具 3 号

操作步骤如下：

（1）导入图片包、查找图像特征、建立特征坐标中心。

（2）从工具栏中加载 CogFindCircleTool 工具，并将定位工具输出端连接上该工具输入端，如图 6–12 所示。

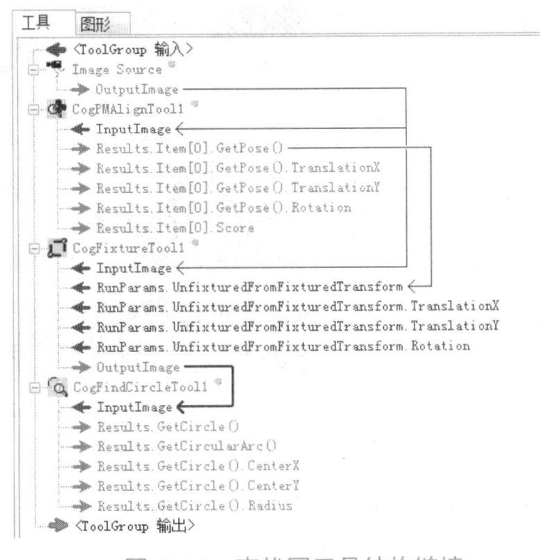

图 6–12　查找圆工具结构链接

（3）双击并打开 CogFindCircleTool 工具设置窗口，编辑右边窗口的蓝色控制器，查找到圆形图形，再设置卡尺参数，包括数量、搜索长度、投影长度、搜索方向、搜索极性，如图 6–13 和图 6–14 所示。

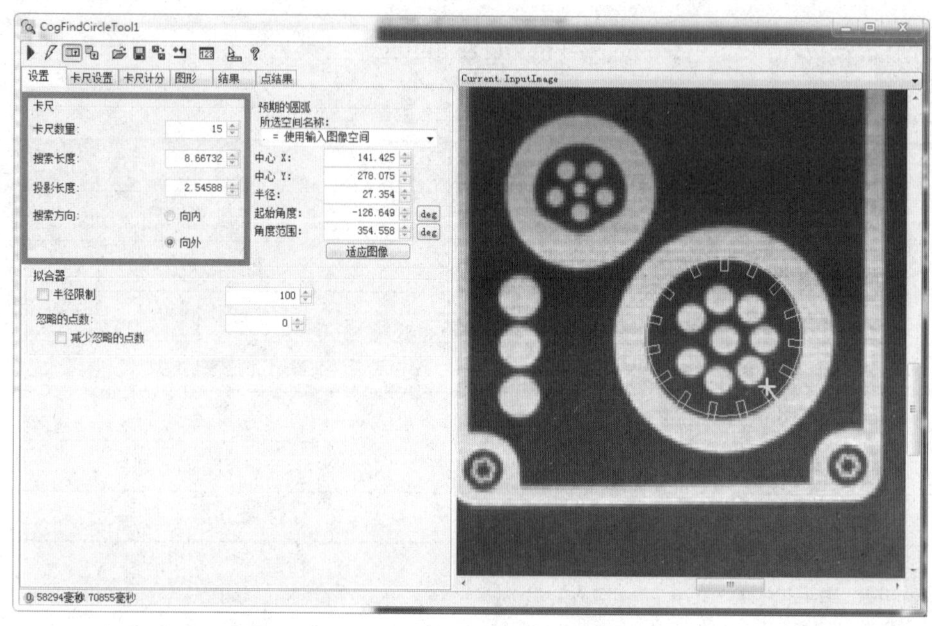

图 6–13　CogFindCircleTool 工具设置窗口

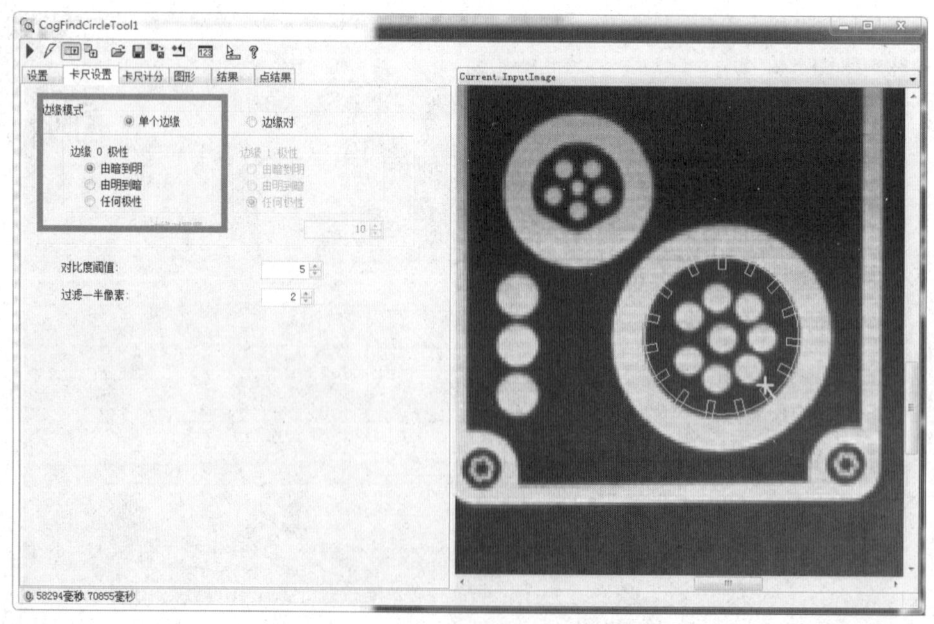

图 6–14　CogFindCircleTool 工具卡尺设置窗口

（4）选择“LastRun InputImage”，单击“运行”，控制器绿色状态代表成功查找到该图片的圆形，如图 6–15 所示。

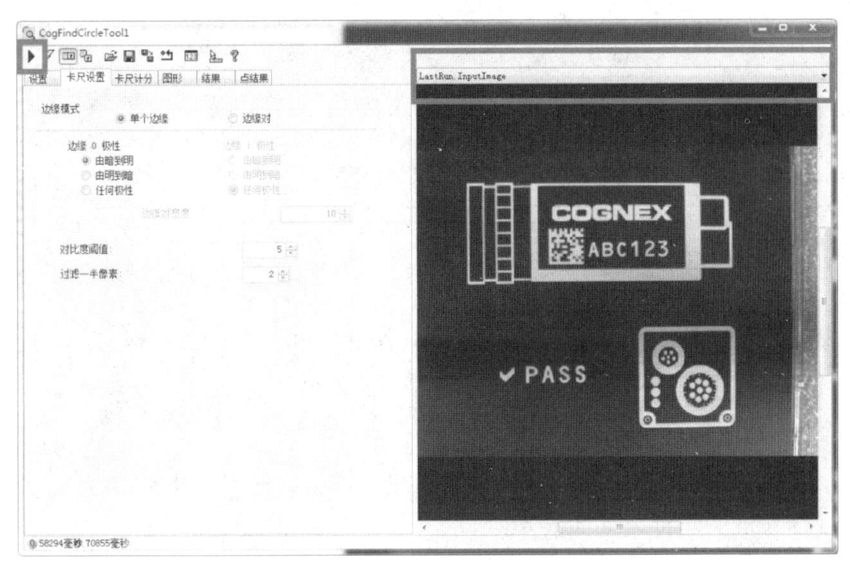

图 6–15　LastRun InputImage

（5）在窗口选择上“LastRun_Fixture_OutputImage”，单击“运行”，确保图片包每张图片都能查找到该圆，绿色状态代表运行成功，如图 6–16 所示。

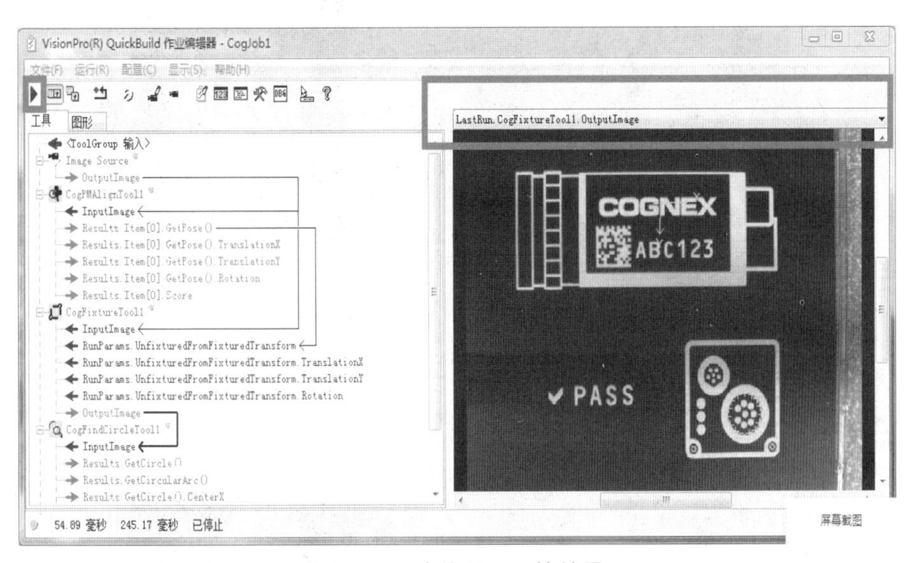

图 6–16　查找圆—运算结果

2. 常用工具二介绍：CogFitLineTool

功能原理：直线拟合工具，根据提供的一些二维坐标点拟合成一条直线，并将直线在终端输出。

操作步骤如下：

（1）导入图片包、查找图像特征、建立特征坐标中心。

（2）从工具栏中加载 CogFitLineTool 工具，并将定位工具输出端连接上该工具输入端，然后加载 CogFitLineTool 工具，如图 6–17 所示。

工具 4 号

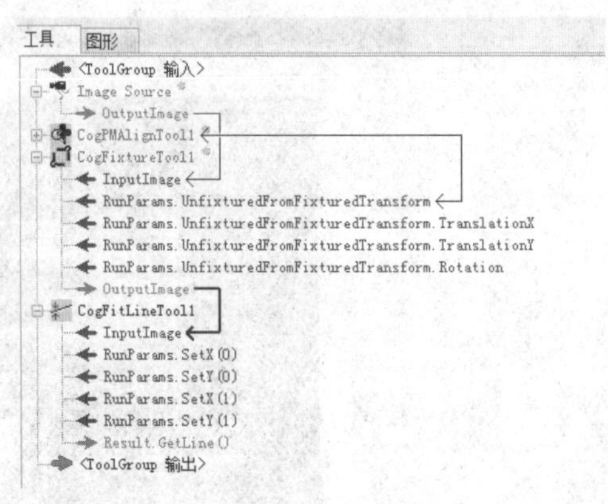

图 6–17　拟合线工具结构链接

（3）进入 CogFitLineTool 工具窗口，设置点坐标或手动设置工具窗口右边上的两点坐标，然后，选择 LastRun 并运行，如图 6–18 所示。

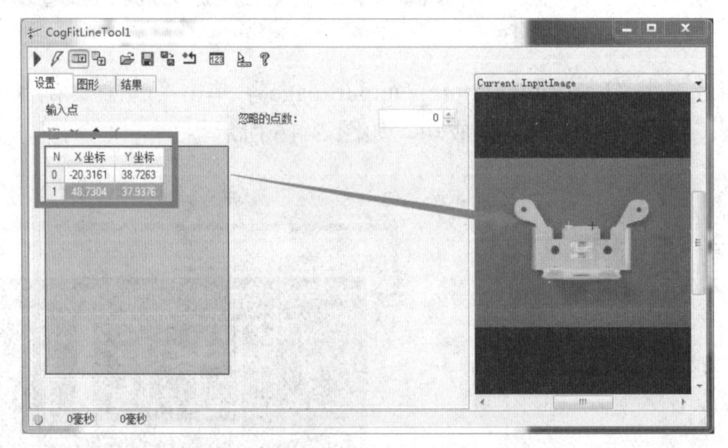

图 6–18　设置坐标点

（4）运行文件，成功可见图片包中的每张图片都生成一条拟合的直线，如图 6–19 所示。

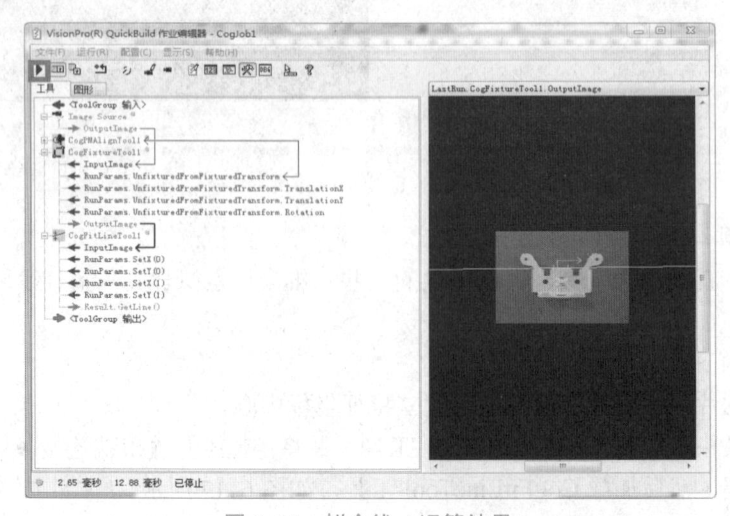

图 6–19　拟合线—运算结果

课后拓展练习

习题 1：在图 6–20 中找出 A 线与 B 线的拐角。

习题 2：在图 6–20 中使用拟合的工具找到圆 C。

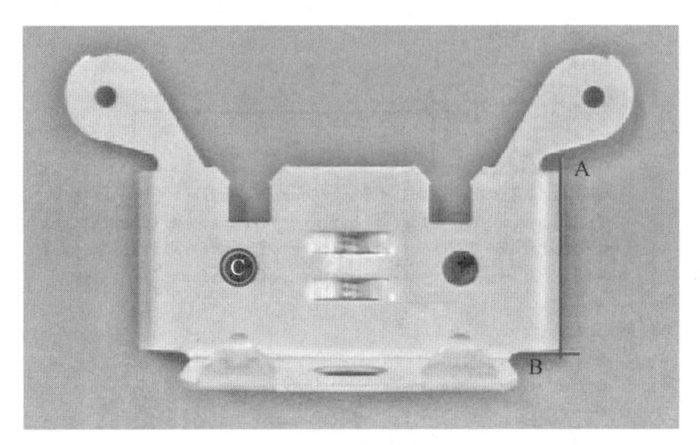

图 6–20　拓展练习

6.3　几何创建

几何创建（Geometry–Creation）工具见表 6–2。

表 6–2　几何创建工具

CogCreateCircleTool	创建圆工具
CogCreateEllipseTool	创建椭圆工具
CogCreateGraphicLabeTool	创建文本工具
CogCreateLineBisectPointsTool	创建两点的平分线工具
CogCreateLineParalleTool	在某一点创建某条线的平行线工具
CogCreateLinePerpendicularTool	在某一点创建某条线的垂直线工具
CogCreateLineTool	创建线工具
CogCreateSegmentAvgSegsTool	创建两条线段的平均线
CogCreateSegmentTool	创建线段工具

1. 常用工具一介绍：CogCreateCircleTool

功能原理：该工具能根据提供的圆心坐标、半径等信息在图像中创建一个圆，并将创建的圆在终端输出。

操作步骤如下：

（1）导入图片包、查找图像特征、建立特征坐标中心。

（2）从工具栏中加载 CogCreateCircleTool 工具，并将定位工具输出端连接上该工具输入端，如图 6–21 所示。

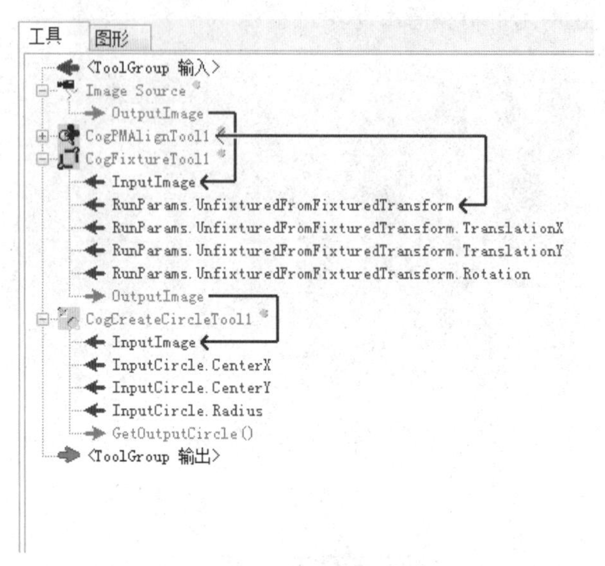

图 6–21　创建圆工具结构链接

（3）进入该工具编辑窗口，创建好圆形，选择“LastRun InputImage”再单击“运行”，得到刚查到的圆，如图 6–22 所示。

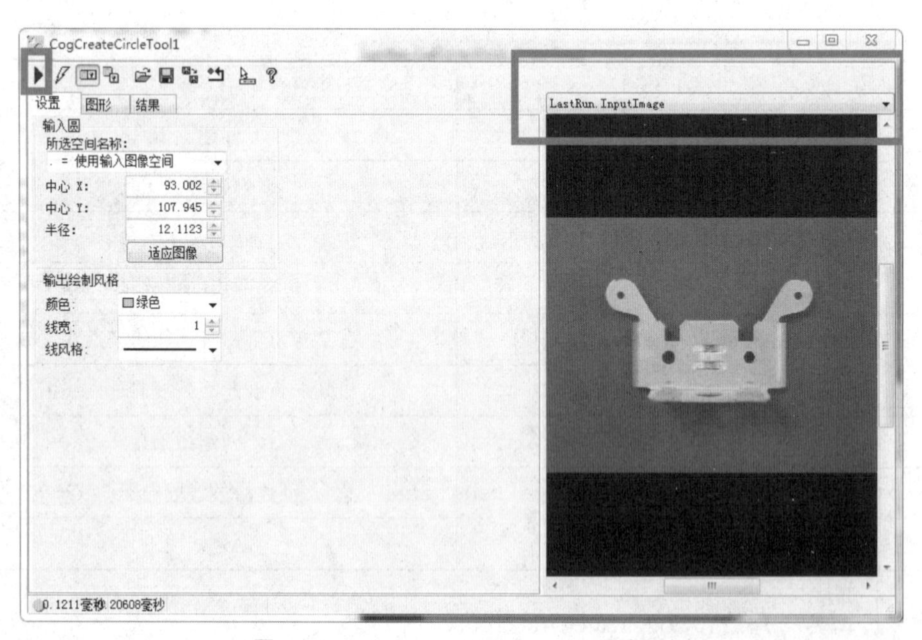

图 6–22　CogCreateCircleTool 工具窗口

（4）在窗口选择“LastRun_Fixture_OutputImage”，单击“运行”，确保图片包每个图片都能找到该圆，运算结果如图 6–23 所示。

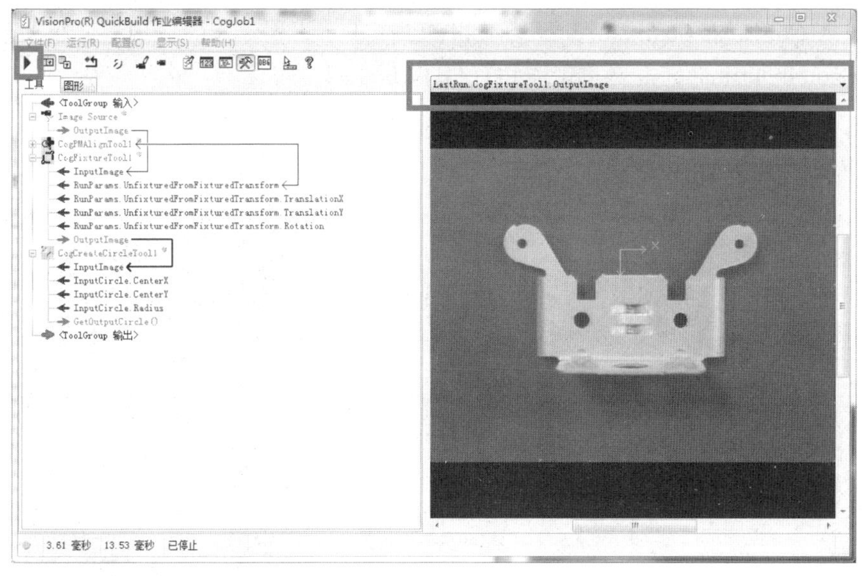

图 6–23 创建圆—运算结果

2. 常用工具二介绍：CogCreateSegmentAvgSegsTool

功能原理：该工具用来创建两条线段的平均线，所谓平均线段，是指从角度来看，两条线段延长线夹角的角平分线；从端点来看，在两条线段的同一侧的两个点组成的直线上。

工具 5 号

操作步骤如下：

（1）先要有 2 条已知线段，然后加载 CogCreateSegmentAvgSegsTool 工具，再将输出端和输入端连接上，如图 6–24 所示。

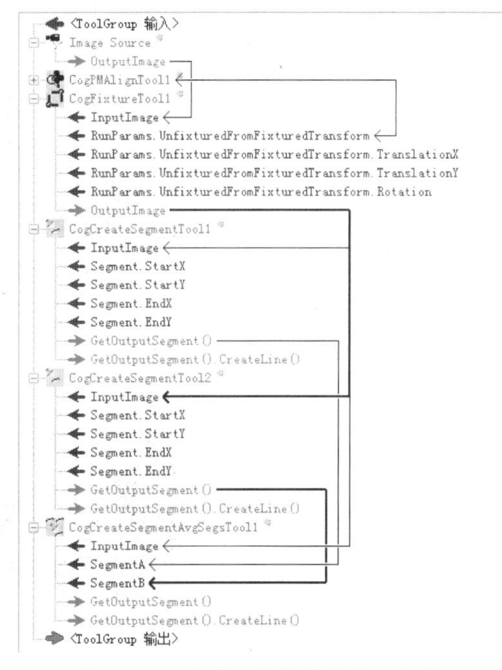

图 6–24 创建平均线工具结构链接

（2）进入 CogCreateSegmentAvgSegsTool 工具窗口，设置输出绘制风格（可选择不设置），选择“LastRun InputImage”，再单击“运行”，如图 6–25 所示。

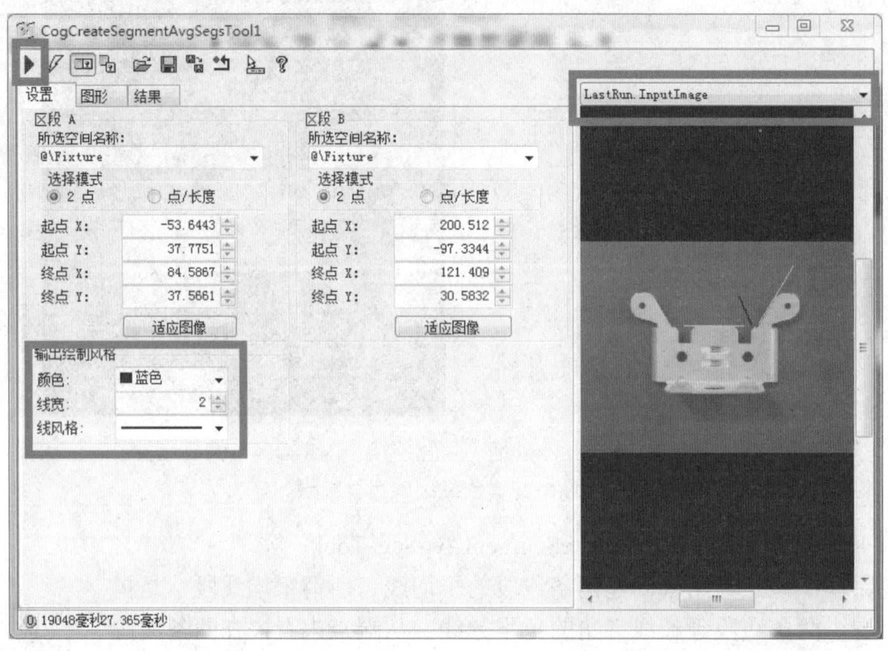

图 6–25 CogCreateSegmentAvgSegsTool 工具窗口

（3）在窗口上选择“LastRun_Fixture_OutputImage”，单击“运行”，确保图片包中的每个图片都能找到该平均线，如图 6–26 所示。

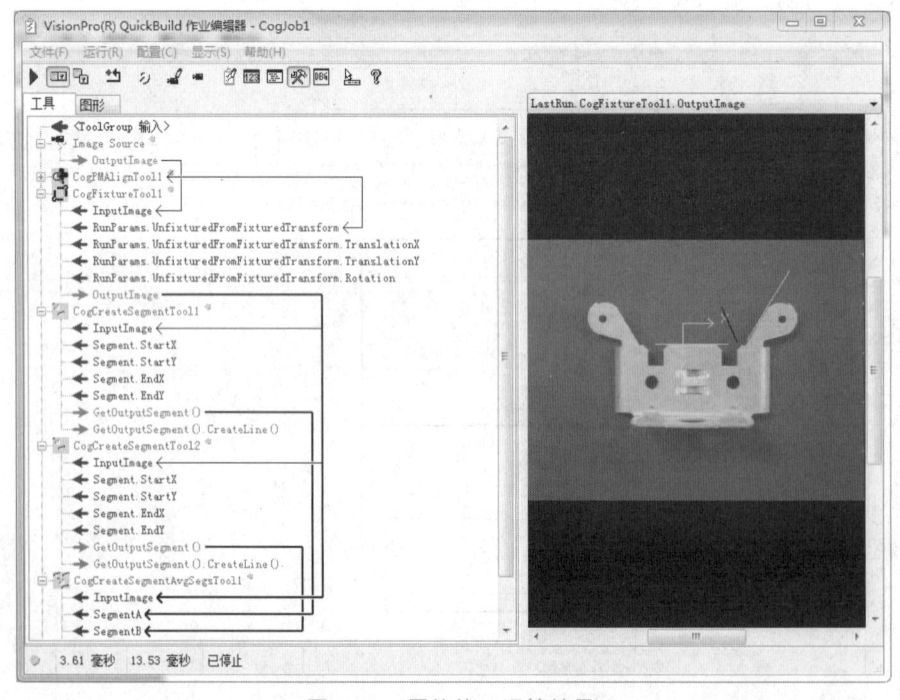

图 6–26 平均线—运算结果

课后拓展练习

习题 1：在图 6–27 中创建 A 线段。

习题 2：在图 6–27 中穿过圆 C 中心点创建与 A 线段平行的线。

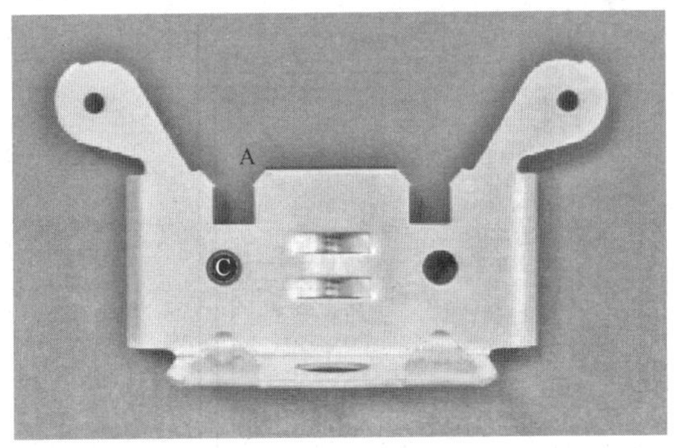

图 6–27 创建平均线工具拓展练习

6.4 几何交叉

几何交叉（Geometry–Intersection）检测工具见表 6–3。

表 6–3 几何交叉检测工具

英文名称	中文含义
CogIntersectCircleCircleTool	检测两圆是否相交
CogIntersectLineCircleTool	检测线与圆是否相交
CogIntersectLineEllipseTool	检测线与椭圆是否相交
CogIntersectLineLineTool	检测两线是否相交
CogIntersectSegmenCircleTool	检测线段与圆是否相交
CogIntersectSegmenEllipseTool	检测线段与椭圆是否相交
CogIntersectSegmenLineTool	检测线段与线是否相交
CogIntersectSegmenSegmenTool	检测两线段是否相交

1. 常用工具一介绍：CogIntersectCircleCircleTool

功能原理：该工具从输入端接收两个圆，输出两个圆的交点坐标和交点数量。

工具 6 号

*无相交点操作示范。

（1）导入图片包、查找图像特征、建立特征坐标中心，用查找圆工具找到两个圆。

（2）从工具栏中加载 CogIntersectCircleCircleTool 工具，其结构链接如图 6–28 所示。

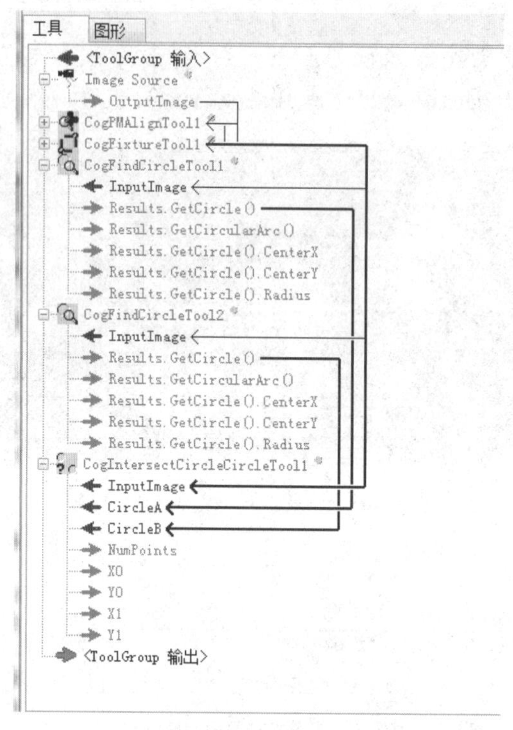

图 6–28　检测两圆是否相交结构链接

（3）进入 CogIntersectCircleCircleTool 工具窗口，选择“LastRun InputImage”，再单击“运行”，如图 6–29 所示。

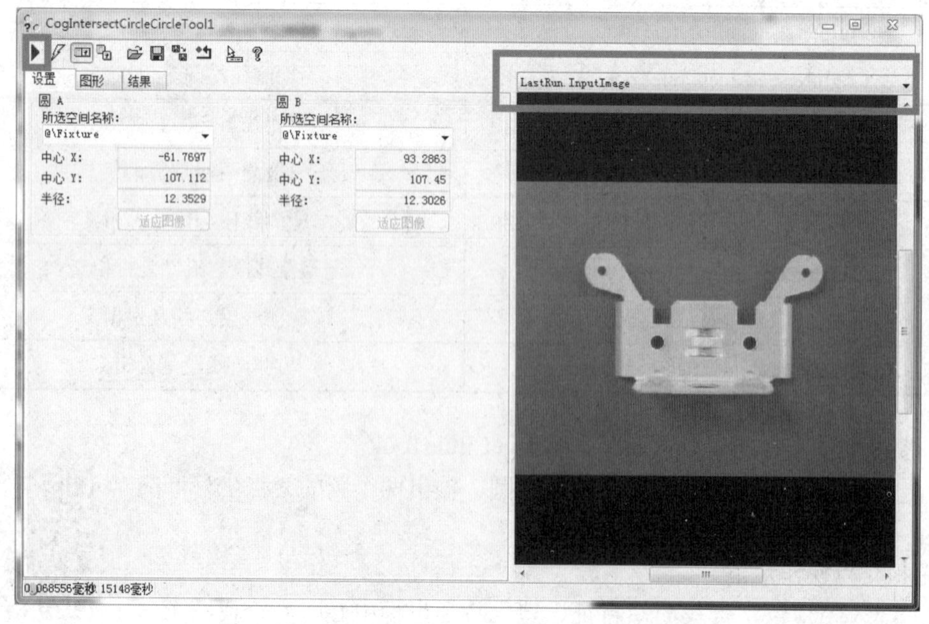

图 6–29　CogIntersectCircleCircleTool 工具窗口

（4）单击“运行”，得到检测结果。此时，在该工具节点 NumPoints 显示点的数量为 0 是指两圆无相交点，如图 6–30 所示。

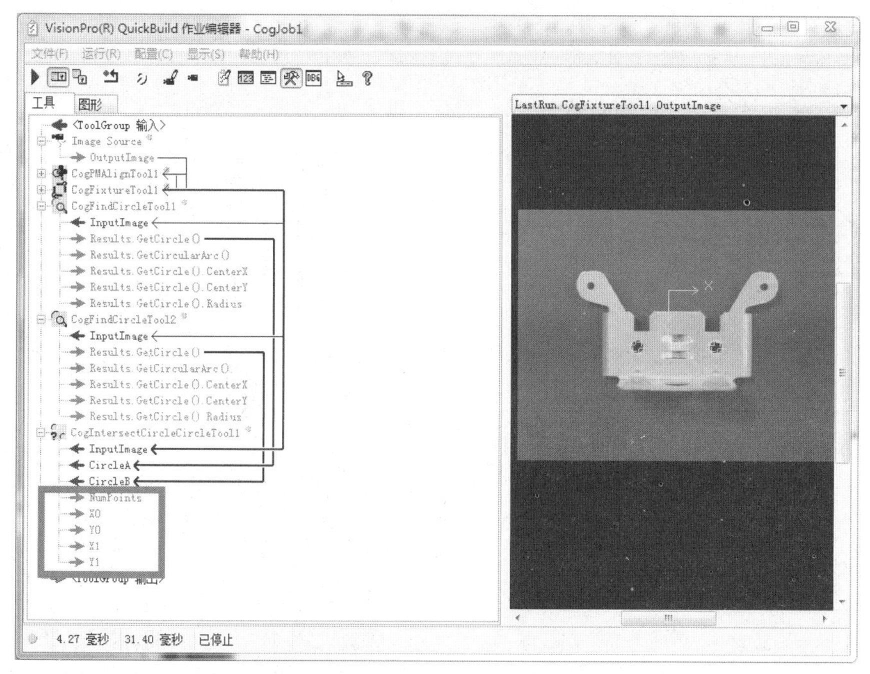

图 6–30 检测两圆是否相交—运算结果（一）

*有相交点操作示范：相交情况有 1 点或 2 点。

（1）和（2）步骤同无交点例子。

（3）进入 CogIntersectCircleCircleTool 工具窗口，选择“LastRun InputImage”，再单击“运行”，如图 6–31 所示。

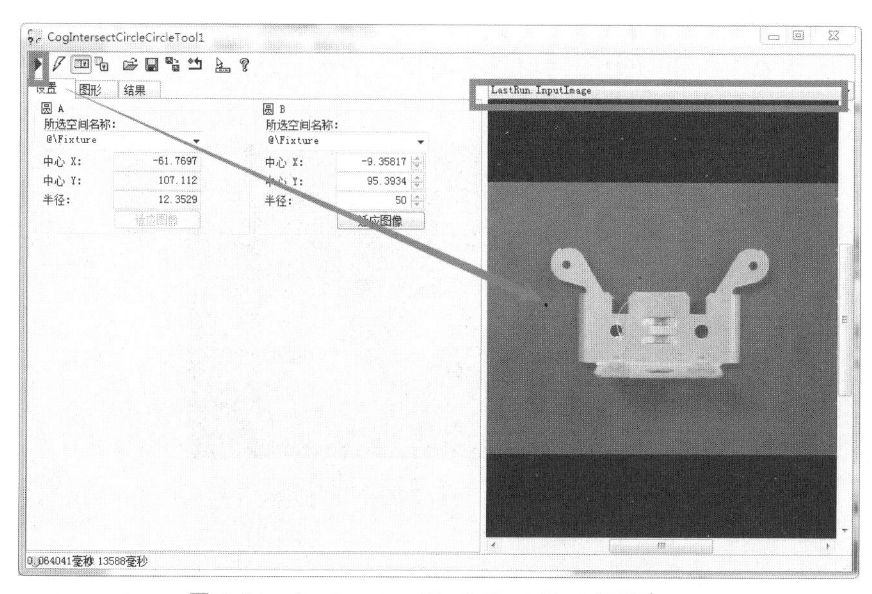

图 6–31 CogIntersectCircleCircleTool 工具窗口

（4）单击“运行”，得到检测结果。此时，在该工具节点 NumPoints 显示点的数量为 2，说明两圆有 2 个相交点，如图 6–32 所示。

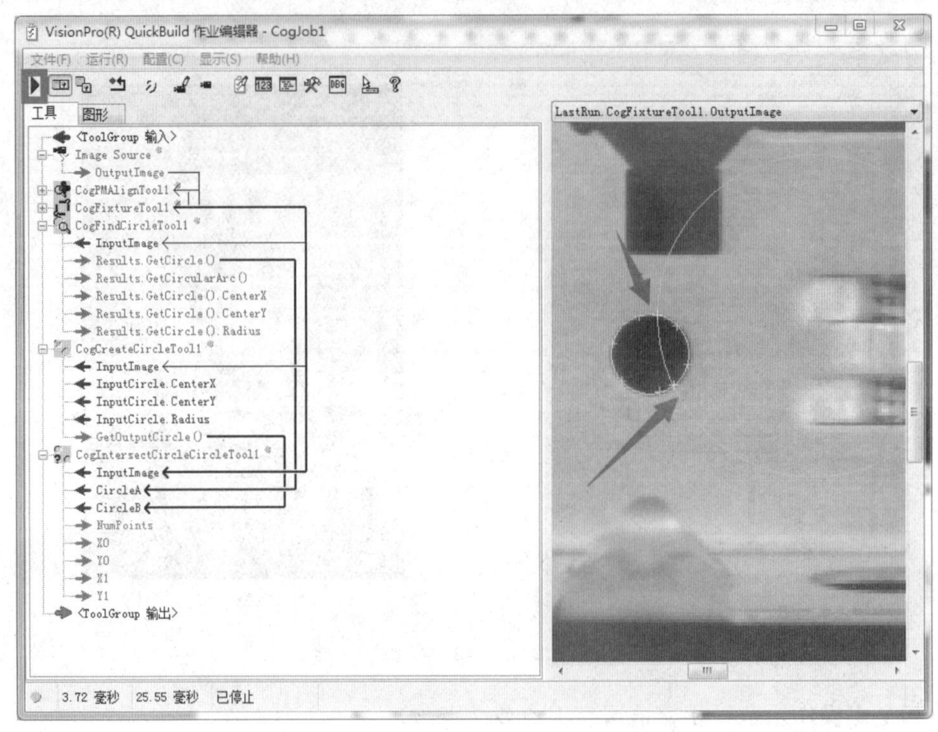

图 6–32　检测两圆是否相交—运算结果（二）

课后拓展练习

习题 1：在图 6–33 中检测 A 线与 B 线是否相交。

习题 2：在图 6–33 中检测 B 线与圆 C 是否相交。

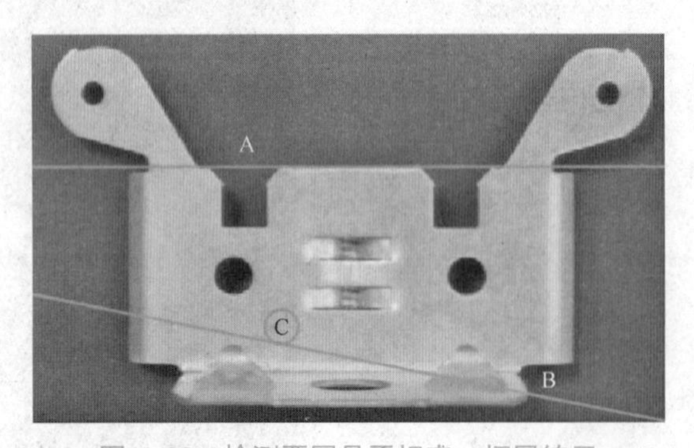

图 6–33　检测两圆是否相交—拓展练习

6.5 几何测量

几何测量工具（Geometry–Measurement）见表 6–4。

表 6–4 几何测量工具

英文名称	中文含义
CogAngleLineLineTool	两条直线的夹角
CogAnglePointPointTool	由两点组成的线段角度
CogDistanceCircleCircleTool	两圆的最短距离
CogDistanceLineCircleTool	线到圆的最短距离
CogDistanceLineEllipseTool	线到椭圆的最短距离
CogDistancePointCircleTool	点到圆的最短距离
CogDistancePointEllipseTool	点到椭圆的最短距离
CogDistancePointLineTool	点到直线的最短距离
CogDistancePointPointTool	点到点的距离
CogDistancePointSegmentTool	点到线段的最短距离
CogDistanceSegmentCircleTool	线段到圆的最短距离
CogDistanceSegmentEllipseTool	线段到椭圆的最短距离
CogDistanceSegmentLineTool	线段到线的最短距离
CogDistanceSegmentSegmentTool	线段到线段的最短距离

1. 常用工具一介绍：CogAngleLineLineTool

功能原理：该工具从输入端接收两条直线，求取两条直线之间的角度，并将弧度值在终端输出。

工具 7 号

操作步骤如下：

（1）导入图片包、查找图像特征、建立特征坐标中心。

（2）创建或查找出两条线，如图 6–34 所示。

（3）从工具栏中加载 CogAngleLineLineTool 工具，把线的输出结果分别连接到线 A 和线 B，如图 6–35 所示。

（4）进入 CogAngleLineLineTool 工具窗口，选择“LastRun Input Image”，再单击“运行”，如图 6–36 所示。

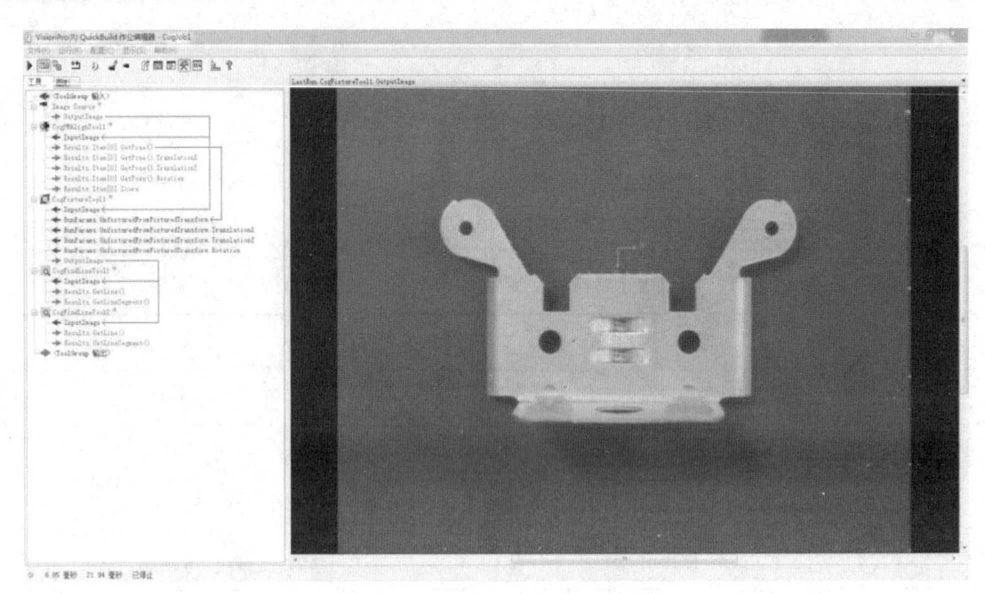

图 6–34 创建或查找出两条线

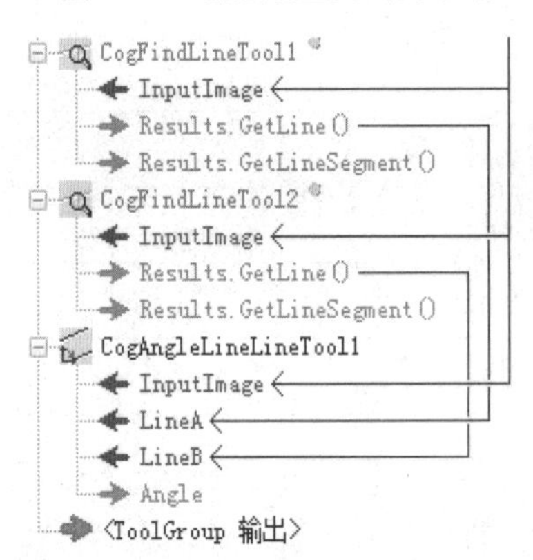

图 6–35 测量线与线角度工具—结构链接

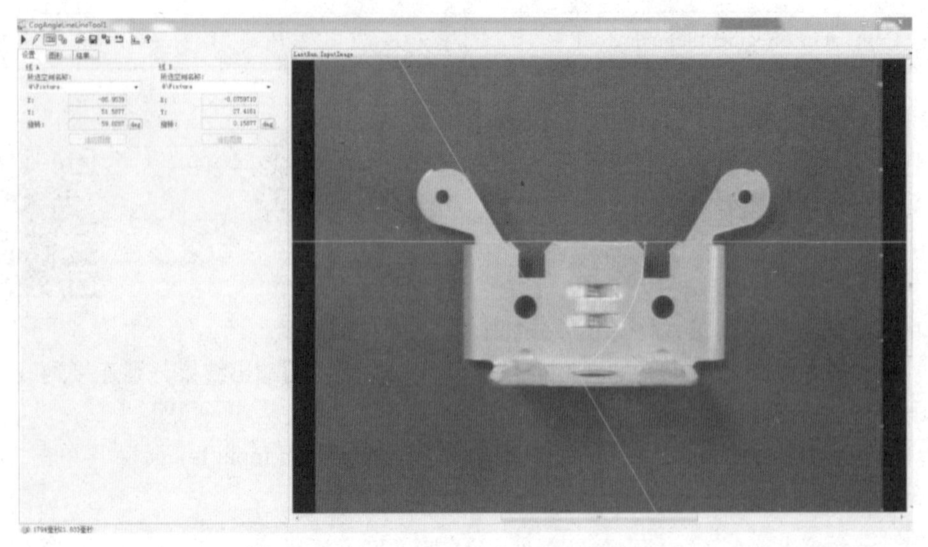

图 6–36 CogAngleLineLineTool 工具窗口

（5）单击“运行”，得到检测结果。此时，在该工具输出端 Angle 显示计算结果。为方便查看，可创建一个文档工具进行记录，如图 6–37 所示。

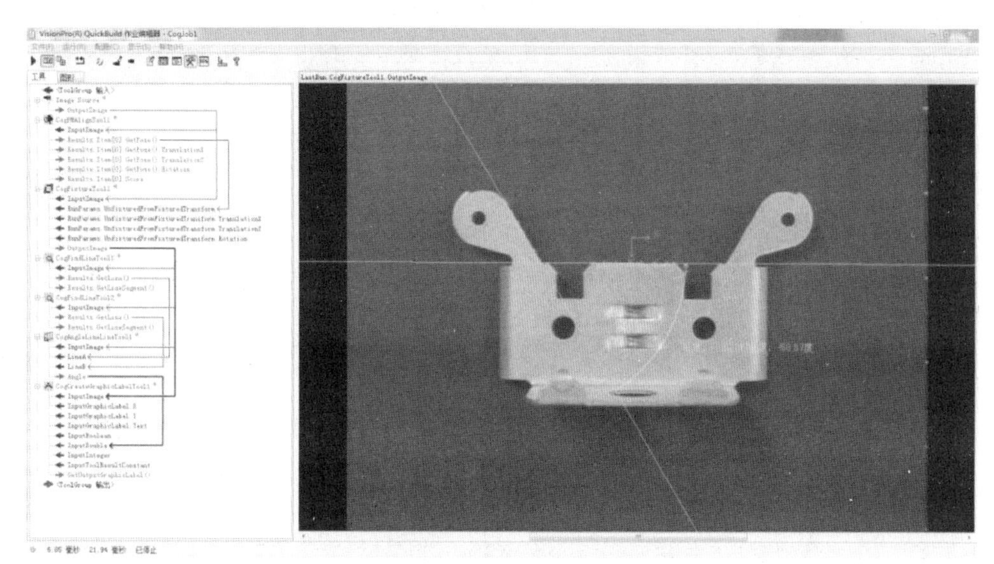

图 6–37　线与线角度—运算结果

2. 常用工具二介绍：CogAnglePointPointTool

功能原理：该工具从输入端接收两个点坐标，求出这两个点坐标之间连线和图像坐标系 *X* 轴的夹角，并将弧线值在终端输出。

操作步骤如下：

（1）导入图片包、查找图像特征、建立特征坐标中心。

（2）得到两个点信息，这里用拟合圆工具得到两个圆的中心点信息，拟合两圆如图 6–38 所示。

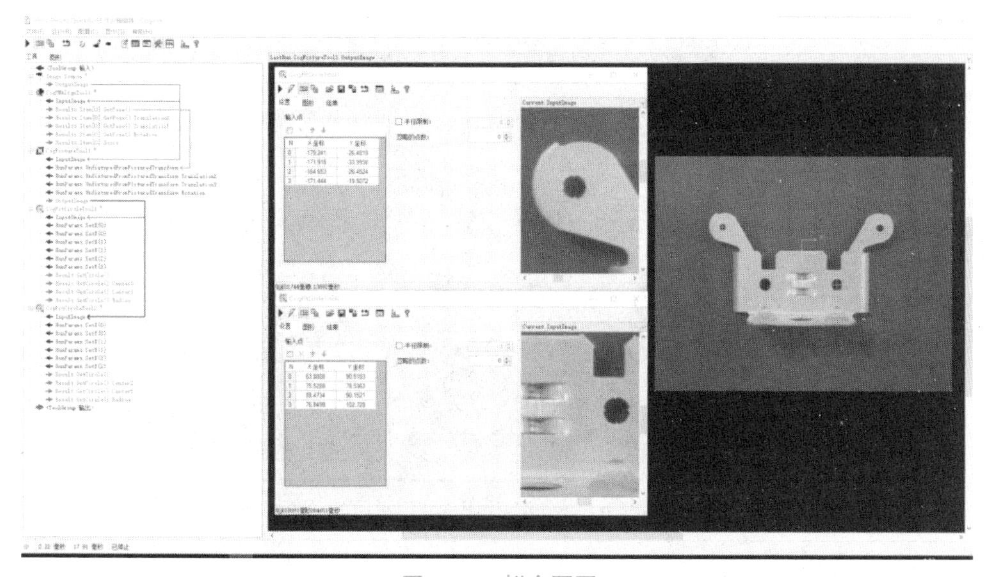

图 6–38　拟合两圆

（3）从工具栏中加载 CogAnglePointPointTool 工具，把两个圆中心点的信息与该工具的输入端链接，如图 6–39 所示。

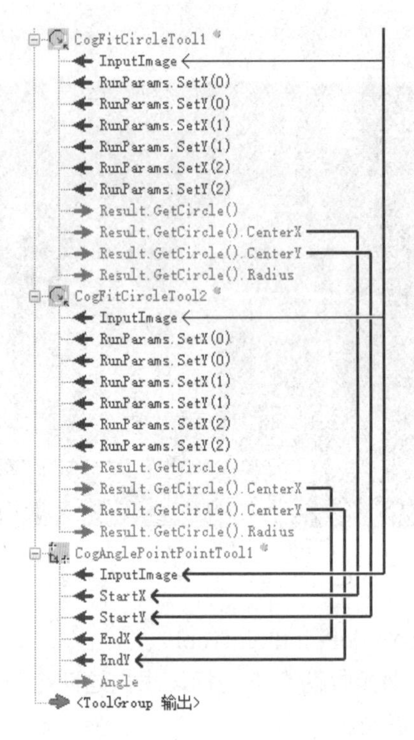

图 6–39　由两点组成的线段角度工具—结构链接

（4）进入 CogAnglePointPointTool 工具窗口，选择“LastRun Input Image”再单击“运行”，如图 6–40 所示。

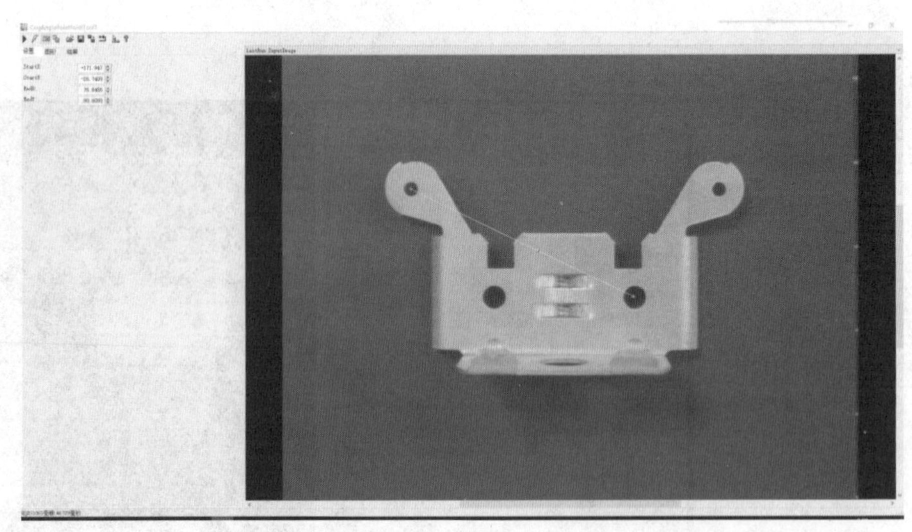

图 6–40　CogAnglePointPointTool 工具窗口

（5）单击“运行”，得到检测结果。此时，在该工具输出端 Angle 显示计算结果。为方便查看，可创建一个文档工具来记录，如图 6–41 所示。

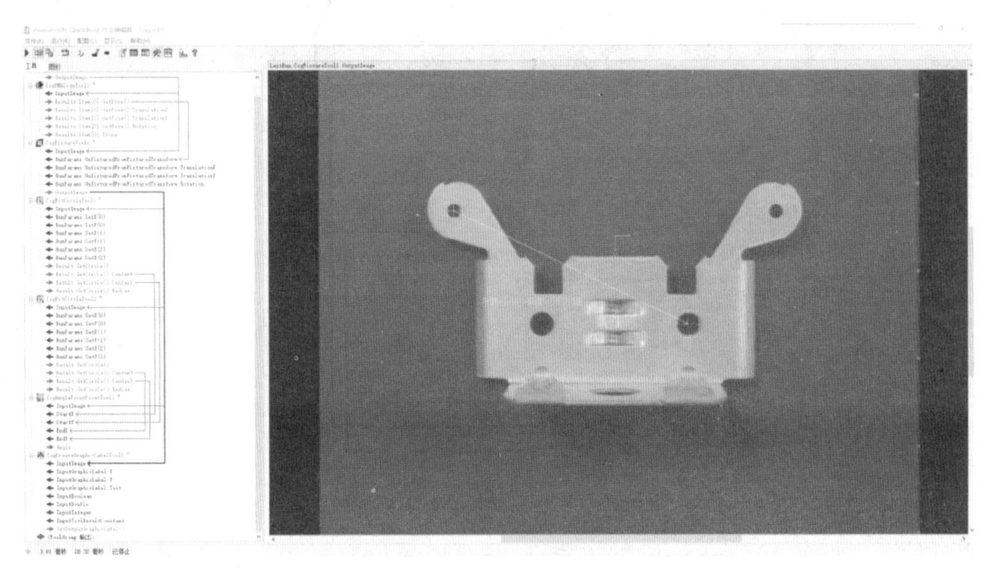

图 6–41 由两点组成的线段角度—运算结果

3. 常用工具三介绍：CogDistanceCircleCircleTool

功能原理：该工具从输入端接收两个圆，求出两个圆之间的距离，并将两个圆之间的距离以及两个圆之间距离最短的两个点在终端输出。

操作步骤如下：

（1）导入图片包、查找图像特征、建立特征坐标中心。

（2）使用查找或拟合圆工具，得到两个圆的信息，如图 6–42 所示。

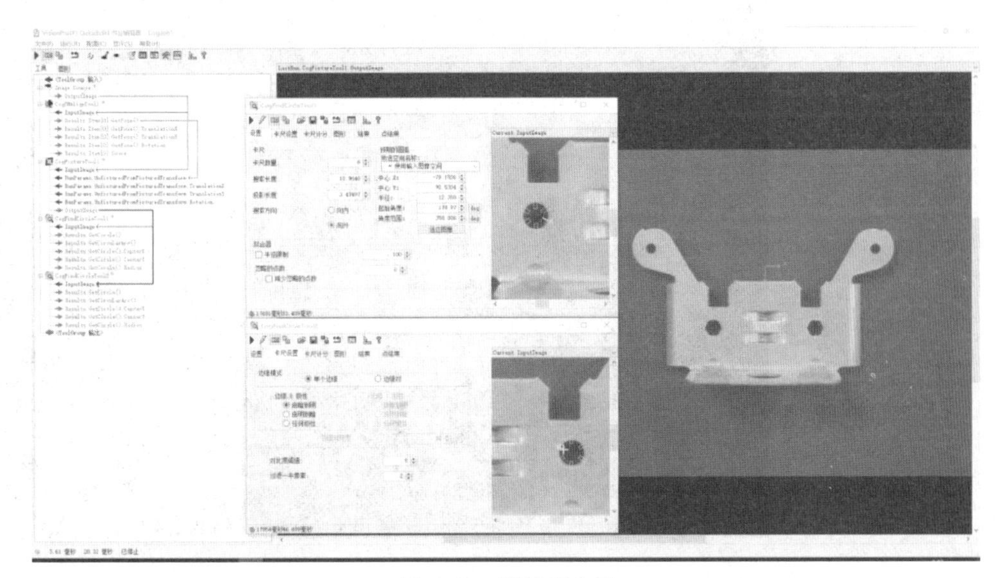

图 6–42 查找两个圆

（3）从工具栏中加载 CogDistanceCircleCircleTool 工具，把两个圆中心点的信息与该工具的输入端链接，如图 6–43 所示。

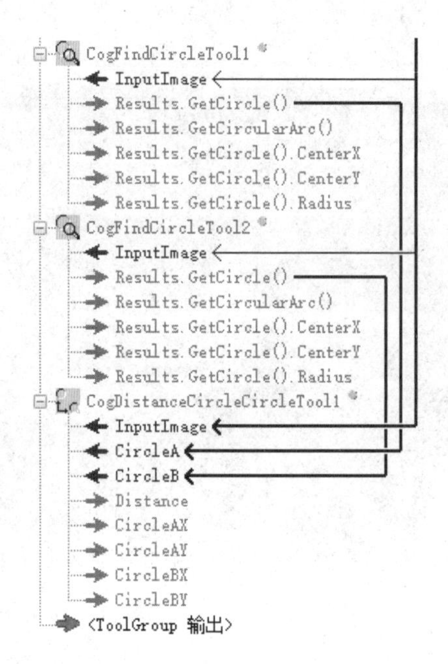

图 6–43　测量两圆距离工具—结构链接

（4）进入 CogDistanceCircleCircleTool1 工具窗口，选择 LastRun InputImage，再单击“运行”，如图 6–44 所示。

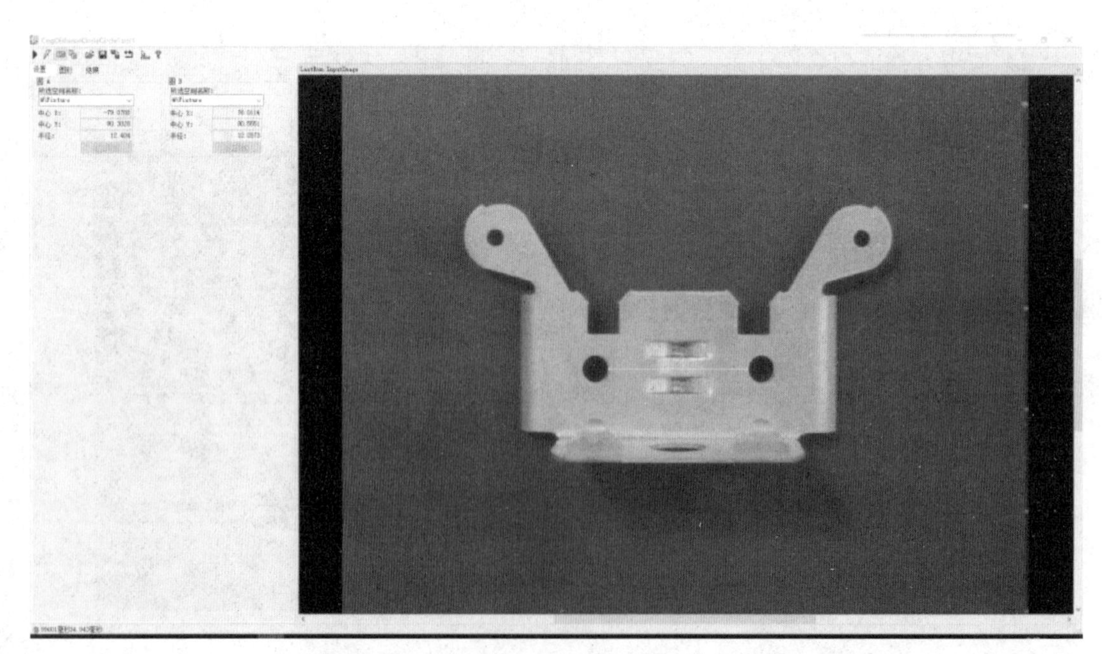

图 6–44　CogDistanceCircleCircleTool1 工具窗口

（5）单击“运行”，得到两圆之间的最短距离。此时，在该工具输出端 Distance 显示计算结果。为方便查看，可创建一个文档工具来记录，如图 6–45 所示。

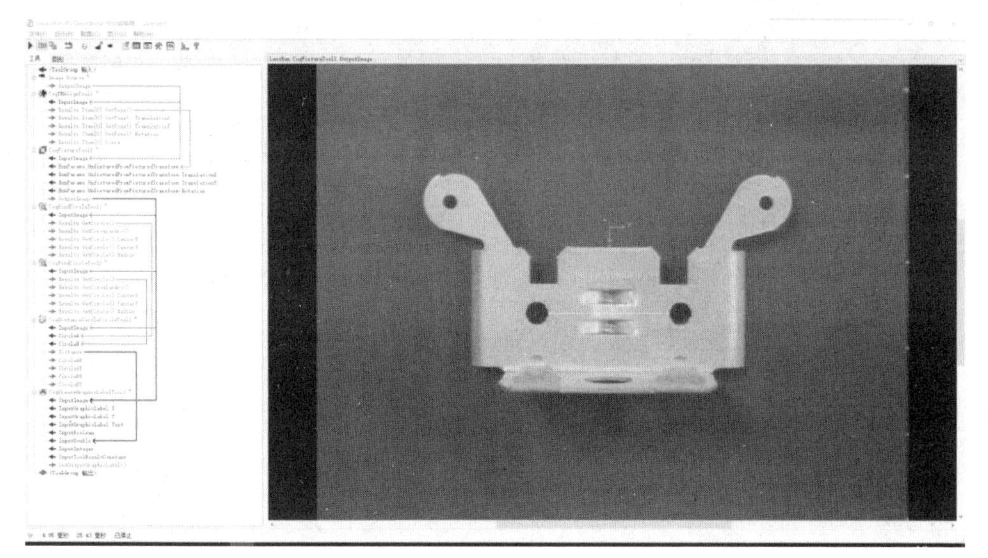

图 6–45 测量两圆距离—运算结果

课后拓展练习

习题 1：在图 6–46 中测量线到圆 C 的最短距离。

习题 2：在图 6–46 中测量圆 C 中心点到 A 线的最短距离。

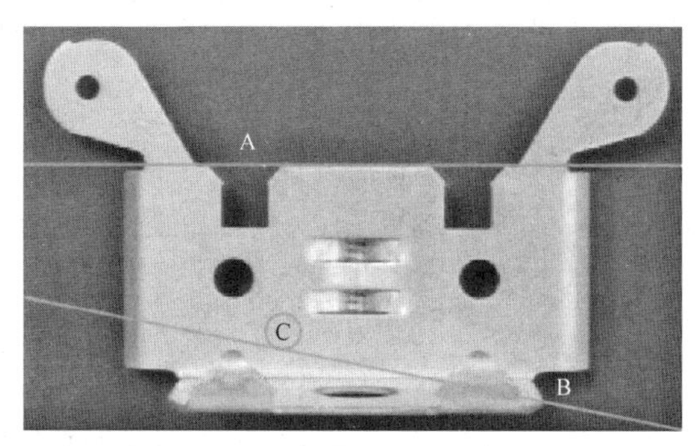

图 6–46 测量距离拓展练习

6.6 图像处理工具

图像处理（ImageProcessing）工具如表 6–5 所示。

表 6–5 图像处理工具

英文名称	中文含义
CogAffineTransformTool	通过仿射变换产生新的图像
CogCopyRegionTool	复制输入图像的一部分到输出图像

续表

英文名称	中文含义
CogHistogramTool	对图像中的像素值进行统计测量
CogImageAverageTool	积累同一场景的不同图像并产生一个平均图像
CogImageConvertTool	将图像从一种格式转换为另一种格式
CogImageSharpnessTool	用来判断图像的锐利度
CogIPOneImageTool	执行基本图像处理操作
CogIPTwoImageAddTool	由两个输入图像产生一个输出图像
CogIPTwoImageMinMaxTool	结合两个图像的像素最小值或最大值
CogIPTwoImageSubtractTool	两幅图像相减得到输出图像
CogLinescanDistortionCorrectionTool	从线扫相机获得图像
CogPixelMapTool	定义输入图像与输出图像之间的映射
CogPolarUnwrapTool	将输出图像部分转换为输出图像
CogSobelRdgeTool	用于分离或增强边界信息

1. 常用工具一介绍：CogImageConvertTool

功能原理：该工具用来进行图像格式转换，可以将16位彩色图像转换为8位灰度图像。

工具8号

操作步骤如下：

（1）导入图片。

（2）从工具栏中加载 CogImageConvertTool 灰度转换工具，如图 6–47 所示。

扫码查看彩图

图 6–47　加载 CogImageConvertTool 灰度转换工具

（3）进入 CogImageConvertTool 工具窗口，设置运行模式，如亮度，如图 6–48 所示。

图 6–48 CogImageConvertTool 工具窗口

（4）单击“运行”。此时，输出端就能输出一张 8 位的灰度图，如图 6–49 所示。

图 6–49 灰度转换—运算结果

2. 常用工具二介绍：CogAffineTransformTool

功能原理：该工具能够对图像中仿射矩形内的区域进行变换，产生一个矩形输出图像，这个工具可以清消仿射矩形的旋转和倾斜的影响，并且设置一个比例参数，可以放大或缩小矩形区域内的特征。

操作步骤如下：

（1）导入图片包、查找图像特征、建立特征坐标中心。

（2）从工具栏中加载 CogAffineTransformTool 仿射变换工具，如图 6–50 所示。

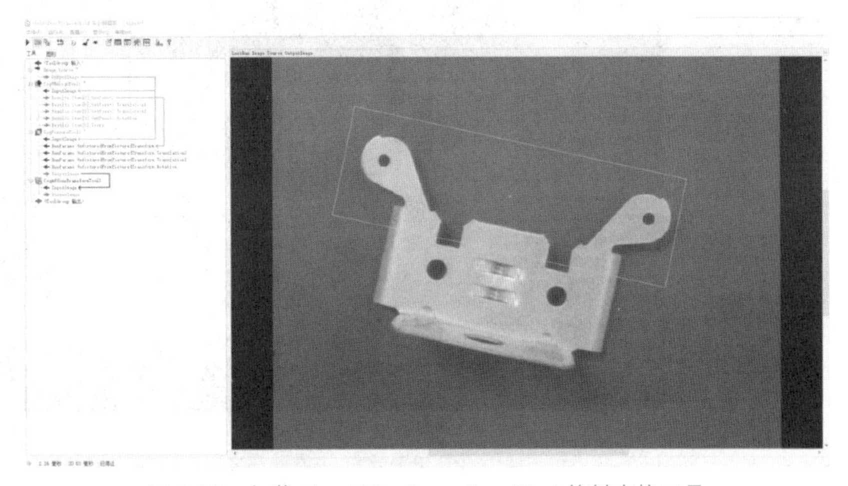

图 6–50 加载 CogAffineTransformTool 仿射变换工具

（3）进入 CogAffineTransformTool 工具设置窗口和圆形窗口设置具体参数，如图 6–51 和图 6–52 所示。

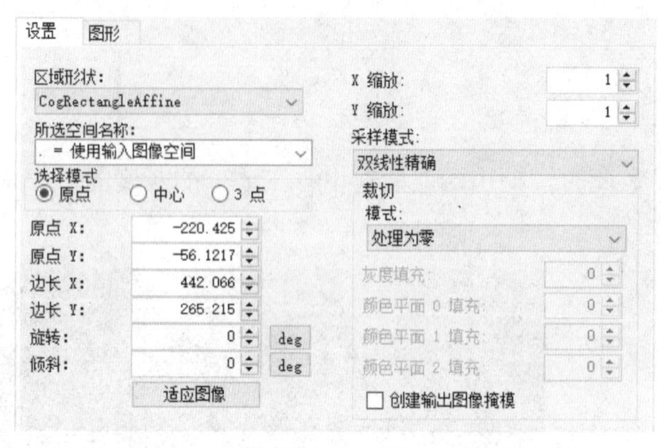

图 6–51　CogAffineTransformTool 工具设置窗口

图 6–52　CogAffineTransformTool 工具图形窗口

（4）选择“LastRun.CogAffineTransformTool1.OutputImage”再单击“运行”，得到几张摆正后的图片，如图 6–53 所示。

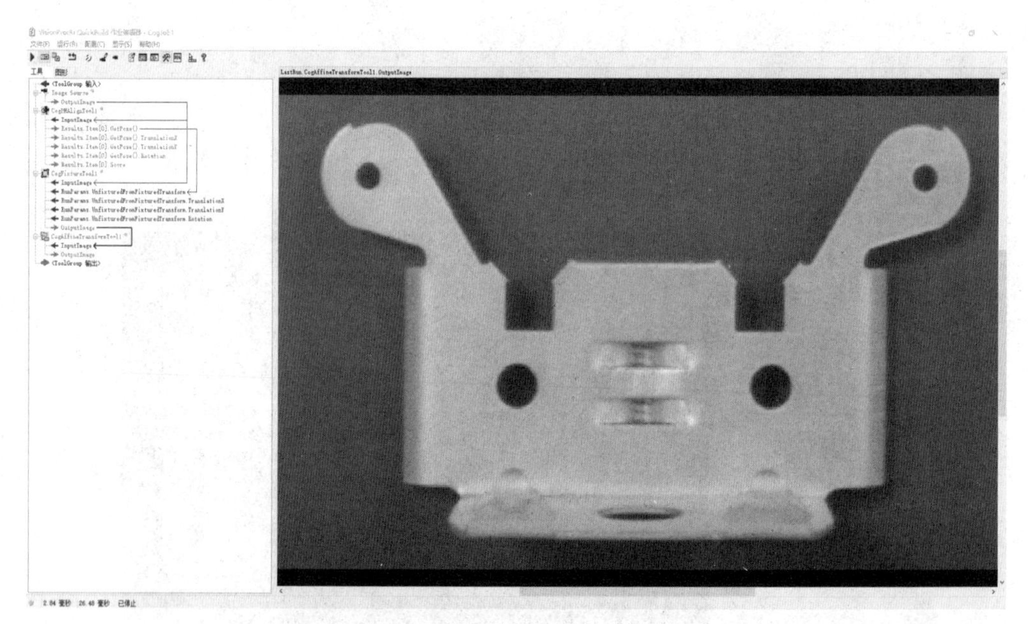

图 6–53　仿射变换—运算结果

课后拓展练习

习题 1：把图 6–54 转换成 8 位灰度图。

习题 2：对图 6–55 进行仿射变换工具转换。

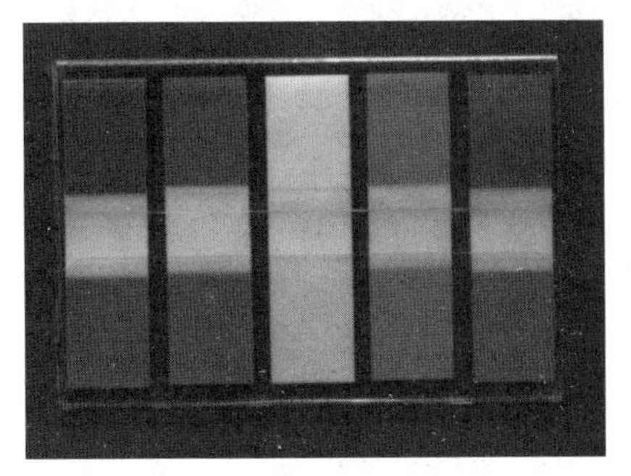

图 6–54　灰度转换拓展练习图

图 6–55　仿射变换拓展练习图

6.7　标定与定位

1. CogCalibCheckerboardTool 标定工具棋盘格

功能原理：该工具是通过标定板来建立像素坐标和实际坐标之间的 2D 转换关系，然后，将这种坐标关系附加到实测图像的坐标空间树中，以此来输出实际物理单位的测量物理量。

工具 9 号

操作步骤如下：

（1）在图像源 Image Source 中加载标定图片，如图 6–56 所示。

图 6–56　加载标定图片

（2）由于棋盘格图片来源于网络，因此在色相上有偏差，所以在进行标定之前应先对图片进行黑白图像处理，从工具栏中加载 CogImageConvertTool 工具，如图 6–57 所示。

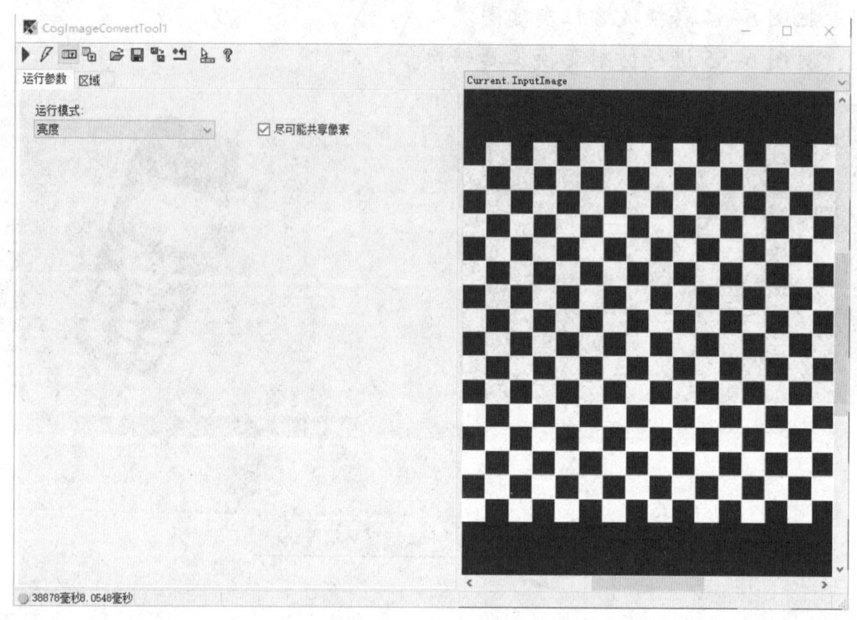

图 6–57　加载 CogImageConvertTool 工具

（3）从工具栏中加载 CogCalibCheckerboardTool 工具，如图 6–58 所示。

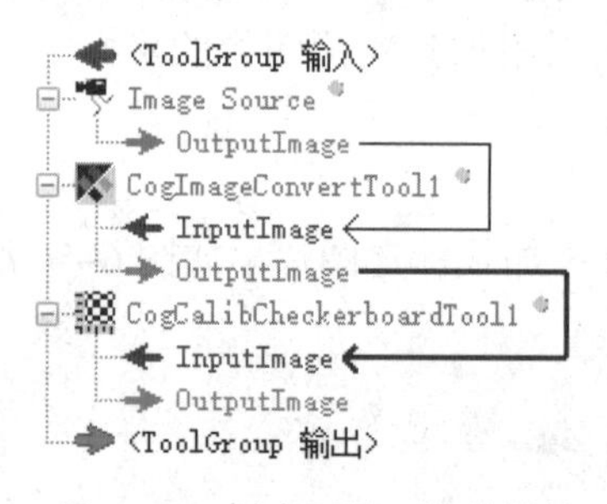

图 6–58　标定工具—结构链接

（4）进入“CogAnglePointPointTool”工具窗口，对该工具的参数进行具体设置，如图 6–59～图 6–62 所示。

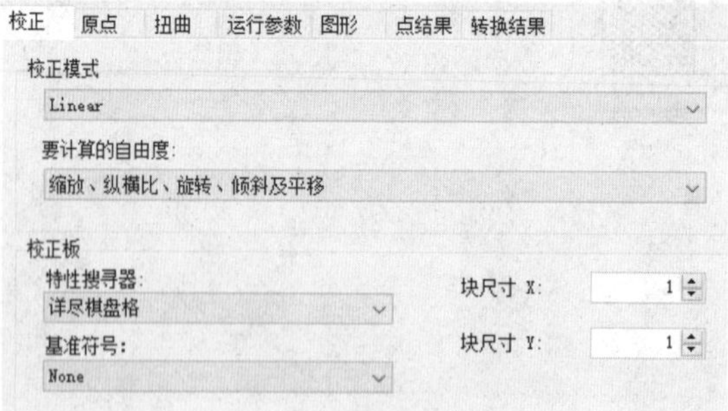

图 6–59　CogAnglePointPointTool 工具校正窗口

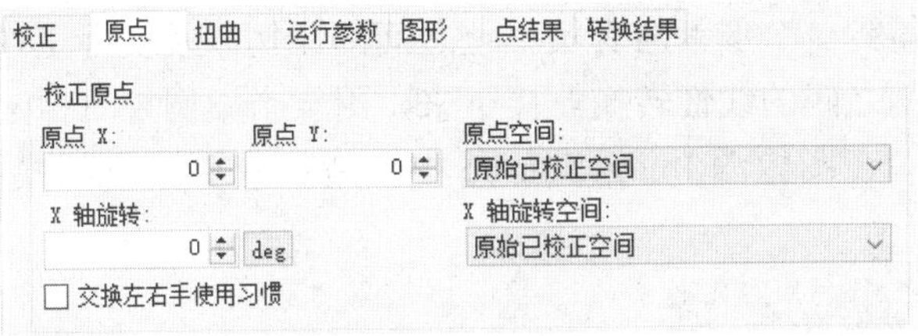

校正　原点　扭曲　运行参数　图形　点结果　转换结果

校正原点

原点 X: 0　原点 Y: 0　原点空间: 原始已校正空间

X 轴旋转: 0 deg　X 轴旋转空间: 原始已校正空间

☐ 交换左右手使用习惯

图 6–60　CogAnglePointPointTool 工具原点窗口

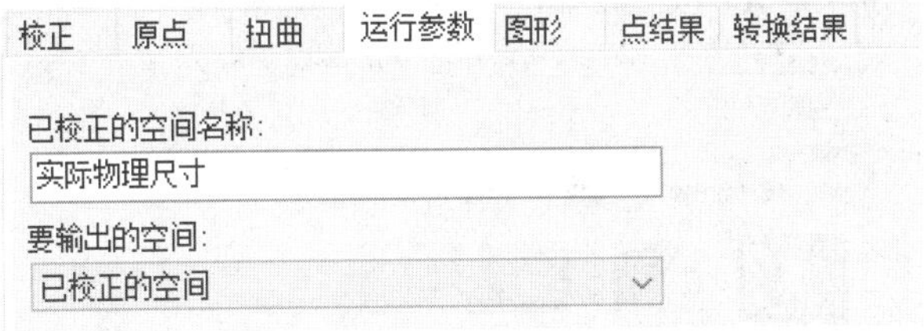

校正　原点　扭曲　运行参数　图形　点结果　转换结果

已校正的空间名称:

实际物理尺寸

要输出的空间:

已校正的空间

图 6–61　CogAnglePointPointTool 工具运行参数窗口

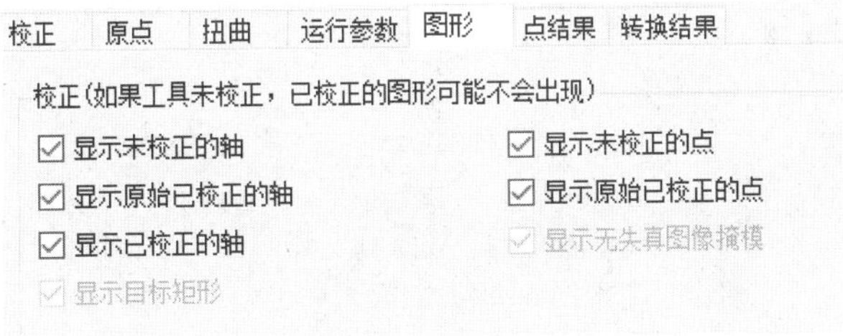

校正　原点　扭曲　运行参数　图形　点结果　转换结果

校正（如果工具未校正，已校正的图形可能不会出现）

☑ 显示未校正的轴　☑ 显示未校正的点

☑ 显示原始已校正的轴　☑ 显示原始已校正的点

☑ 显示已校正的轴　☑ 显示无失真图像摘模

☑ 显示目标矩形

图 6–62　CogAnglePointPointTool 工具图形窗口

（5）进入 CogAnglePointPointTool 工具，选择 Current.CalibrationImage 后，单击“运行”可见结果并得到一个实际物理坐标，图里显示蓝色为校正过后点的位置，如图 6–63 所示。

图 6–63　实际物理坐标

扫码查看彩图

（6）在标定过后得到一个像素与真实单位之间的比例以及实际工作中棋盘格所在水平面与摄像机拍摄的水平面之间的线性转换。接下来，用一个案例来对标定工具进行解释。

（7）标定完成后，在图像源 ImageSource 中重新加载要测量的模型图片包，如图 6–64 所示。

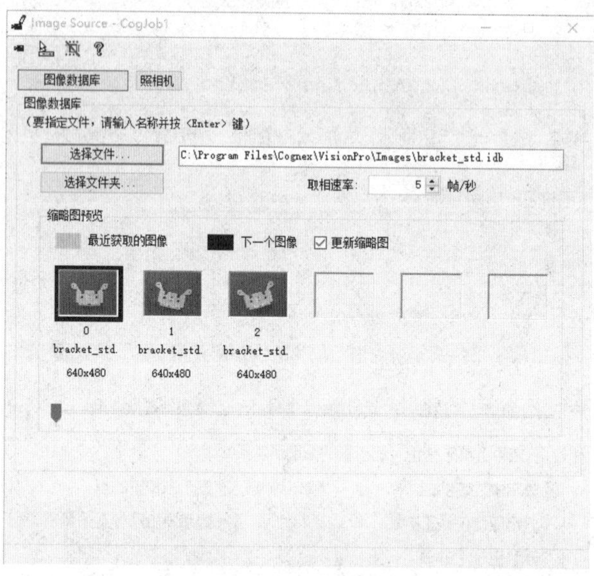

图 6–64　加载图片包

（8）注意特征工具 CogPMAlignTool 和中心定位工具 CogFixtureTool 输入端连接 CogCalibCheckerboardTool 的输出端，这样，在定位工具 CogFixtureTool 输出端就具有 2 个坐标信息，链接如图 6–65 所示。

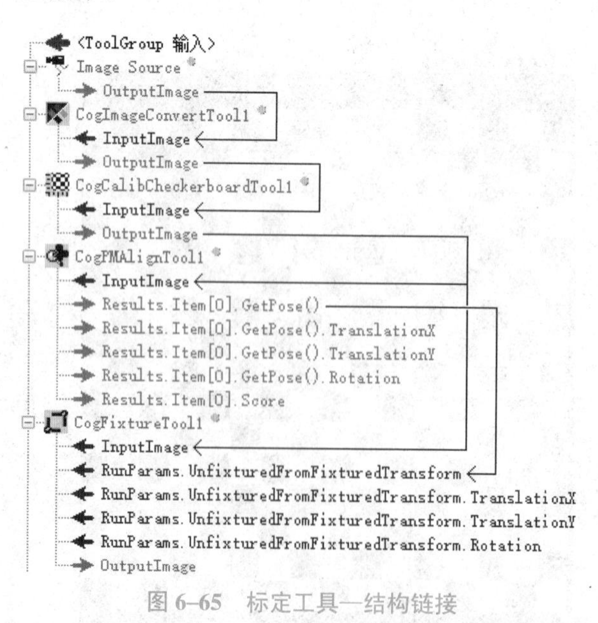

图 6–65　标定工具—结构链接

（9）从工具栏中加载寻找圆工具 CogFindCircleTool，并设置该工具具体参数，如图 6–66 和图 6–67 所示。

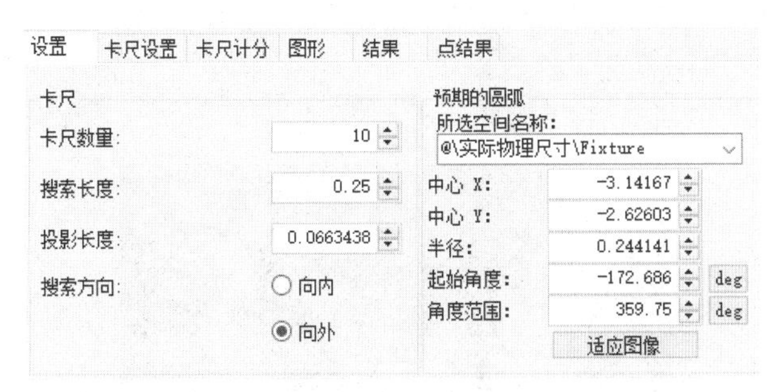

图 6–66　CogFindCircleTool 工具设置窗口

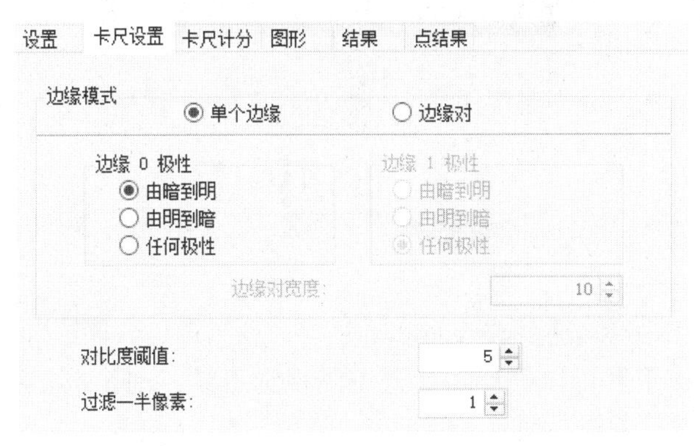

图 6–67　CogFindCircleTool 工具卡尺设置窗口

（10）选择 LastRun.CogFixtureTool 再单击“运行”。此时，在该工具输出端 Radius 显示计算结果。为方便查看，可创建一个文档工具来记录，如图 6–68 所示。

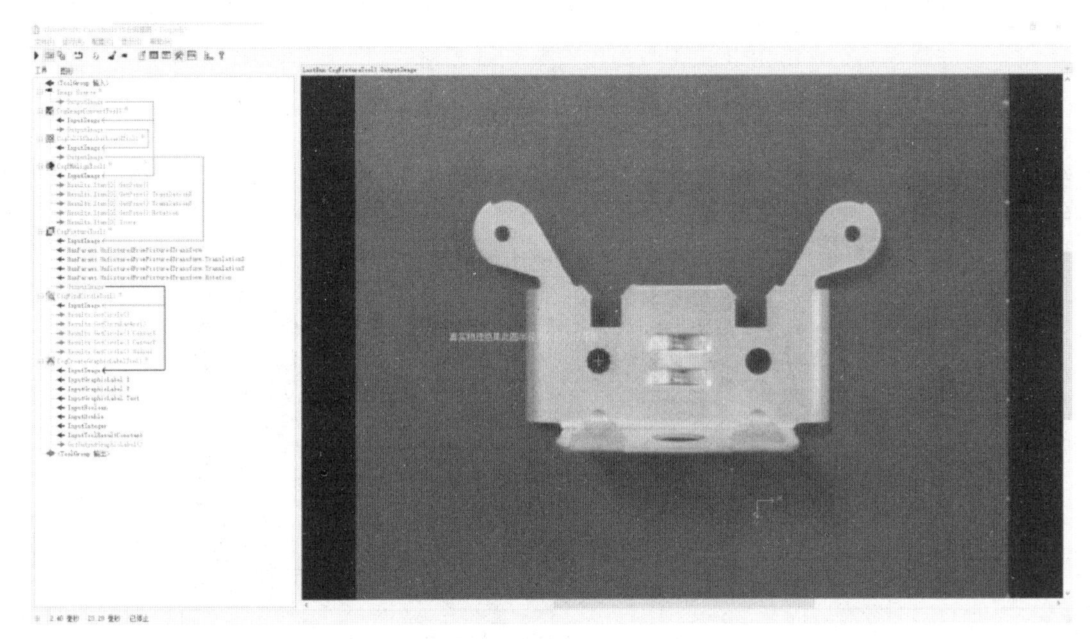

图 6–68　标定运算结果

课后拓展练习

习题：计算图 6–69 中圆 A 半径的实际大小。

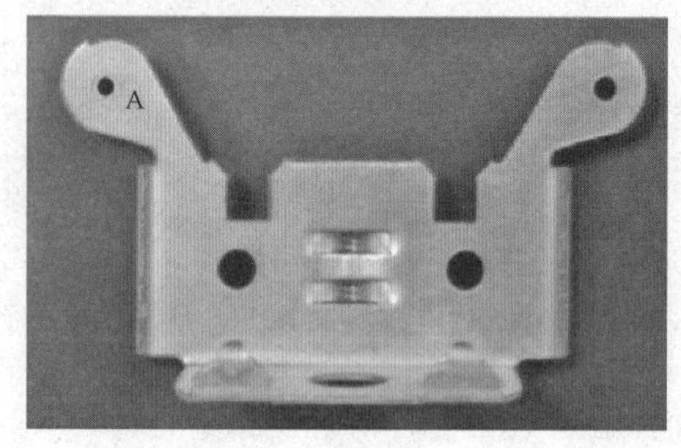

图 6–69　标定拓展练习图

6.8　工具组模块

1. CogToolBlock 根据功能模块化组织工具

功能原理：利用该工具可以根据功能来组织视觉工具，创建重复利用的模块，为复杂的逻辑任务提供简单的接口。

操作步骤如下：

举例说明如何使用工具组，如 CogToolBlock 根据功能模块化组织工具。

（1）导入图片包，从工具栏中加载 CogToolBlock 工具，如图 6–70 所示。

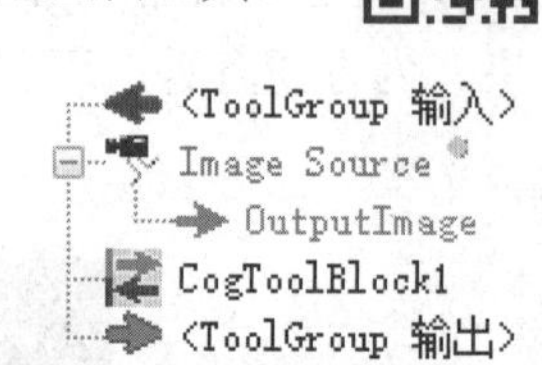

图 6–70　模块化组织工具—结构链接

（2）刚加载好的 CogToolBlock 工具是没有输入端和输出端的，该工具输入端与输出端的设置需要进入工具编辑页面进行，在新增菜单上新增 VisionPro 类型 8 位图片输入与输出，如图 6–71 所示。

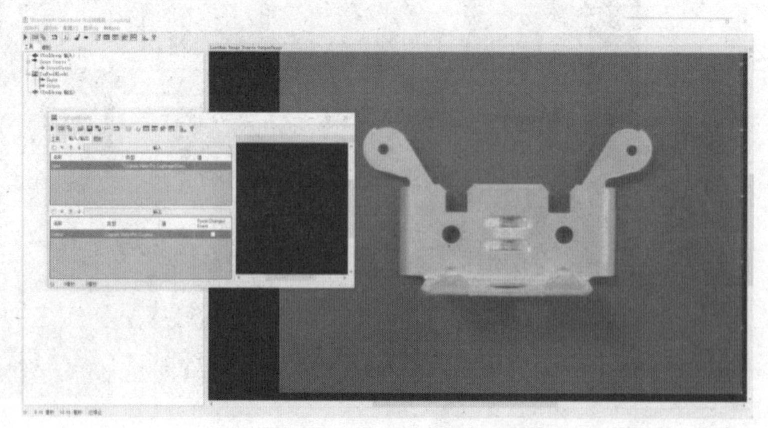

图 6–71　新增 VisionPro 类型 8 位图片输入与输出

（3）编辑后 CogToolBlock 工具具有了输入输出端，将图像源输出端与该工具输入端连接上，如图 6–72 所示。

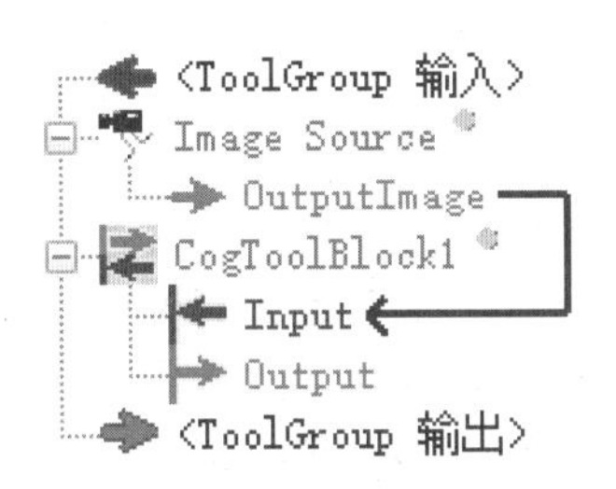

图 6–72　图像源输出端与该工具输入端的连接

（4）继续进入 CogToolBlock 工具编辑页面进行设置，我们可以将平时重复使用的工具加载进去并连接。这样，就得到了一个具有查找特征、建立用户坐标作用的组织工具，最终在输出端输出一张 8 位图片，如图 6–73 所示。

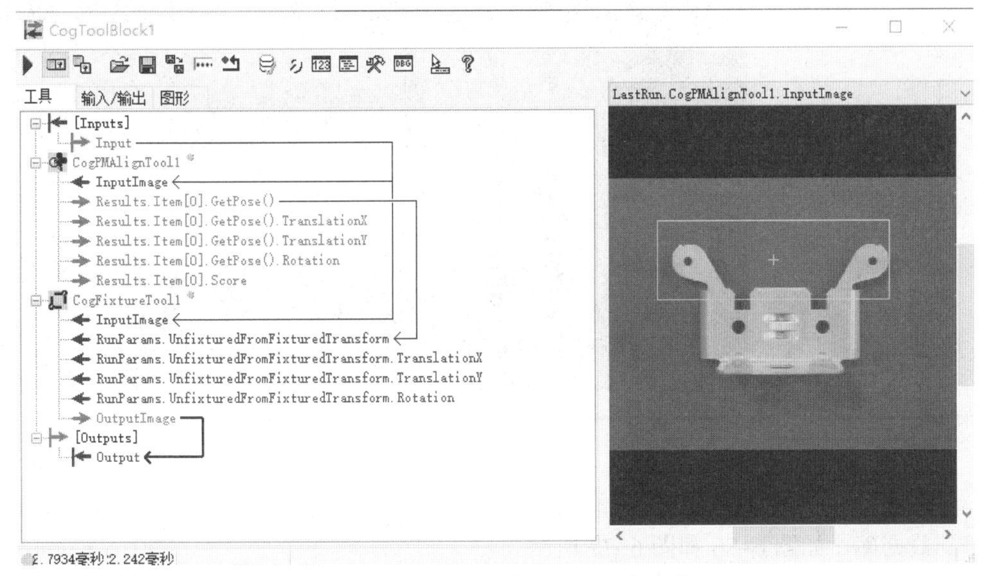

图 6–73　在输出端输出一张 8 位图片

（5）为 CogToolBlock 工具重新命名，如图 6–74 所示。

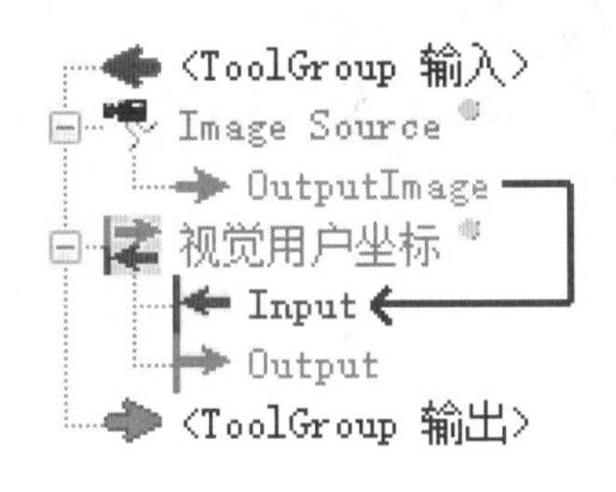

图 6–74　为 CogToolBlock 工具重新命名

6.9 ID 读码和验证工具

1. CogOCRMaxTool 字符验证工具

功能原理：该工具能够根据已训练的字符样本读取灰度图像中的字符，并返回读取结果。在使用该工具时需要设置字符区域、每个字的最大宽度和最小宽度等参数。

操作步骤如下：

（1）导入图片包、查找图像特征、建立特征坐标中心。

（2）从工具栏中加载 CogOCRMaxTool 工具，如图 6–75 所示。

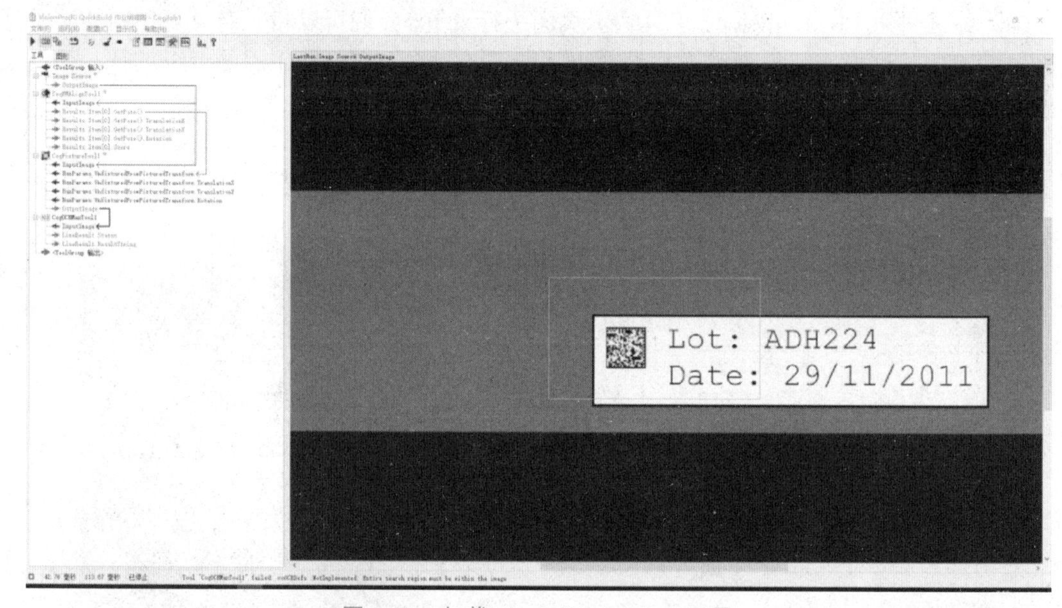

图 6–75　加载 CogOCRMaxTool 工具

（3）进入 CogOCRMaxTool 工具编辑页面，需选上需要提取的字符，再设置具体参数添加字符到数据库，如图 6–76 和图 6–77 所示。

图 6–76　CogOCRMaxTool 工具窗口

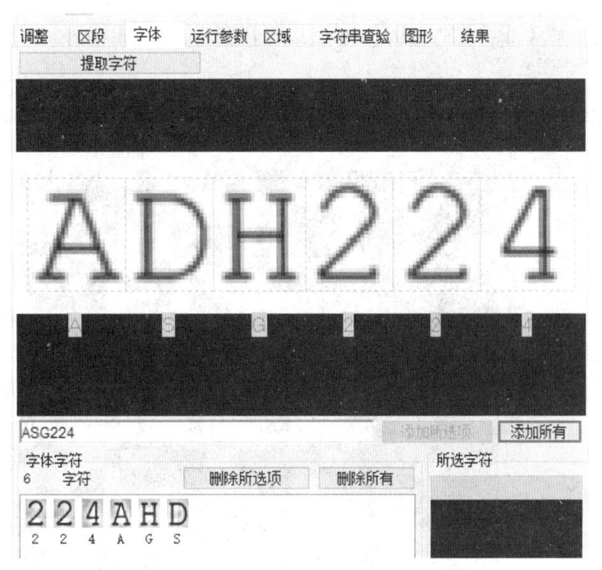

图 6–77　CogOCRMaxTool 工具字符窗口

（4）选择“LastRun.CogFixtureTool”，单击“运行”。此时，在该工具输出端 ResultString，显示计算结果为 ADH224。为方便查看，可创建一个文档工具来记录，如图 6–78 所示。

图 6–78　字符验证—运算结果

2. Cog2DSymbolTool 二维条码读取工具

功能原理：该工具是二维条码读取工具，能够定位并读取二维条码、QR 代码。运用该工具时，将进行解码并将读取到的条码以字符串形式输出，读到的条码可以传递给其他工具使用，如二维条码验证工具等。

工具 11 号

操作步骤如下：

（1）图像格式转换，转换成 8 位灰度图。

（2）从工具栏中加载 Cog2DSymbolTool 工具，如图 6–79 所示。

图 6–79　加载 Cog2DSymbolTool 工具

（3）进入该工具编辑窗口，需设置训练参数、码种、学习码等信息，如图 6–80～图 6–82 所示。

训练参数　训练区域　训练结果　运行参数/区域　图形　结果
操作模式
典型代码
大幅降级代码
代码系统：
二维数据代码
已解码的字符串代码页：
1252 – 拉丁 1（英语）
加载模板...　保存模板...　抓取训练图像
训练超时：5000 ms　训练
高级训练选项
启用透视　启用非一致性模块

图 6–80　Cog2DSymbolTool 工具训练参数窗口

训练参数　训练区域　训练结果　运行参数/区域　图形　结果
训练后的参数
ECC 级别：200　极性：白底黑字
行数：26　已镜像：否
列数：26　AIM 兼容：是

图 6–81　Cog2DSymbolTool 工具训练结果窗口

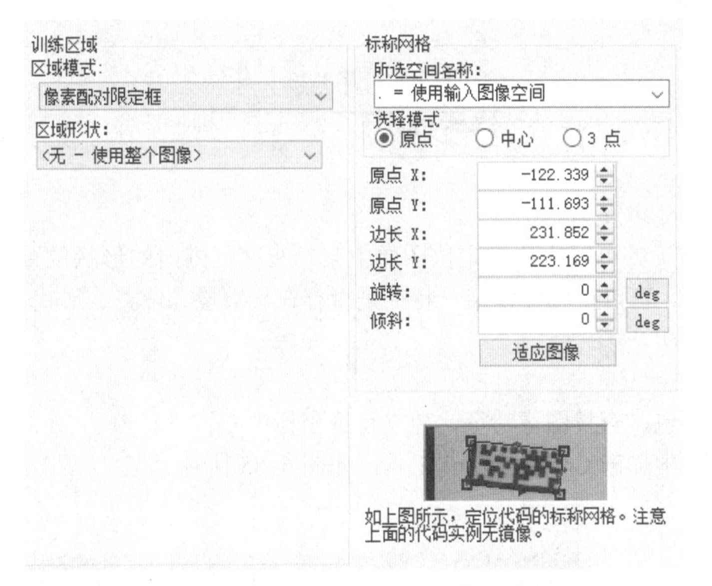

图 6–82 Cog2DSymbolTool 工具区域窗口

（4）选择 LastRun，单击“运行”。此时，在该工具结果里显示字符串为二维码的网址，如图 6–83 所示。

图 6–83 二维读码—运算结果

（5）复制网址并打开网站，如图 6–84 所示。

扫码查看彩图

图 6–84 网站界面

6.10 斑点工具

1. CogBlobTool 斑点工具

功能原理：该工具可以检测和定位图像中某一灰度范围内的形状位置的特征，通过分析，可以得到图像某一特征是否存在、数量、位置、形状、方向等信息。

工具 12 号

操作步骤如下：

（1）导入图片包、查找图像特征、建立特征坐标中心。

（2）从工具栏中加载 CogBlobTool 工具，如图 6–85 所示。

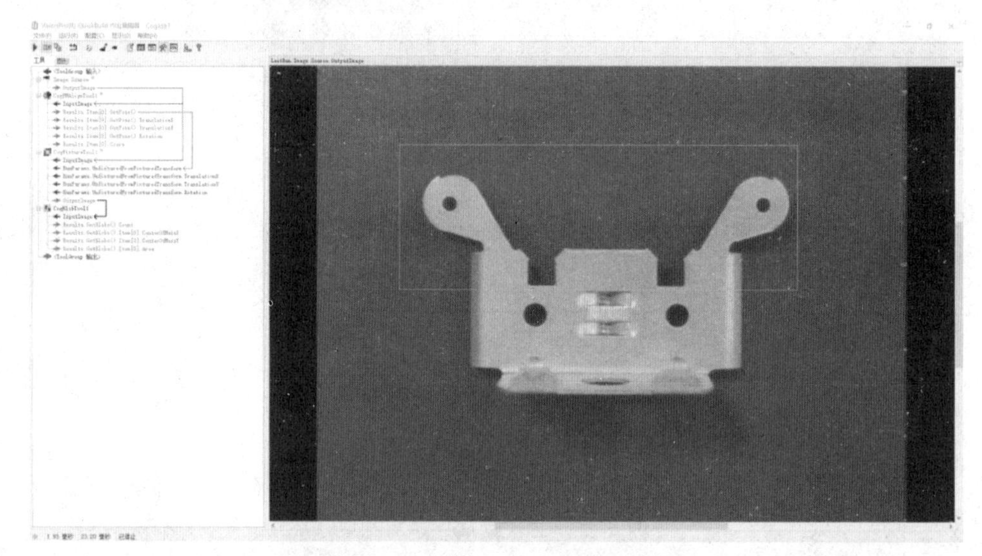

图 6–85 加载 CogBlobTool 工具

（3）进入该工具编辑页面，对具体参数进行设置，如图 6–86～图 6–88 所示。

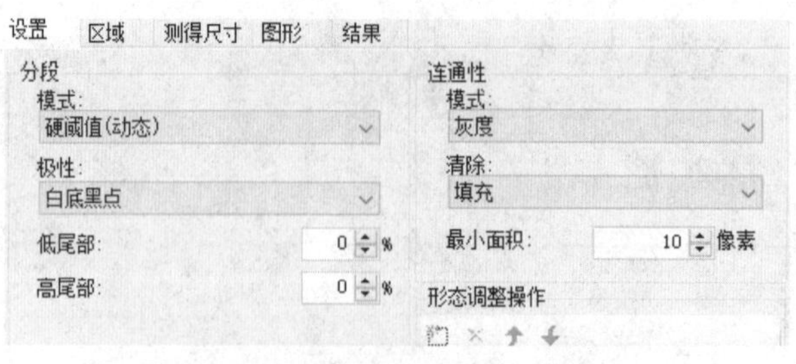

图 6–86 CogBlobTool 工具设置窗口

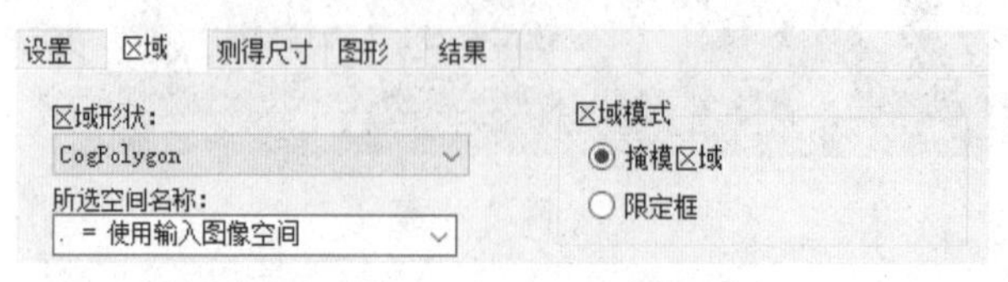

图 6–87 CogBlobTool 工具区域窗口

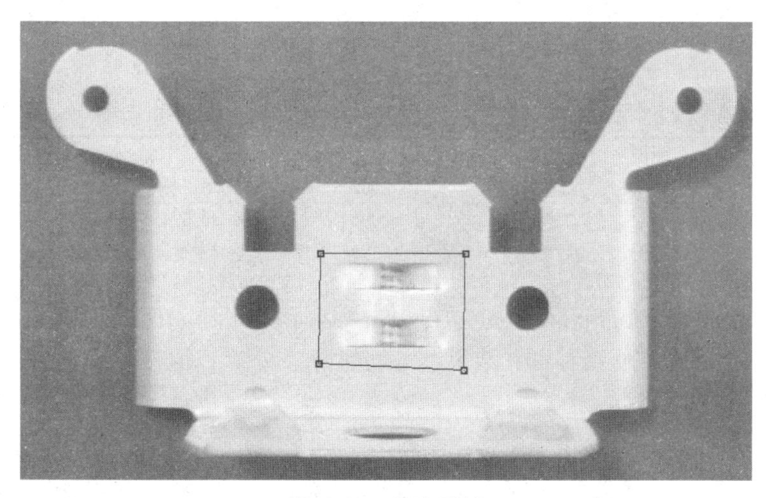

图 6–88 选定区域

（4）选择“LastRun”，单击“运行”，在工具编辑页面结果显示 2 个斑点，如图 6–89 和图 6–90 所示。

3 结果　　□ 显示未过滤斑点

N	ID	面积	CenterMassX	CenterMassY	ConnectivityLabel
0	1	365.933	10.4688	83.8388	1：斑点
1	2	327.94	10.2062	116.024	1：斑点
2	0	21.996	7.52894	88.8385	0：孔

图 6–89 数据结果

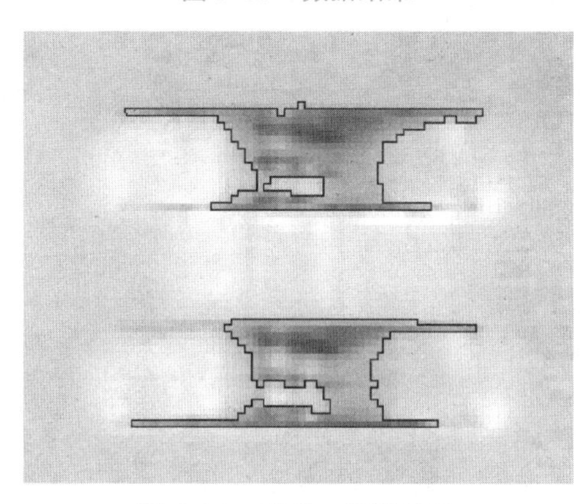

图 6–90 斑点—运算结果

（5）如因项目需要设置面积才被承认是斑点，则可在工具编辑页面的测得尺寸里设置排除面积范围大小，如图 6–91 所示。

属性	尺寸/过滤	范围	低	高
面积	过滤	排除	360	370
CenterMassX	运行时			
CenterMassY	运行时			
ConnectivityLabel	运行时			

图 6–91 设置排除面积范围大小

（6）单击“运行”，则可得设置范围内承认的斑点面积，如图 6–92 所示。

2 结果　　☐ 显示未过滤斑点

N	ID	面积	CenterMassX	CenterMassY	ConnectivityLabel
0	2	327.94	10.2062	116.024	1：斑点
1	0	21.996	7.52894	88.8385	0：孔

图 6–92　设置范围内承认的斑点面积

（7）选择“LastRun.CogFixtureTool”，再单击“运行”。此时，在该工具输出端 Radius.Area 显示面积计算结果。为方便查看运算结果，可创建一个文档工具来记录，如图 6–93 所示。

图 6–93　输出端显示面积—运算结果

课后拓展练习

习题：计算图 6–94 中黑色污垢面积。

图 6–94　斑点工具拓展练习

7

快速生成向导

学习内容

（1）从项目文件中创建一个全部特征的应用程序向导。

（2）制定一个用户操作界面。

（3）向客户更好地展示项目。

快速生成向导 13 号

快速生成向导

.vpp 格式文件快速生成向导

（1）在电脑开始菜单中找到 VisionPro 应用程序向导，如图 7–1 所示。

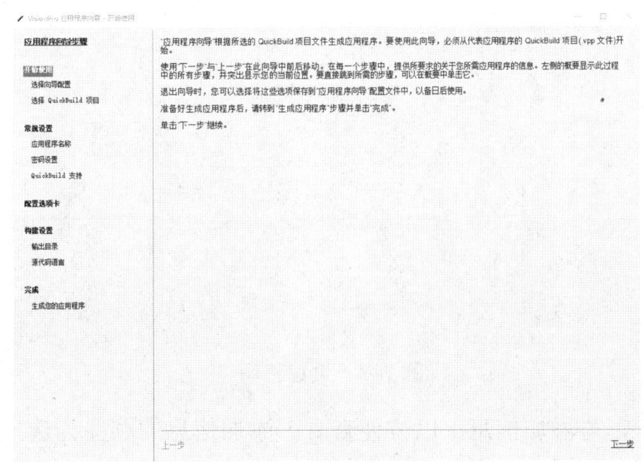

图 7–1　程序向导

（2）打开向导后，在“选择 QuickBuild 项目”界面中，打开.vpp 文件，如图 7–2 所示。

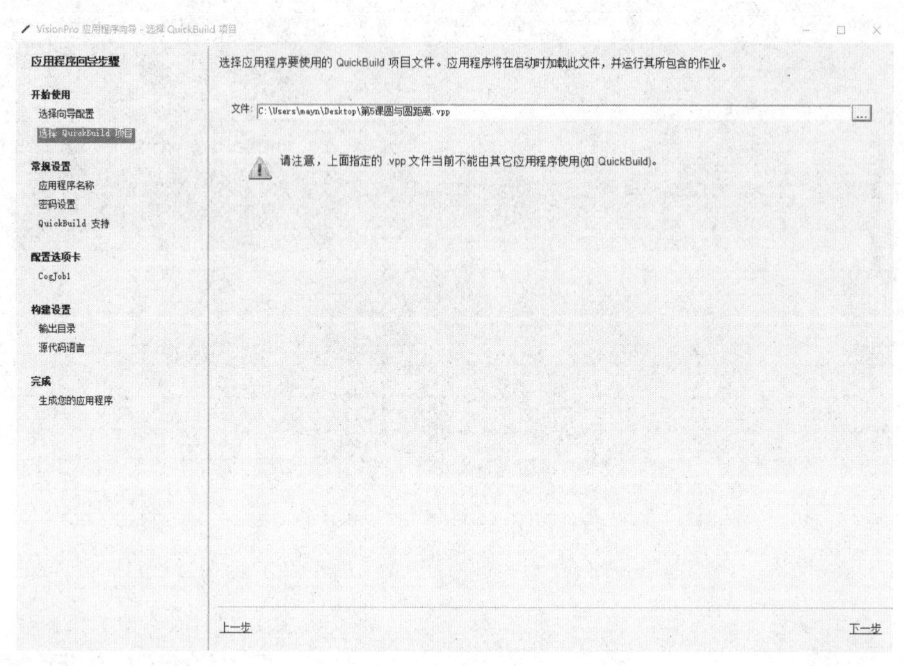

图 7–2　打开.vpp 文件

（3）设置密码（可选择设置启用密码支持或不设置），如图 7–3 所示。

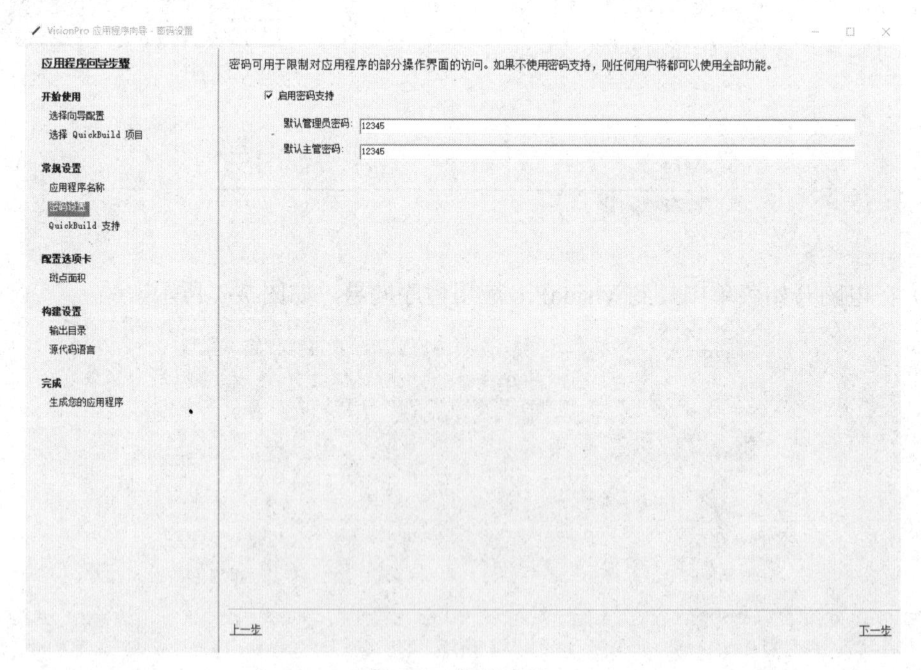

图 7–3　设置密码

（4）配置选项卡，可添加信息，以方便查看。添加信息的顺序为选择卡、组合框、添加输入字段和路径设置，如图 7–4 所示。

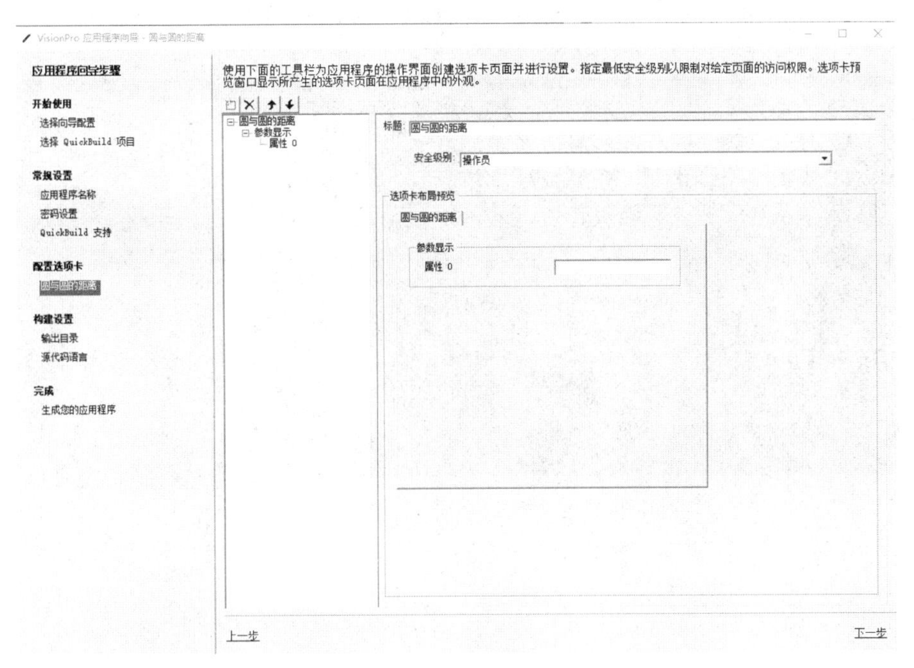

图 7–4　添加信息

（5）设置完成，如图 7–5 所示。

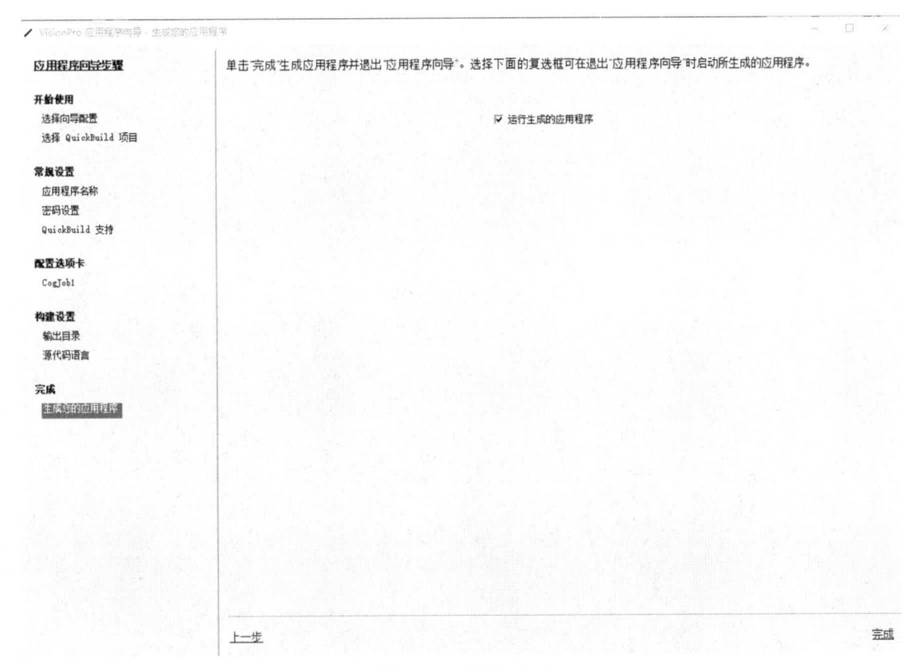

图 7–5　设置完成

（6）打开生成向导，运算结果在右侧显示，单击“运行”，如图 7–6 所示。

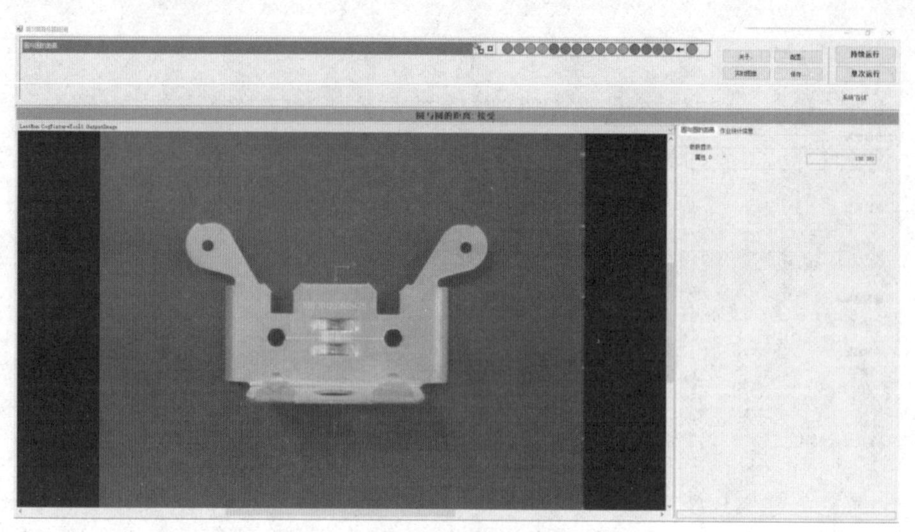

图 7–6　生成向导

8 机器视觉技术典型应用

学习内容

（1）理解物体定位、引导、检测、测量和识别的相关概念及应用场景。

（2）掌握 VisionPro 软件中识别定位工具使用方法与应用。

（3）掌握产品尺寸测量的基本方法与应用。

（4）掌握物体有无检测的基本原理与应用。

（5）掌握物体一维条码、二维条码的识别。

机器视觉在工业领域中的应用主要归为四大类别（GIGI），包括定位和引导（Guidance）、检测（Inspection）、测量（Gauging）和识别（Identification）。

机器视觉技术典型应用

8.1 产品识别与定位

机器视觉技术应用 1

CogPMAlignTool 模板匹配工具的作用是在视野指定范围内根据目标物的训练特征来查找计算目标物的点坐标和角度的，由于它可以查找到多个有相同训练特征的物体点坐标和角度，因此，在查找单个目标物时训练特征在搜索范围内一定要唯一，在查找多个目标物体训练特征时具有明显的共性，而在应用场景中一般都是对批量目标物逐一进行搜索定位。CogPMAlignTool 是基于边缘特征的，在模型匹配中更加快速度和准确。通过应用案例 1 可学会模板保存和模板加载，所谓模板保存和模板加载就是把训练完成的螺钉模板保存起来，在识别时进行加载，无须重新训练，但模板中的运行参数可以重新配置。通过应用案例 2 去理解 VisionPro 软件中 CogPMAlignTool

工具是如何识别统计工件上圆形孔的个数的。

应用案例 1：手机螺丝钉识别

在图 8–2 中查找并识别图 8–1 所示的手机螺丝钉。

图 8–1　单个手机螺丝钉

图 8–2　待识别的多个手机螺丝钉

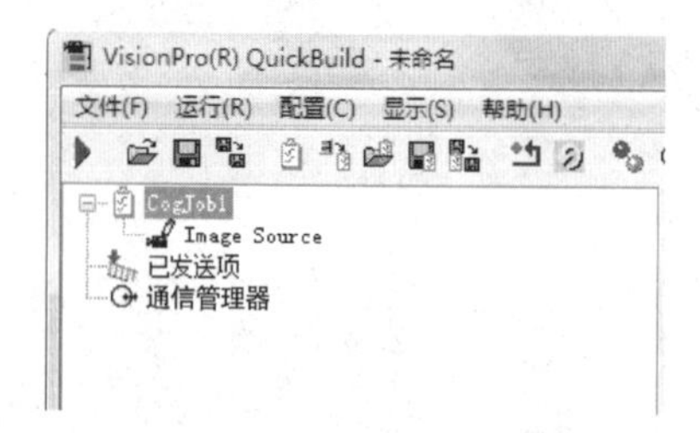

图 8–3　CogJob1 操作界面

1. 新建 CogJob

在电脑桌面上找到“VisionPro”图标

双击“VisionPro”图标并新建 CogJob1，如图 8–3 所示。

2. 双击“Image Source”加载图像

三种方式：加载文件、加载文件夹、相机取像。① 如图 8–4 所示，从“图像数据库”中加载图片，单击“选择文件”按钮，在路径“C:\Program Files\Cognex\VisionPro\Images”下选择文件，单击“打开”按钮，完成图像加载；② 同理，可以选择文件夹，加载文件夹内的图片；③ 若连接上相机，从“照相机”中直接采集图像。

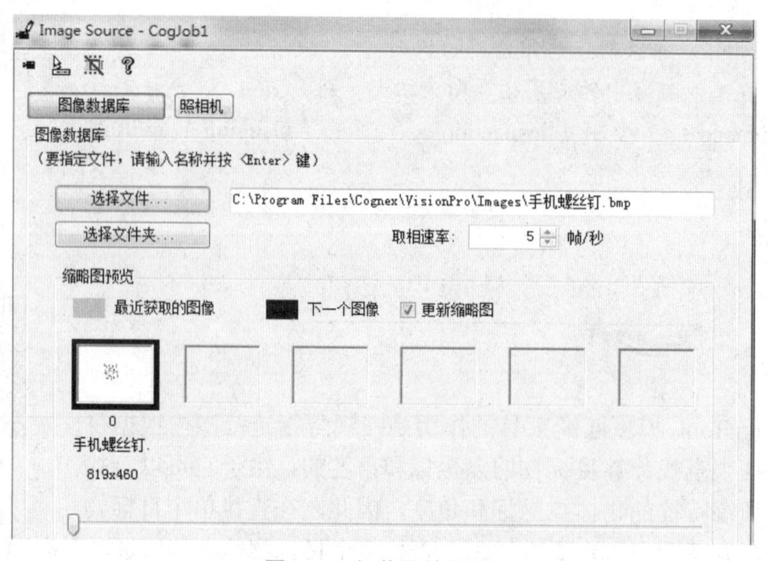

图 8–4　加载图片界面

3. 单击“VisionPro 工具”按钮，添加一个“CogImageConverTool1”工具

相机直接采集的照片或加载的照片是彩色的，需要改变图像的灰度值。关闭图像窗口，单击左上角“运行”按钮，查看图像灰度值，如图 8–5 所示。

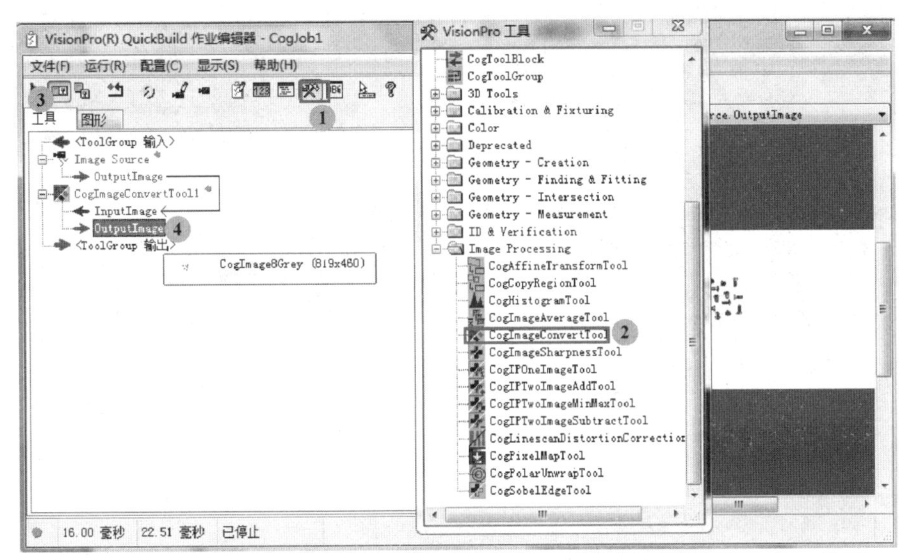

图 8–5 改变从相机直接采集图像的灰度值

4. 添加“CogPMAlignTool”工具并连接像源

添加 CogPMAlignTool”工具，将转换后的图像源“OutputImage”连接到该工具的图形输入“InputImage”中，拖拽即可连接，如图 8–6 所示。

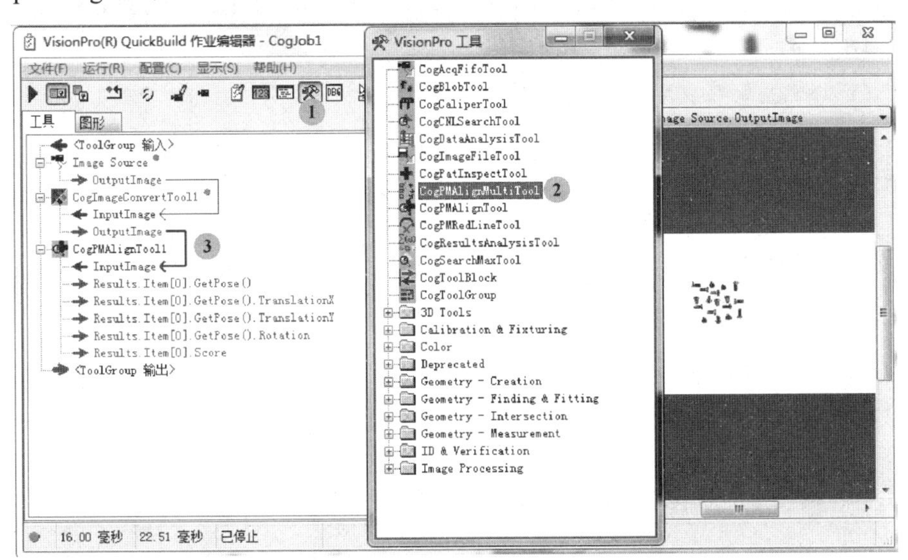

图 8–6 添加并连接工具

5. 双击“CogPMAlignTool”工具进行特征训练

单击右上角的下拉列表选择“Current.TrainImage”选项，再选择菜单栏中训练参数中的“抓取训练图像”，在训练区域出现加载的手机螺丝钉图像，如图 8–7 所示。

6. 选择菜单栏中的“训练区域与原点”，设置原点和训练区域

单击右边图形显示窗口上的下拉列表，选择“Current.TrainImage”，可以看到图像左上角出现了一个小方框，使用鼠标左键拖拽移动到即将选择的特征位置，并将特征图像框入其中，如图 8–8 所示。

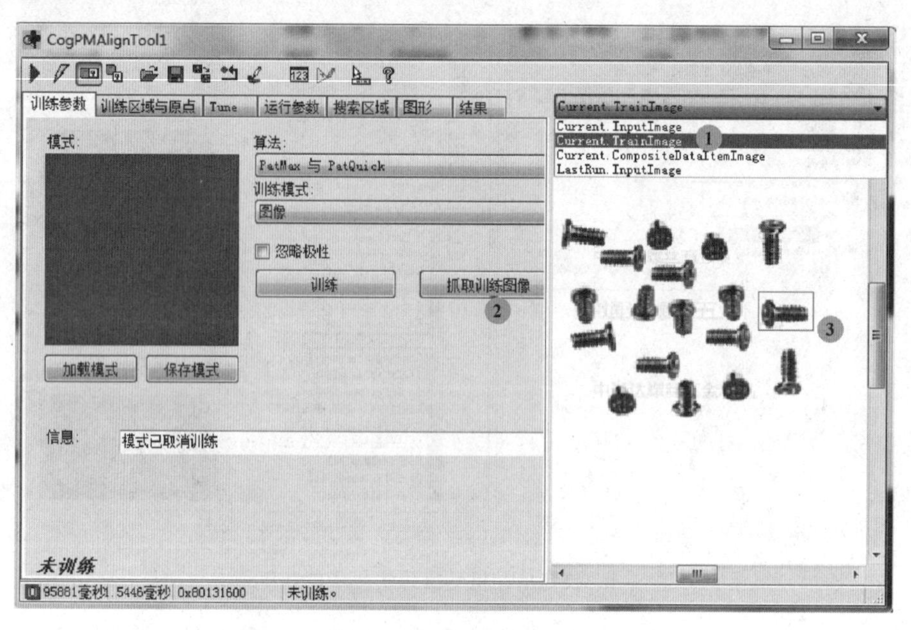

图 8–7　选择“Current.TrainImage”选项

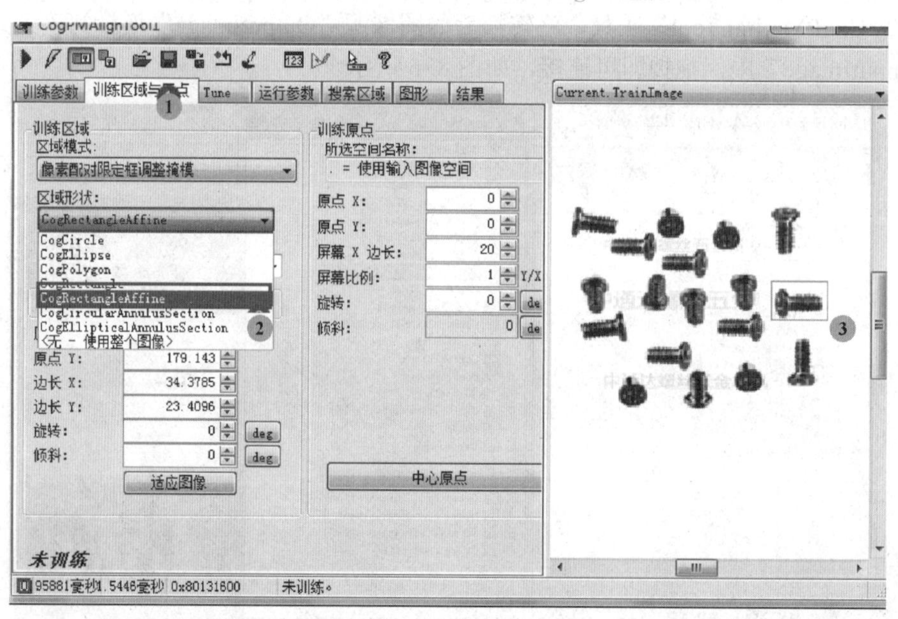

图 8–8　搜索区域的选择

7. 进行模板训练

单击菜单栏中的“训练参数”并选择“训练”，模式中出现训练后的图像，信息中出现“模式训练成功”的提示，如图 8–9 所示。

8. 角度上下限设置

由于螺丝钉的位置不固定，选择菜单栏中的“运行参数”，单击“▶”，修改角度上下限，缩放比例为 1，以实现产品在 180° 旋转范围内能被准确地识别与定位，如图 8–10 所示。

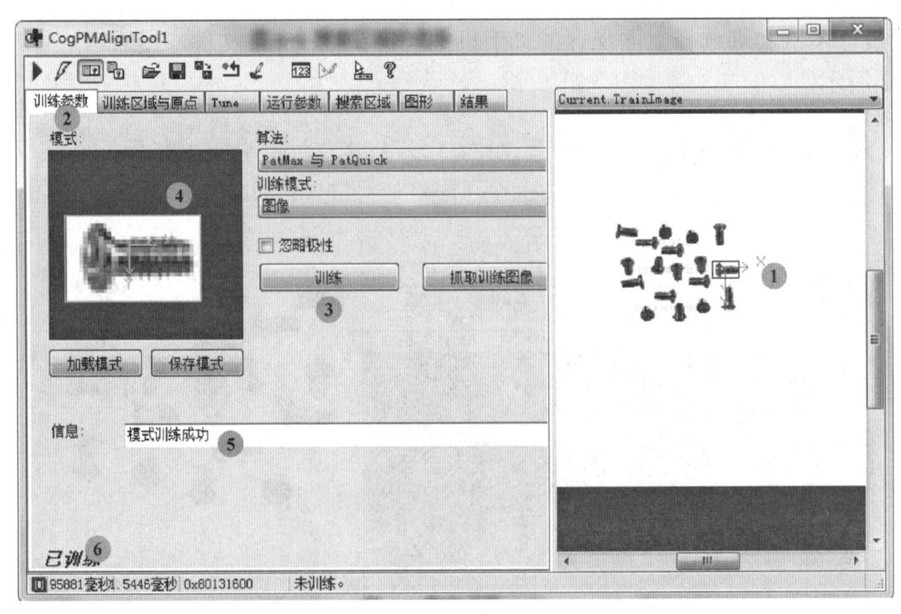

图 8–9　模板训练

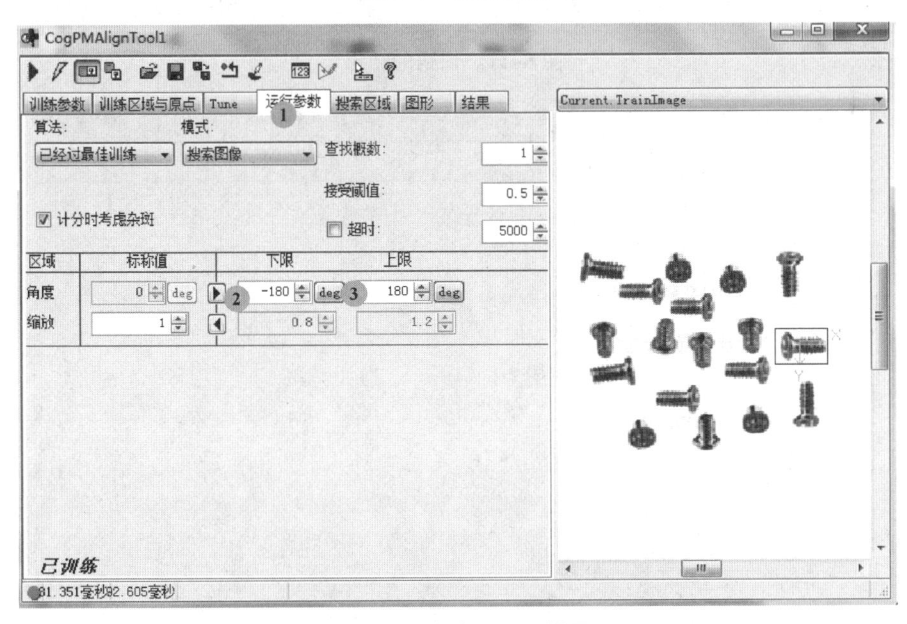

图 8–10　角度上下限设置

9. 单击菜单栏中的“结果”，查看运行结果

螺丝钉被矩形框框住，说明有 2 个工件中的螺丝钉被正确识别。结果中，分数越高则代表匹配得越完美，其最高值为 1，如图 8–11 所示。

10. 模板保存和模板加载

（1）模式保存：打开“CogPMAlignTool”选择菜单栏中的“训练参数”选项，在模板训练完成的情况下，选择“保存模式”，然后再选择路径，把训练的模板保存到计算机中，文件的类型是“.vpp”类型。

（2）模板加载：软件恢复为默认模式后，打开“CogPMAlign Tool”选择加载模式，选择需要的模板，本次实训选择上面保存的“手机螺丝钉识别.vpp”文件，然后再进行参数配置，如图 8–12 所示。

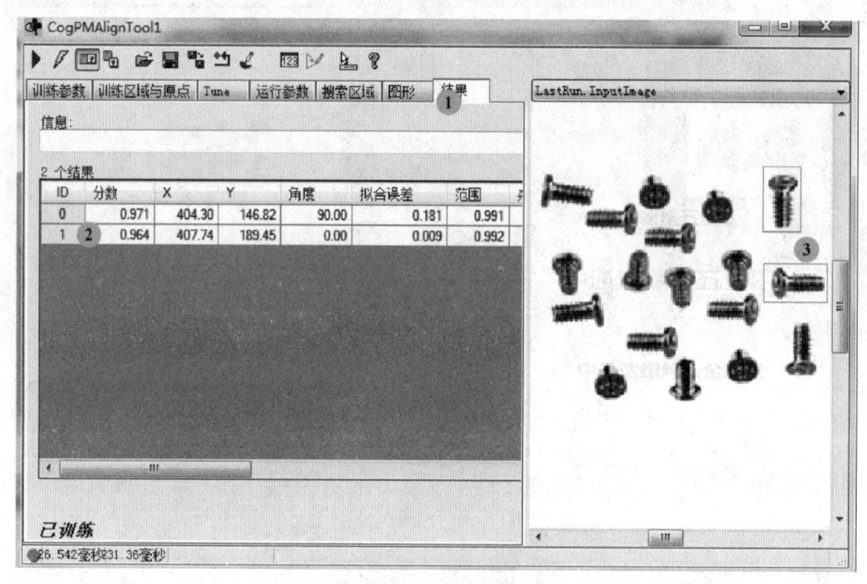

图 8–11　识别的结果

图 8–12　模板加载

11. 查看结果

打开“CogPMAlignTool”，重新设置角度上下限，单击左上角的“运行”按钮，在“LastRun.InputImage”选项下查看运行结果，如图 8–13 所示。螺丝被矩形框框住，说明工件中有三个螺丝钉被正确识别。

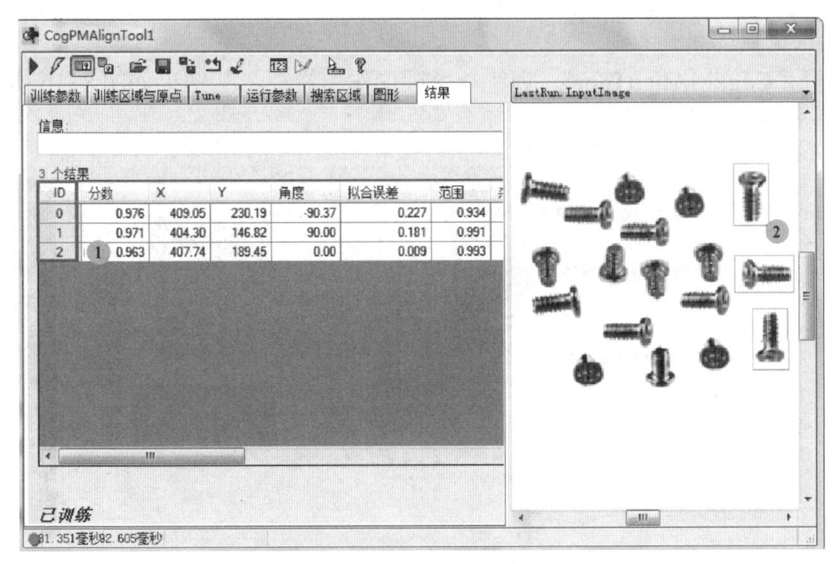

图 8–13　识别的结果

应用案例 2：工件上圆形孔识别与个数统计

要识别工件上圆形孔的个数，并对圆形孔的个数进行统计。通过 VisionPro 软件演示，先抓取如图 8–14 所示的工件上其中一个圆的特征，训练一个圆作为模板，重新加载图片后，圆形框自动捕捉工件中圆形孔即被正确识别，通过查运行结果，得知圆孔个数。

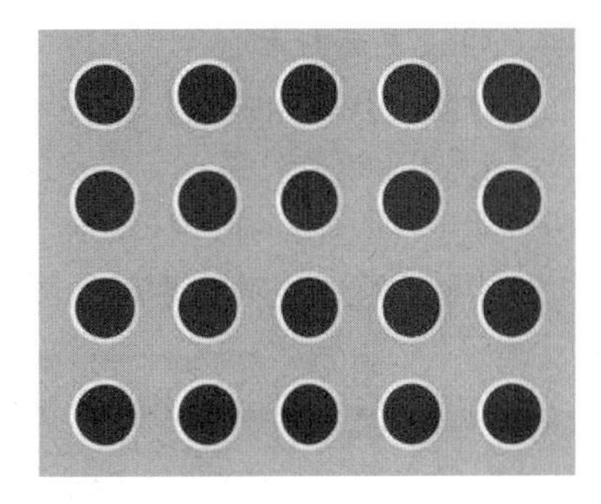

图 8–14　圆形孔工件

1. 加载图像并改变其灰度值

双击“Image Source”加载图像，改变图像的灰度值，如图 8–15 所示。

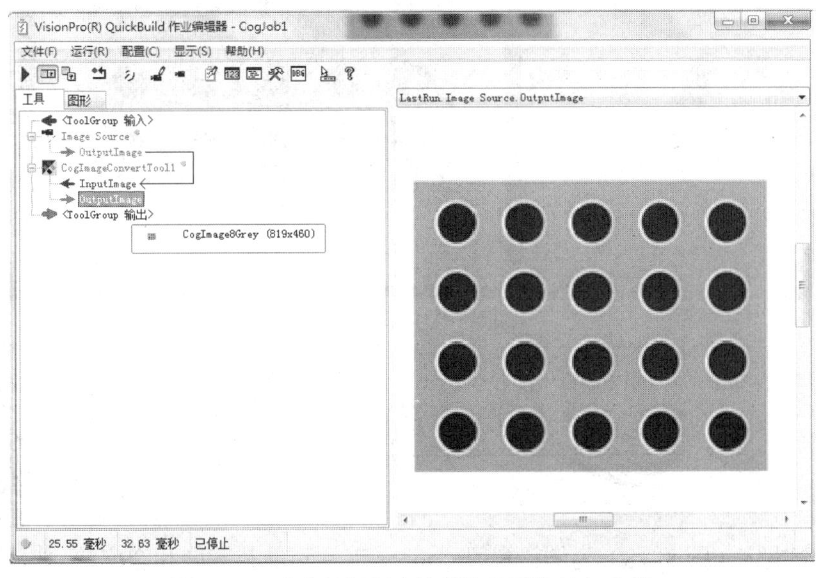

图 8–15　改变从相机直接采集的图像的灰度值

2. 进行模板训练

添加 1 个“CogPMAlignTool”，训练一个圆形作为模板，其结果如图 8–16 所示。

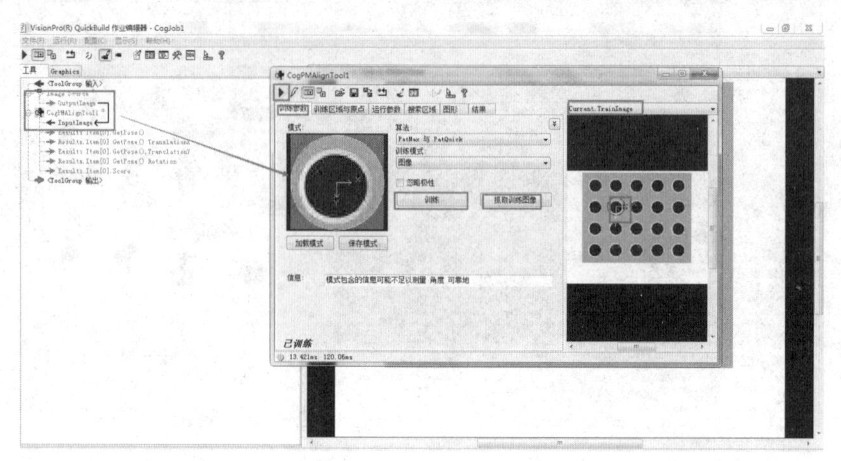

图 8–16　训练模板

3. 设置运行参数

样品上共有 20 个圆，如果要识别大小不同的圆，可以设置“查找参数”“缩放参数”。

4. 查看运行结果

对工件上圆形孔进行识别，并统计出其个数为 20。圆形孔被圆形框框住，说明有 20 个工件中圆形孔被正确识别，如图 8–17 所示。

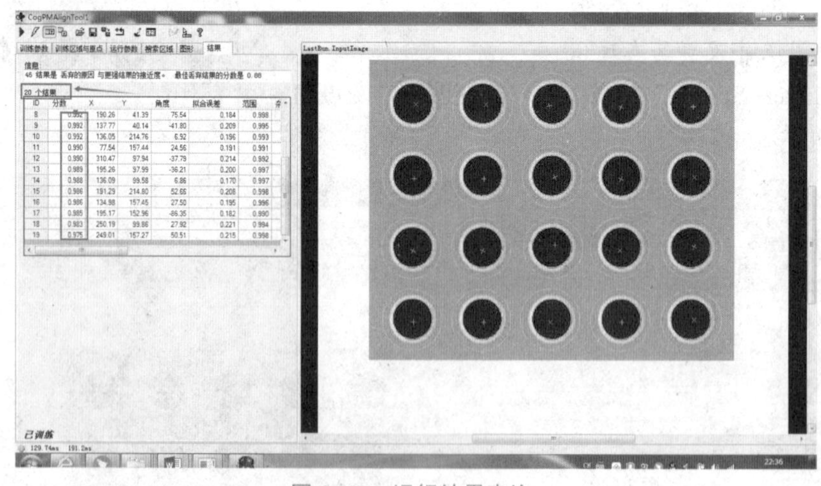

图 8–17　运行结果查询

8.2　产品尺寸测量

机器视觉技术应用 2

以手机充电宝（图 8–18）为例，利用 Caliper 工具测量其高度和宽度的像素尺寸。

应用案例 3：测量手机充电宝的高度和宽度

1. 采集图像

先用图像采集系统采集到黑白分明的产品轮廓，将图片命名为“手机充电宝.bmp”，并保存到图像库中。

图 8–18 手机充电宝

2. 导入图像

双击“Image Source”打开如图 8–19 所示的加载图像界面，选择图像路径为 C:\Program Files\Cognex\VisionPro\Images 中名为“手机充电宝.bmp”的文件，单击打开。若找不到图片，则可以通过搜索该图片的名称进行查找。

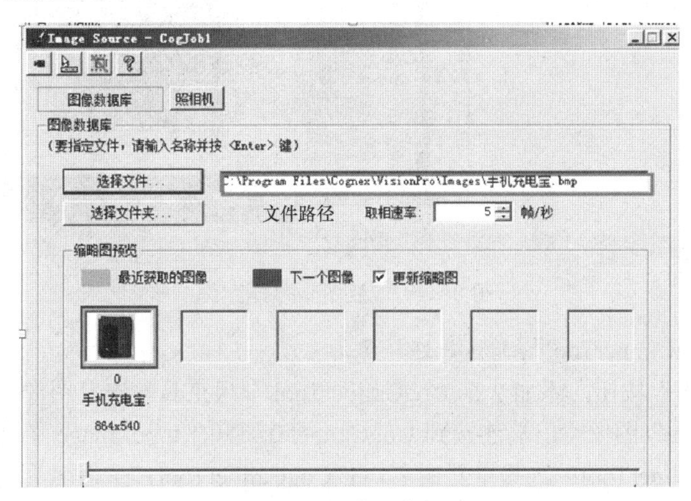

图 8–19 加载图像界面

3. 查看图像

关闭图像窗口，单击左上角“运行”按钮或在菜单栏中选择“运行（R）→单次运行作业（J）”添加图片，如图 8–20 所示。

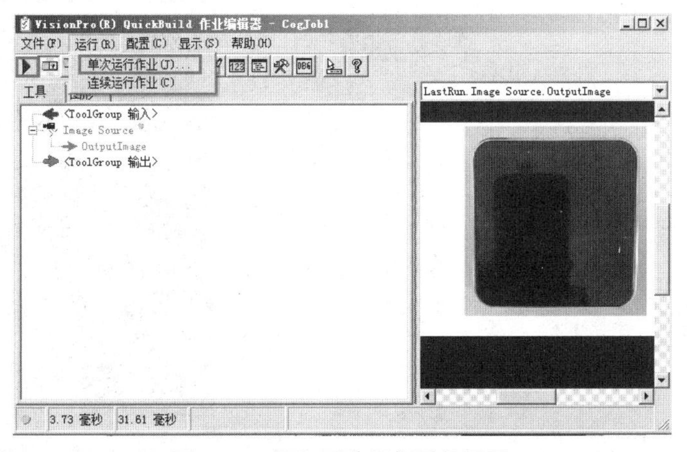

图 8–20 添加图片运行后的界面

4. 改变图像的灰度值

如图 8–21 所示，单击“工具箱”按钮，双击“CogImageConvertTool”，添加图像转换工具，以改变图像的灰度值。

图 8–21　改变图像的灰度值

5. 添加“CogCaliperTool”工具并连接像源

单击“工具箱”按钮，添加 2 个 CogCaliperTool 卡尺工具。连接图像，将 Image Source 中的“OutputImage”图像输出端连接到 CogCaliperTool1 的 InputImage 图像输入端进行数据传递；单击“CogCaliperTool1”选择重新命名，将“CogCaliperTool1”重命名为“CogCaliperTool1–测量手机充电宝的高度”，将“CogCaliperTool2”重命名为“CogCaliperTool2–测量手机充电宝的宽度”，如图 8–22 所示。

图 8–22　连接图像

扫描区域框各部分的说明如图 8–23 所示，其中，查找到的边缘与投影方向平行，沿着扫描方向确定边缘两侧极性的变化。

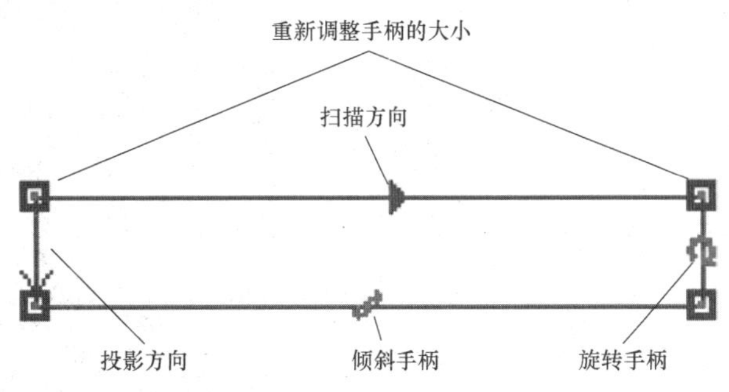

图 8–23 扫描区域框各部分

6. 设置 CogCaliperTool 参数

双击并打开“CogCaliperTool2–测量手机充电宝的宽度”工具，设置边缘模式，扫描区域、极性、对比度等参数，首先选择边缘对模式，设置扫描区域，设置极性，设置边缘对宽度，设置对比度阈值，最后设置过滤一半像素。调整手柄的大小和位置，将边缘模式选择为“边缘对”，先将边缘对宽度设置为 1 000，再调整到 425，如图 8–24 所示。

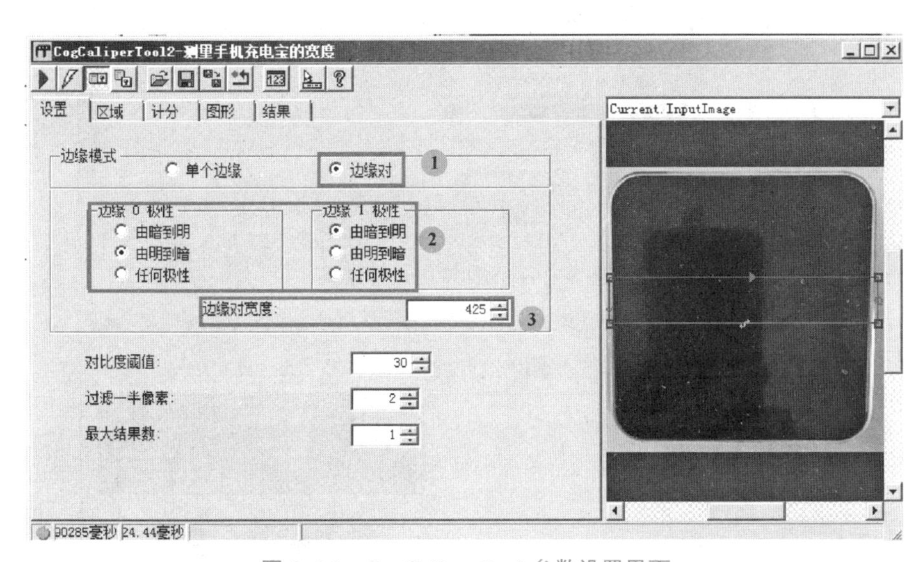

图 8–24 CogCaliperTool 参数设置界面

7. 查看被测物的像素宽度值

如图 8–25 所示，在 Caliper 的结果界面可以查看相关结果信息，测量宽度的默认单位为像素，此时已经测出手机充电宝的像素宽度值为 422.113 pixels。

8. 添加输出运行结果

添加终端操作，将该结果添加到工具栏，如图 8–26 所示。先选择“Width”，再单击“添加输出”。

9. 运行结果的输出显示

运行结果的输出显示如图 8–27 所示。

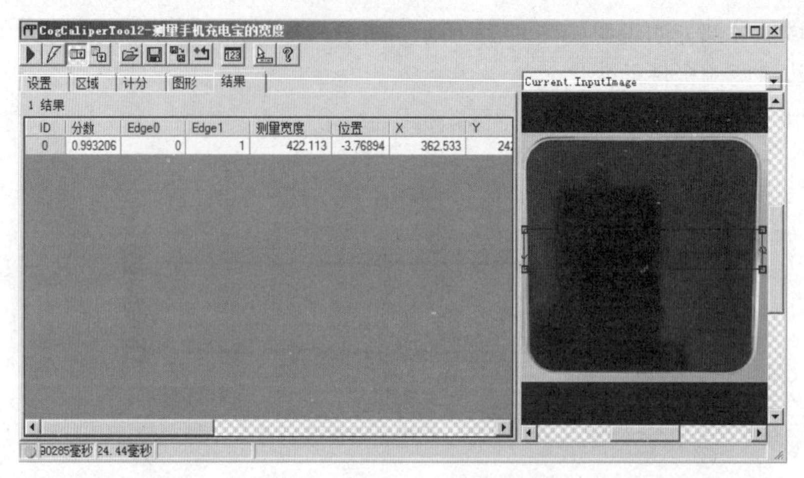

图 8–25 Caliper 结果界面

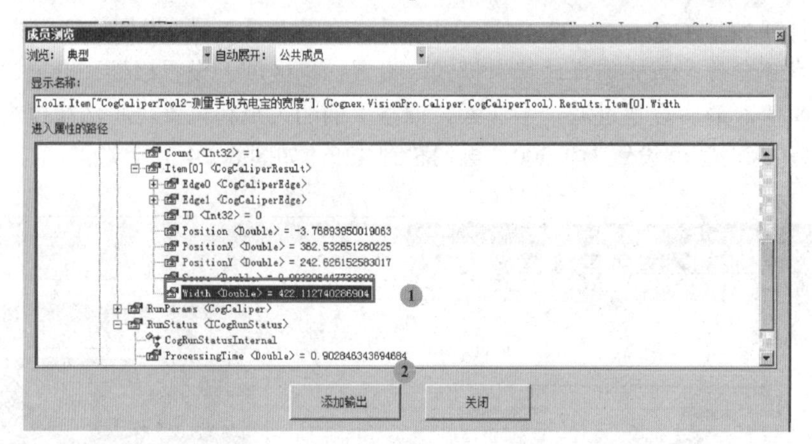

图 8–26 添加输出运行结果

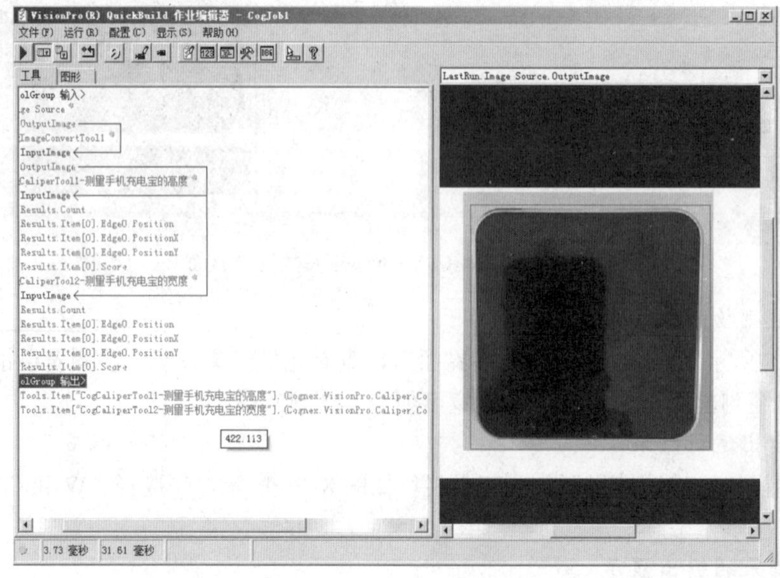

图 8–27 运行结果的输出显示

10. 调整对比度阈值

同理，可以测出手机充电宝的高度，其中，边缘对宽度要根据估计值调整。另外还需调整对比度阈值的大小，单击左上角的“电子模式”，从右上角的下拉菜单选择“LastRun.RegionDate”，调整对比度阈值，直到虚线超过较小的峰值，如图 8–28 所示。

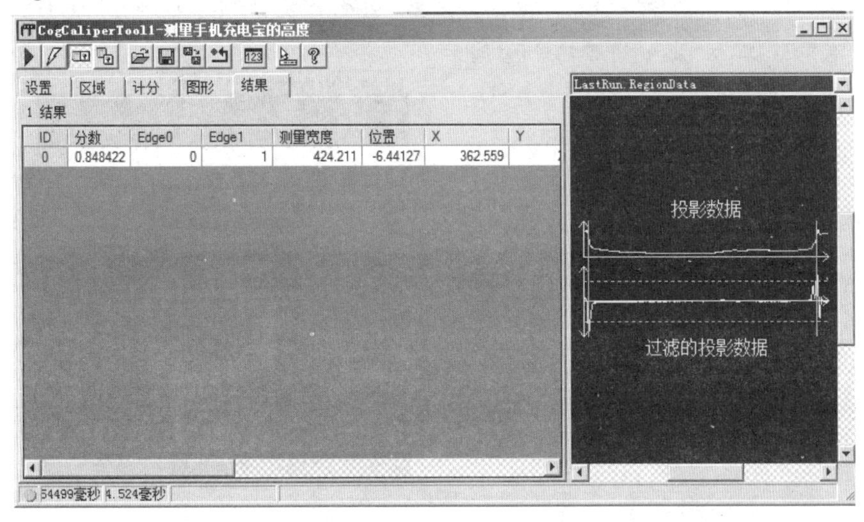

图 8–28 调整对比度阈值

在实际的视觉应用中，其最终目的是希望测量和定位结构有实际意义，再通过标定板来建立像素坐标和实际坐标之间的 2D 转换关系，然后，将这种坐标关系附加到实测图像的坐标空间中。该工具常用到的标定板有棋盘格标定板和圆点标定板，完成实物实际尺寸的测量。

8.3 产品质量检测

机器视觉系统可代替大量的检测工人，将“人眼+简单工具”的检测模式升级为高精度且快速的自动检测模式。对大批量产品的尺寸进行精确测量并对其外观缺陷进行检验甄别，将合格品和不合格品严格区分开来。如图 8–29 所示，以计算器按键缺失检测为例，来了解产品质量检测的过程。

机器视觉技术应用 3

应用案例 4：计算器按键缺失检测

图 8–29 计算器按键

1. 加载图片，改变图像的灰度值

桌面找到“VisionPro”图标，双击打开软件，加载图片，进行灰度值转换，如图 8–30 所示。

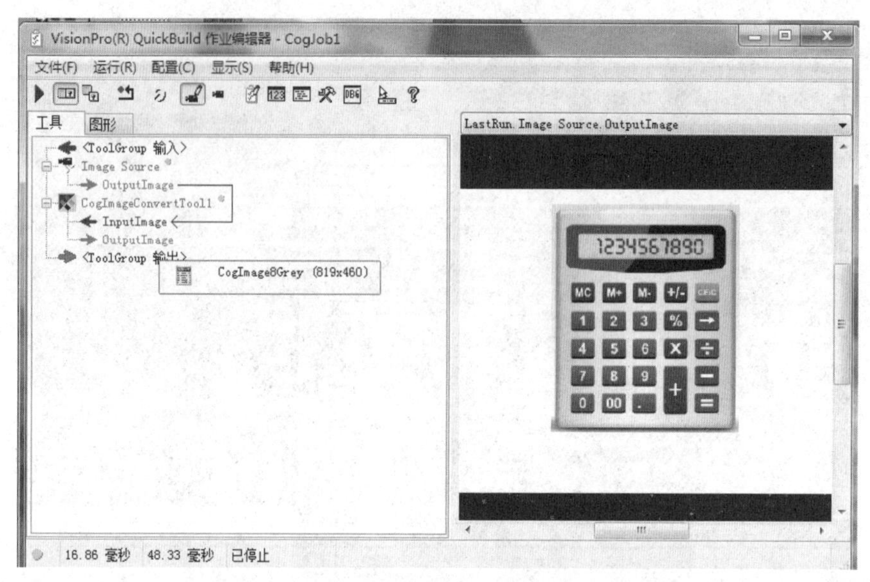

图 8–30 加载图片，改变图像的灰度值

2. 对计算器进行定位并连接像源

分别添加 CogPMAlignTool 模板匹配工具和 CogFixtureTool 定位工具，对计算器进行定位并连接像源，如图 8–31 所示。

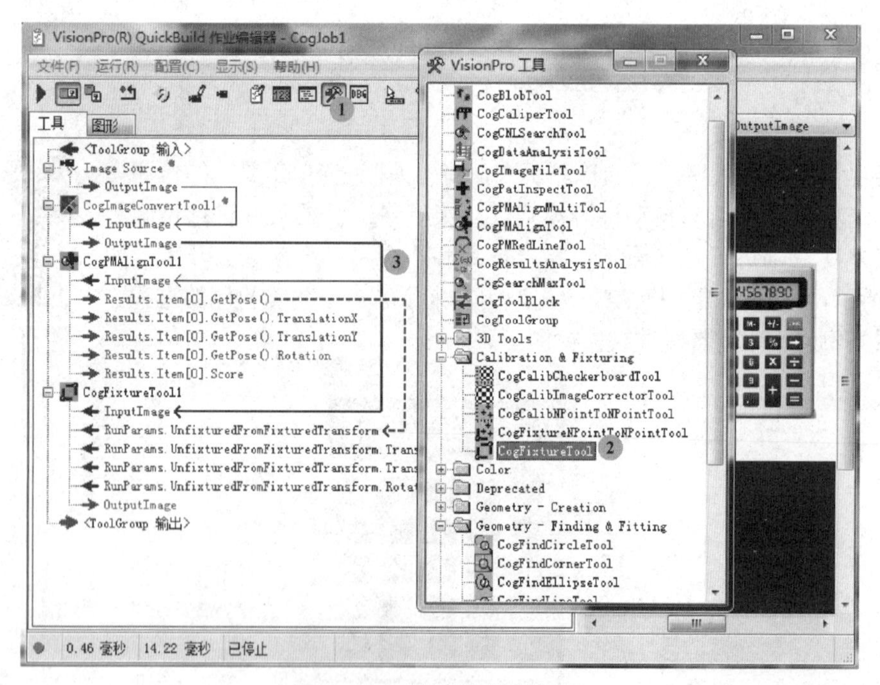

图 8–31 工具添加链接界面

3. 训练模板

设置运行参数，修改旋转角度，如图 8–32 所示，运行并查看结果，确保定位准确。

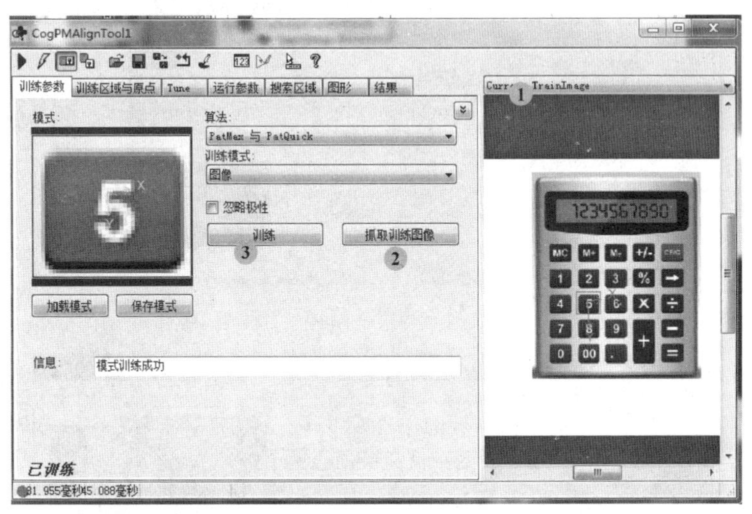

图 8–32　训练模板

4. 设置 CogBlobTool 参数

添加 CogBlobTool 斑点找寻工具。设置分段模式选择“硬阈值（固定）”，极性选择“黑底白点”，如图 8–33 所示。

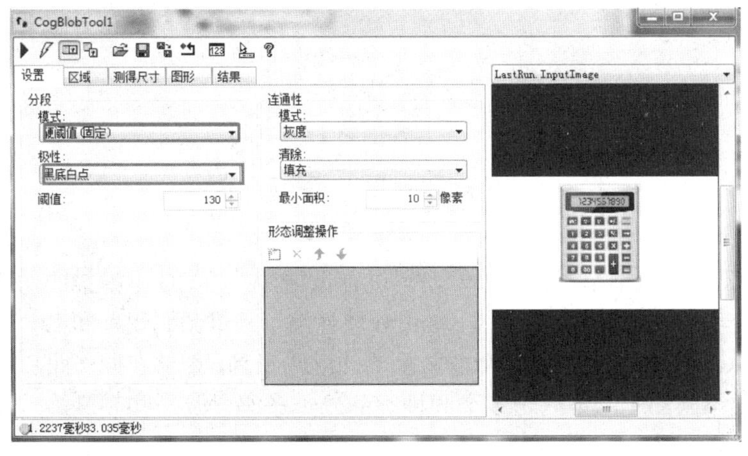

图 8–33　设置 CogBlobTool 参数

5. 设置测得尺寸参数

在“测得尺寸”中查看“属性”，设置“面积”参数为“过滤”，过滤范围为 400～1 000，如图 8–34 所示。

6. 查看运行结果

计算器上同一种按键都被识别，其结果显示界面如图 8–35 所示，可以看到斑点个数为 23，结果 N 值为 0～22。

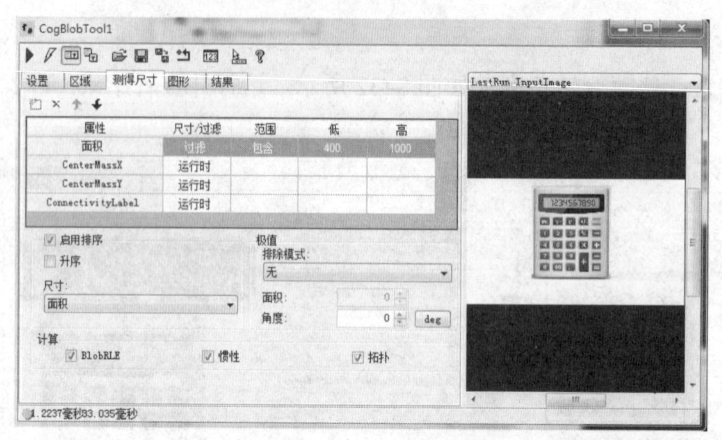

图 8–34　测得尺寸过滤界面

CogBlobTool1

设置 | 区域 | 测得尺寸 | 图形 | 结果

LastRun.BlobImage

① 查看运行结果

23 结果

N	ID	面积	CenterMassX	CenterMassY	ConnectivityLab
8	66	968	341.004	199.004	0: 孔
9	71	962	340.972	241.069	0: 孔
10	58	962	437.775	155.054	0: 孔
11	78	955	292.368	324.063	0: 孔
12	62	952	389.867	156.	0: 孔
13	68	948	437.57	240.09	
14	72	943	389.082		
15	75	942	389.071	22	
16	61	942	341.481	156.119	0: 孔
17	63	931	437.498	198.106	0: 孔
18	74	931	341.009	282.092	0: 孔
19	77	928	486.556	323.222	0: 孔
20	60	913	292.624	158.05	0: 孔
21	79	785	340.861	324.255	0: 孔
				162.634	0: 孔

324.063

④ 斑点坐标值大小（X, Y）

③

② 斑点个数23个（0～22）

图 8–35　结果显示界面

8.4　条码识别

扫码枪对 CG（手机屏幕）背面二维条码进行识别，并将 CG 上扫描的二维条码数据传输至数据库中。使用 VisionPro 软件演示一维条码识别和二维条码的识别，CogIDTool 工具是一个非常重要的解码工具，能够在同一张图像中读取种类不同的一维条码、多个同种类的二维条码以及一些高度旋转和有透视变形的二维条码。

机器视觉技术应用 4

一维条码只在一个方向（水平方向）表达信息，而在垂直方向则不表达任何信息，只可表示英文、数字、简单符号等字符。扫码枪能识别的一维条码有 Codabar 码、交叉二五码、Code 39 码、Code 128 码、Code 93 码等。

应用案例 5：一维条码的识别

一维条码如图 8–36 所示。Code39 码是目前国内企业内部自定义码制，可以根据需要确定条码的长度和信息，其编码信息可以是数字，也可以是字母，主要应用于工业生产线和图书管理领域等。

图 8–36 一维条码

1. 添加 CogIDTool 工具

双击“Image Source”加载一维条码图像。添加 CogIDTool 工具，将 CogIDTool 的输入端连接到”Image Source”输出端，如图 8–37 所示。

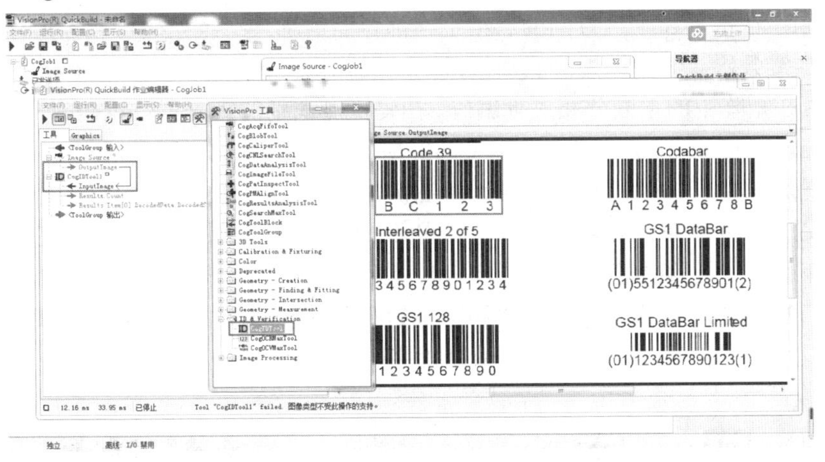

图 8–37 添加 CogIDTool 工具

2. 设置参数

加载图像后，打开 CogIDTool 工具，设置参数，选择一维条码类型，可以同时勾选多种类型，如图 8–38 所示。

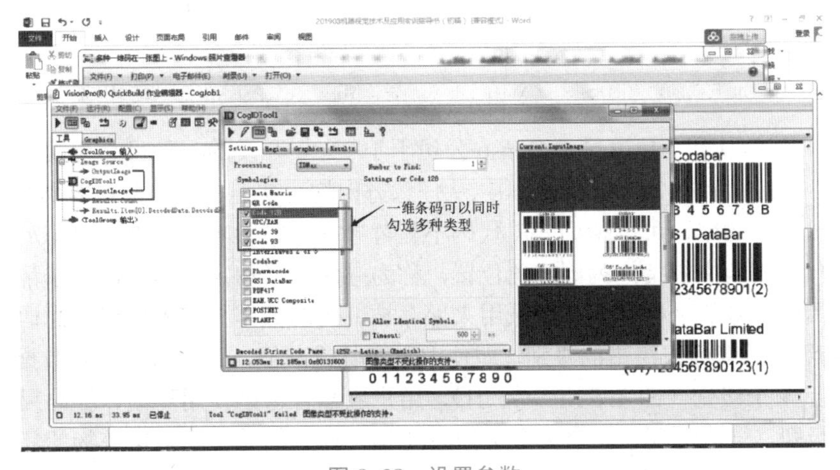

图 8–38 设置参数

3. 解码

使用整张图像作为搜索区域，点击运行，查看结果。读取一维条码的内容为 ABC123，如图 8–39 所示。

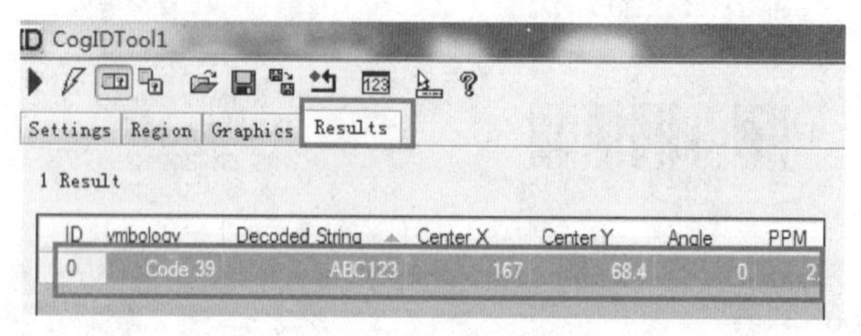

图 8–39　运行结果

应用案例 6：二维条码的识别

二维条码：在水平和垂直方向的二维空间都存储信息。二维条码可以分为行排式二维条码和矩阵式二维条码。其中，矩阵式二维条码（又称棋盘式二维条码）是在一个矩形空间通过黑、白像素在矩阵中的不同分布进行编码。扫码枪能识别的矩阵式二维码有 DataMatrix 码、DPM 码、MaxiCode 码、Aztec 码、QR 代码和 MicroQR 码。

通过图像的采集设备，得到含有条码的图像，此后主要通过条码定位、分割和解码三个步骤实现条码的识别，在识码之前要确定二维条码的类型，如图 8–40 所示，QR 代码有位于左上角、左下角、右上角的三个定位图形，MaxiCode 码有位于符号中央的三个等间距同心圆环定位图形，DataMatrix 码有位于左边和下边的两条垂直的实线段。最后，根据条码的逻辑编码规则把这些原始的数据位流转换成数据码字。

(a)　　(b)　　(c)

图 8–40　经过处理后的图像

（a）QR 代码的定位图形；（b）MaxiCode 码的定位图形；（c）DataMatrix 码的定位图形

QR 代码（快响应码）是由日本 Denso 公司于 1994 年开发的一种可高速读取的矩阵式二维码。如图 8–41 所示的 21×21 的矩阵中,从任意方向均可快速读取信息，其奥秘就在于 QR 代码中的 3 处定位图案，可以帮助 QR 代码不受背景样式的影响，实现快速稳定的读取，该区域在 QR 代码规范中被指定为固定的位置，称为寻像图形和定位图形，用来帮助解码程序确定图形中具体符号的坐标。中间区域用来保存被编码的数据内容及纠错信息码。QR 码具有“纠错功能”，用来标识纠错的级别，即使编码变脏或破损，也可自动恢复数据，这一“纠错能力”具备 4 个级别（即 L、M、Q、H），用户应综合考虑使用环境、编码尺寸等因素后选择相应的级别，一般情况下用户大多选择级别 M，在工厂等容易沾染赃物的环境下，可以选择级别 Q 或 H，在不那么脏的环境下，且数据量较多的时候，也可以选择级别 L。QR 代码结构如图 8–42 所示。

注意，两层图标的位置在视觉应用中占有很重要的比例，各种各样的二维条码都有可能需要识别。常见的 QR 代码、DataMatrix 码。本方案是对如图 8–43 所示含有二维条码的图片进行识别，读取二维条码的内容。

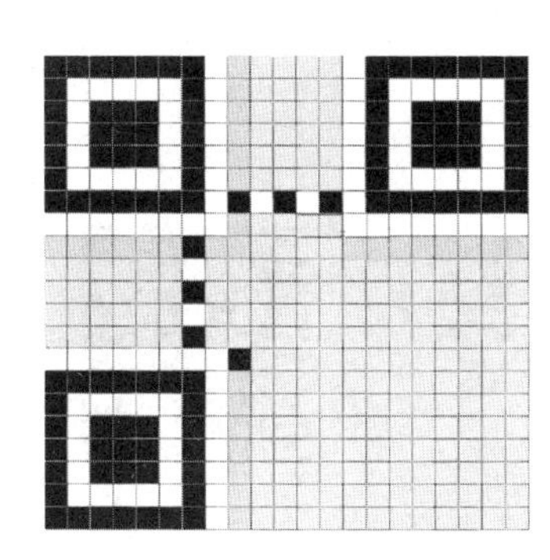

图 8–41　21×21 的矩阵

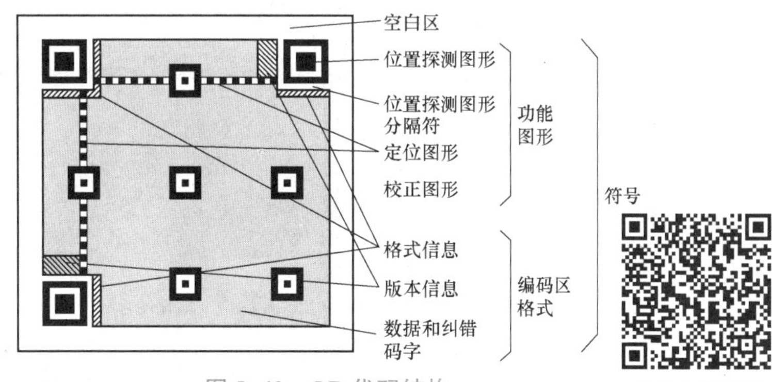

图 8–42　QR 代码结构

扫码查看彩图

扫码查看彩图

图 8–43　含有二维条码的图片

1. 加载图像

新建 CogJob1，双击“Image Source”加载含有二维条码的图片，如图 8–44 所示。

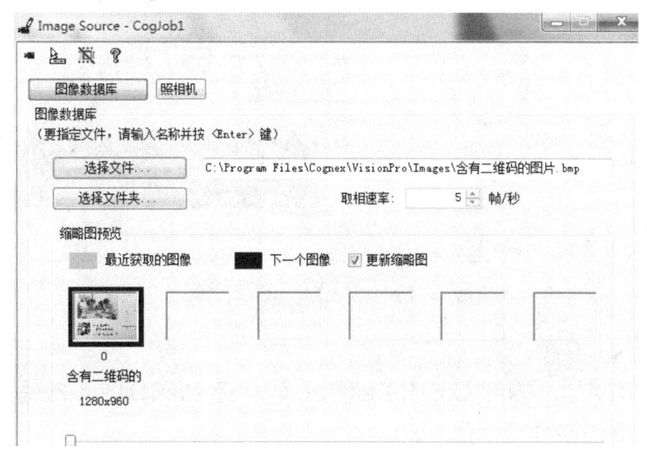

图 8–44　加载图像

2. 查看图像

关闭图像窗口，单击左上角“运行“按钮或在菜单栏中选择“运行（R）→单次运行作业（J）”并添加图片，如图 8–45 所示。

扫码查看彩图

图 8–45　添加图片运行后的界面

3. 改变图像的灰度值

改变图像的灰度值，如图 8–46 所示界面。

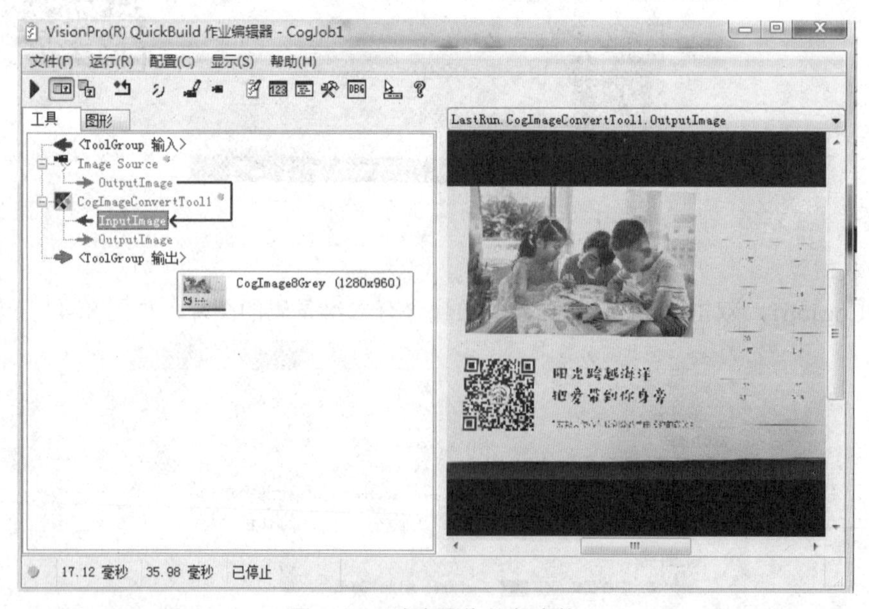

图 8–46　改变图像的灰度值

4. 添加 CogIDTool 工具

打开 VisionPro 工具，添加“CogIDTool”工具。将 CogIDTool 的输入端连接到“Image Source”的输出端，如图 8–47 所示。

图 8–47　添加 CogIDTool 工具

5. 设置 CogIDTool 参数

双击并打开“CogIDTool”工具，如图 8–48 所示，选择识别码类型及其他参数设置。首先在“处理模式”中选择“IDmax”或“IDQuick”，然后在“代码系统”中勾选“QR 代码”作为待识别码类型，在 QR 模式下拉选择“全部”，最后单击“训练”按钮。

图 8–48　设置 CogIDTool 参数

二维条码识别的设置方法与一维条码类似，区别在于若待识别码是二维条码，每次只能识别一种类型的条码，不能实现两种类型的条码同时识别；若待识别码为一维条码，则可以同时选择多种类型的码。

6. 解码

单击“运行”按钮，查看运行结果，显示 QRCode 码，二维条码解码后的字符串如图 8–49 所示。

图 8–49　二维条码解码后的字符串

习题答案

一、填空题

1. 在进行视觉对位引导项目中，需建立视觉坐标系与机械手坐标系之间的对应关系，而这种对应关系是通过________来完成该作用。

2. 在 CogCalperool 中，“→”代表卡尺的________方向，“↓”代表卡尺的________方向。

3. 8 位黑白相机的灰度等级为______级，范围是____；纯白色灰度值是____；纯黑色灰度值是_____。

4. 机器视觉可以完成________、________、______和_____四方面工作。

5. CogCaliperTool 可用来测量物体的宽度、边缘或特征位置。其中，边缘极性设置模式有____________、______________和____________。

二、单项选择题

1. 如果电脑静态 IP 地址设置为 192.168.1.100，子网掩码为 255.255.255.0，那么以下哪个 IP 地址可以设置给相机以连接到电脑？（　　）

A. 192.168.1.101　　B. 255.255.255.1　　C. 192.1.1.100　　D. 193.168.1.100

2. VisionPro 工具库中 CogFixtureTool 作用是？（　　）

A. 抓圆工具　　B. 计算距离　　C. 建立坐标空间　　D. 设定矩形搜索范围

三、简答题

1. 在很多项目中，都有校正吸嘴的调机步骤，其目的是什么？

2. 机器视觉有哪些作用？

3. 机器视觉的主流产品有哪些？

四、实操试题

1. 使用 bracket_std.idb 文件，做出如下实操试题。

（1）求出图片中工件 D1 的距离。

（2）求出图片中工件 R1 和 R2 的大小。

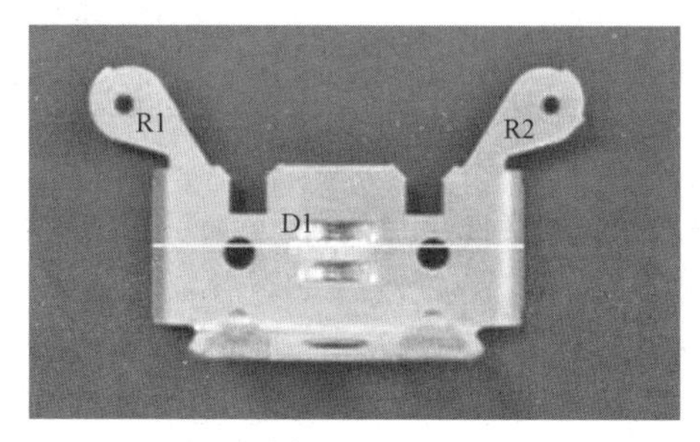

实操试题图 1

2. 选取合适特征做模板。

（1）准确抓出所有图片的 L1 和 L2，并计算出 L1 和 L2 的垂直度；要求使用找线 FindLine 抓出 L1 和 L2，卡尺数量 Number of Calipers 为 30，探索长度 Search Length 为 120，投影长度 Projection Length 为 20，忽略点数 Number to Ignore 为 5，极性 Polarity 为由明到暗 Light to Dark。

（2）准确抓出所有图片的圆 C1；要求忽略点数 Number to Ignore 为 10。

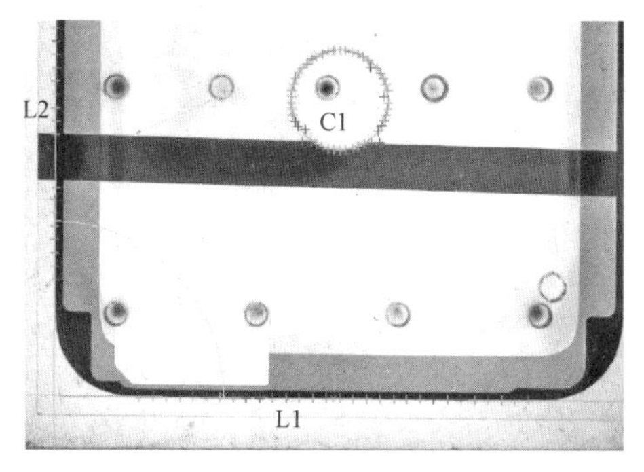

实操试题图 2

3. 使用 Measure.idb 文件，做出如下实操试题。

（1）求出文件中图片工件 C 的坐标。

（2）运用 Blob 工具求出图片工件上的 5 个圆孔面积。

参考文献

[1] 崔吉，崔建国. 工业视觉使用教程［M］. 上海：上海交通大学出版社，2018.
[2] 刘韬，葛大伟. 机器视觉及其应用技术［M］. 北京：机械工业出版社，2019.
[3]［美］桑卡，赫拉瓦卡，博伊尔. 图像处理、分析与机器视觉［M］. 4 版. 兴军亮，艾海舟，译. 北京：清华大学出版社，2016.
[4]［美］伯特霍尔德·霍恩. 机器视觉［M］. 王亮，蒋欣兰，译. 北京：中国青年出版社，2014.
[5]［奥］彼得·科克. 机器人学、机器视觉与控制——MATLAB 算法基础［M］. 刘荣，译. 北京：电子工业出版社，2016.
[6] 杨高科. 图像处理、分析与机器视觉［M］. 北京：清华大学出版社，2018.
[7] 张铮，薛桂香，顾泽苍. 数字图像处理与机器视觉［M］. 北京：北京邮电大学出版社，2010.
[8] 朱秀昌. 数字图像处理教程［M］. 北京：清华大学出版社，2011.
[9] 姚敏. 数字图像处理［M］. 北京：机械工业出版社，2012.
[10] 余文勇，石绘. 机器视觉自动检测技术［M］. 北京：化学工业出版社，2017.